나·여 너·여

관계를 바꾸는 치트키

김나라 · 김희원 · 권요섭

박영story

프롤로그

어떻게 해야 이미 끝나버린 관계를 회복할 수 있을까. 어떻게 하면 말이 안 통하는 사람과 말이 통하게 만들 수 있을까.

'나어너어'는 이 고민에서부터 시작됐다.

결혼 전, 사귀었던 EX가 프랑스로 유학을 떠나기로 결정했다. 나는 EX에게 "자유롭게 지내다가, 유학이 끝나고 돌아오면 다시 만나자."라고 말했다. 내 입장에서는 EX의 부담을 덜어주기 위해 한 말이었고 헤어지고 싶었던 건 아니었는데, EX는 이 말을 이별 통보로 받아들였다. 나는 배려 차원에서 한 말이었는데 EX에게는 매서운 폭력으로 전해진 것 같았다.

EX는 내 말에 상처를 받았고, 결국 우리 관계는 끝이 났다. 그것은 단순히 소원해졌거나, 권태기가 왔거나, 금이 갔거나, 흔들린 것이 아니었다. 끝났다. 잠시 멀리 있다가 다시 만날 수 있는 것이 아니었다. 그냥 끝났다. 파국이었다. EX는 프랑스에 가서 프랑스 사람을 사귀었다. 그 프랑스 사람은 모든 조건에서 나보다 월등했다. 뭘 비교하든 내가 앞서는 건 없었다. 함께했던 추억 정도가 무기라면 무기랄까? 그런데 그 추억 중에 이미 끝나버린 이 관계를 뒤집을 중요한 치트키가 있었다.

EX는 심리학 전공이었다. 나는 경영학과였지만, EX와의 원활한 소통을 위해 심리학 관련 저서와 논문을 읽었다. 읽다 보니 재미있어서 혹은 필요해서 마치 중독처럼 읽었다. 단지 EX와의 소통을 위해 읽던 것이, 내 말과 생각을 바꿨다. 나는 EX의 전공 덕에 그 프랑스인보다 더 뛰어난 걸 갖고 있었다. 바로 말의 힘이었다. 이 말의 힘이, 완전히 깨진 것처럼 보이는 EX와 나의 관계를 다시 회복시켰다.

사실 겉으로 드러나는 건 말이었지만, 이 관계를 회복시킨 건 가치관이라고 보는 게 맞을 것이다. 상대의 감정과 욕구를 먼저 생각하는 타자성, 나의 감정과 욕구를 관찰하는 자기인식, 그리고 두 관계를 함께 고려하는 상호성, 이 세 가지를 놓치지 않으면 관계는 파국으로 치닫지 않는다고 생각했다. 혹시 파국으로 치닫더라도 회복할 수 있다. 갈등이 생겼다는 건, 이 세 가지 중에 문제가 발생했다는 것이고, 그 말은 '끝'이라는 의미가 아니라 '문제를 해결할 기회'가 생겼다는 의미이기도 하다.

　나는 파국으로 끝나버린 이 관계를 다시 이어보려고 시도했다. 이메일을 통해서 EX의 마음을 충분히 공감했다. 그리고 EX가 무엇을 원했을지 생각하고, 알아주고 나서야 EX의 오해를 해명하고 나의 감정과 의도를 전했다. 겨우, EX와 스카이프로 대화할 기회를 얻었고, 스카이프에서 계속되는 거절에 담긴 항의 행동들에 대응했다. EX가 항의 행동으로 거절할 때에도 공감과 나의 감정 표현을 놓치지 않았고, 우리 둘이 함께했을 때 펼쳐질 미래를 그렸다. 싫다고 해도, 그 싫다는 마음도 그럴 만했다고 공감해 주고, 마음이 떠났다고 해도 그럴 만했다고 공감해 주었다. 그렇게 거절과 항의 행동은 공감으로 받아주면서 우리가 앞으로 함께할 미래를 멋지게 그려주었다. 그렇게 단호하게 "싫다."라고 했던 EX의 말은 점차 "잘 모르겠다."라는 말로 바뀌었고, 나는 우리가 다시 만나면 어떤 멋진 일들이 펼쳐질지를 알려주면서 EX의 마음에 확신을 주었다. 이메일과 스카이프 대화 과정에서 제일 신경을 썼던 건 스토리텔링이었다. 사실의 전달보다 어떤 이야기로 녹여내는지에 더 신경 썼다. 여러 부정적인 감정들이 오갔지만 순간순간 흥미로웠다. 결국 EX는 다시 나와 만나기로 했다. 그 프랑스 사람에게는 미안한 일이었지만, 나로서는 최선을 다할 수밖에 없는 상황이었다.

　이런 변화를 맞이하면서 대화의 중요성을 알게 되었고, 대화에 대해 연구하기 시작했다. 그러다가 내가 사용했던 대화의 방법을 이미 연구하고 있는 분야들이 많이 있다는 걸 알게 되었다. 비폭력 대화, 감정코칭, 적극적 의사소통, 나전달법, 공감화법, 교류분석, 분열분석, 회복적 정의, 정서중심치료 등에서 이미 대화의 중요성을 강조하고 공감적 대화의 체계를 만들었다. 각 학문이 각각의 목적에 따라 대화 방법들을 개발했다. 적극적 의사소통은 부모와 자녀 간의 대화를 위해, 교류분석은 이중언어를 쓰는 사람들과 그 피해를 입는 사람들을 위해, 분열분석은 사회적 언어로부터 주체적 언어를 찾기 위해, 정서중심치료는 부부 사이에 숨은 감정을 찾기 위해, 감정 코칭은 감정을 표현하기 위해, 비폭력 대화는 상처 주지 않는 대화를 위해, 회복적 정의는 가해자와 피해자의 갈등 중재를 위해 대화법을 만들었다.

'나어너어'는 연인 간의 갈등 해결뿐 아니라 부부와 가족 간의 갈등 해결을 위한 대화 형식으로 개발해 나갔다. '나어너어'는 나의 경험에서 시작되어 연애를 통해 대화의 형식을 갖춰갔고, 럽디(주)에서 상담하는 수십 명의 상담사들과 이 상담사들을 거쳐 간 10만 여명의 내담자들이 함께 만들었다.

'나어너어'가 갖는 특별한 힘은 10만여 명의 내담자들의 후기와 경험으로 증명해 나갔다. 현재까지 세계화된 화법 중에서는 비폭력 대화가 갈등 중재로서는 가장 앞서 있다. 이론적인 체계나 연구 결과로 나온 데이터를 기준으로 보자면 그렇다. 가장 앞서 있는 비폭력 대화도 갈등을 안고 있는 두 당사자가 중재 과정에 동참하는 것을 전제로 중재에 참여한다. 완전히 파국으로 치달아 끝나버린 관계를 중재하지는 않는다. 그러나 '나어너어'는 가벼운 갈등부터 시작해서 완전히 파국에 이르게 한 갈등까지 중재해 온 데이터가 있다.

'나어너어'는 완성된 대화가 아니다. 앞으로도 완성되지 않을 것이다. 사회는 변하고 사람은 다양하기 때문에 '나어너어'는 완성이나 완결이 아니라 변화와 발전을 통해 새로운 환경과 각 내담자들에 맞는 언어로 변주될 것이다.

'나어너어'는 십수 년의 연구 과정과 8년의 실용 과정을 거쳐, 이미 수만 명의 커플과 부부들의 갈등을 해결했다. 커플과 부부가 사용할 대화 연구에 이렇게까지 많은 시간을 투자하고 몰입한 이유는 연인 간의 대화가 바뀌면 행복한 부부, 나아가서 행복한 가정을 만들 것이라는 믿음 때문이다. 깨져서는 안 되는 혹은 깨질 필요가 없는 관계들이 오해와 감정으로 파국에 이른다. 그리고 그 피해는 당사자들뿐 아니라 그 자녀와 부모들 혹은 주변 사람들에게까지 퍼진다. 온 가족이 함께 '나어너어'를 사용하며 서로 대화의 재미를 느껴간다면 부부뿐 아니라 아이들도 행복한 가정을 만들 수 있을 것이다.

대부분은 커플과 부부들의 갈등에 적용했지만, 부모와 자녀, 기업 내 사원들의 대화, 영업을 위한 언어에 성공적으로 활용되기도 했다. '나어너어'를 연애 혹은 부부간 대화를 위해 배운 내담자들이 가정이나 각자의 직업적 영역에서 활용하면서 성공적으로 적용한 사례를 들을 때면 '나어너어'를 개발한 보람을 느낀다.

　진작 나왔어야 했을 책이었는데, 너무 늦게 나왔다. 2015년부터 『관계를 바꾸는 치트키, 나어너어』의 출간을 요청했던 내담자들에게 미안한 마음이 든다. 가족 간 갈등을 해결하고자 하는 모든 사람들에게 미비하게라도 도움이 되길 바란다.

럽디(주) 대표 김나라

목차

제2부 | 실제편

제3부 | 기타편

1부

이론편

관계를 바꾸는
치트키,
나어너어

화법의 중요성

"말하지 않아도 알아요"라는 초코파이 CM 송이 1989년을 강타하고 진심은 말하지 않아도 아는 것이라는 인식이 자연스러워졌다. 그 이후에 동명 제목의 노래들이 수지, 성시경 등의 여러 가수들을 통해 공개되고 많은 인기를 누렸다. 결혼정보회사 듀오는 "우리 사이에 무슨 말이 더 필요할까요?", '말이 필요 없는 사이'라는 광고문구를 내걸고 사랑하길 원하는 사람들이 찾아오도록 홍보했다. 마치 사랑하는 사이에서는 말을 많이 하는 게 부족한 모습을 보이는 것 같은 생각을 갖게 만든다. 연인 사이에서 사랑고백을 요구하면 "그걸 말로 해야 알아?"라고 대응하는 경우가 유행어처럼 나타나기도 했다.

멀리서 보면 멋있어 보이기는 하지만 말하지 않아도 괜찮은 관계는 영화나 소설에서나 나오는 만들어진 이야기로만 가능하다. 현실에서 이런 생각은 관계를 깨고 사랑을 멀어지게 만든다. 인간은 뇌에 뭐가 들어 있는지 확인할 수 없다. 표현하지 않으면 소통은 단절되고 추측이 난무하며 관계는 병든다. 표현이 관계를 만든다. 그러나 아무 표현이나 하는 것은 상처를 남길 수 있다. 사랑을 표현하기에 적절한 언어를 사용해야 한다.

적절한 언어를 사용했을 때 그 말은 사람의 마음에 영향을 주고 사람을 바꾼다. 철학자 들뢰즈와 정신과 의사 가타리는 사람의 마음과 사회에 대해 이야기를 나누고 언어가 사람에게 변화시킨다는 표현으로 [비물체적 변형]이라는 단어를 만들었다. 말이 물체를 변형시키지는 않지만 물체가 아닌 것을 변형시켜서 물체에 영향을 준다는 표현이다.

예를 들어, 판사가 선고를 하면 사람은 피고에서 죄인이 된다. 판사가 그를 죄인으로서 선고하기 전까지는 그 사람은 피고로서의 몸체를 갖고 있었다. 그런데 판사가 '너는 죄인이다'라고 선언을 하는 순간부터 이 사람은 피고에서 죄인이 된다. 그래서 사복을 입고 밖을 나다니던 사람이 그 선언과 동시에 죄수복을 입고 감옥 안으로 들어가게 된다. 혹은 결혼식장에서 주례가 주례사를 하고 나서 "두 사람은 부부가 되었음을 선언합니다."라고 하는 선언을 통해서 가족이 아닌 남남에서 부부 혹은 가족이 된다. 비행기를 탔는데 비행기를 타고 가는 승객이 편안하게 비행기를 타고 가다가, 납치범이 등장해서 "꼼짝 마."라고 외치는 순간 승객이라는 몸체가 인질이라는 몸체로 변형이 된다. 이것이 비물체적 변형이다. 물체가 변형되는 건 아니지만, 물체에 강력한 영향을 주는 변형을 만든다.

이렇게 판사의 선고가 피고를 죄인으로 만드는 비물체적 변형은 법적 권력의 지표를 갖고 있기 때문이지 언어 때문이 아니라고 생각할 수 있다. 주례의 선언도 문화나 관습을 토대로 권위있는 주례자가 하객들 앞에서 압도하는 약속과 선언을 하기 때문에, 그 관습의 힘 때문에 비물체적 변형이 일어난 것이지 말의 힘이 아니라고 생각할 수 있다. 승객에서 인질이 된 것도, 납치범이 들고 있는 총 때문이지 말 때문이 아니라고 생각할 수 있다. 그러나 말 혹은 표현이 아니면 이러한 권력의 지표들이 드러날 수 없다. 법적 권력이나 관습의 힘이 아니어도 비물체적 변형은 일어난다. 남남이었던 혹은 그냥 친구였던 사이가 "나 너 사랑해."라고 하는 고백, 그리고 "나도."라고 하는 그 고백을 받아들이는 표현에 의해서 둘은 친구에서 연인이 된다. 좀 더 장기적으로는 부모가 지속적으로 칭찬하며 키운 자녀는 자존감이 높은 아이로 자라고, 계속 혼나기만 하면서 자란 아이는 자존감이 낮은 아이로 자란다. 이런 것도 비물체적 변형의 한 예가 될 수 있다.

들뢰즈와 가타리는 언어가 이렇듯 비물체적 변형을 일으키기 때문에 모든 언어는 명령어와 같은 역할을 한다고 간주한다. 명령어는 변형을 일으키는 것을 전제로 만들어졌다. 그러나 명령어가 아닌 언어들도 명령어처럼 변형을 일으킨다. 명령어라고 생각을 안 하고, 명령어를 목적으로 말을 하지 않아도 사실상 의사소통 자체가 뭔가의 명령을 수행하도록 요청한다.

예를 들어, 딸이 "엄마가 그렇게 말하면 슬퍼요."라고 말했다면, 그건 "그렇게 말하지 마세요."라고 명령을 하는 것과 같다. 명령은 상하관계에서 한다는 인식이 있어서 '이건 명령이 아니라 부탁이잖아.'라고 생각할 수 있겠지만 누군가에게 그 행동을 하도록 요청하는 내용을 명령이라고 간주하고 상하관계 구분 없이 명령이라고 표현하는 것이다. 이런 방식으로 감정 표현도 명령어가 될 수 있다. "네가 그렇게 말하면 서운해." 라는 말은, "그렇게 말하지 마."라는 명령어가 된다. 선생님들이 뭔가를 가르칠 때도, "야, 이거 시험에 나온다."라고 하면 그건 "이거 외워라."라는 의미가 된다. 언어는 이렇게 다 명령어로 전환 될 수 있다. 역사를 가르칠 때 "광개토 대왕은 만주까지 영토를 확장했다."라는 말을 한다면, 두 가지 의미의 명령어를 가정할 수 있다. 하나는 "이거 시험에 나오니까, 시험에 나오면 광개토대왕이라고 써."라고 하는 명령어가 될 수도 있고, 혹은 "우리나라가 이렇게 많은 영토를 확장했던 역사가 있는 나라이니 자부심을 가져라."라는 의미의 명령어가 될 수도 있다. 어떤 형태로든지 그 맥락에 따라서 의미는 달라지지만 이처럼 모든 언어는 명령어적 의미를 갖는다. 질문도 마찬가지로 명령어가 될 수 있다. "혹시 집이 어디세요?" 이렇게 묻는 건 결국 "너의 집의 위치를 말해라."라는 명령으로 전환될 수 있다. 모든 언어는 사실상 명령어이고 그렇게 생각할 때 모든 언어는 서로에게 영향을 준다. 그래서 모든 언어는 어떤 행동을 촉발시키게 하거나 혹은 그 행동 촉발을 거부하는 등 선택과 경로의 설정에 영향을 주게 된다. 모든 의사소통이 전부 그렇다.

이러한 언어의 명령 체계를 인지하지 못하고 명령으로 받아들이지 않으면 소통이 단절된다. "내가 그렇게 말하면 서운하다고 했잖아."라고 감정을 표현했다고 가정해보자. 그때 상대가, "네가 서운하다고 네 감정 말한 거지 나한테 그렇게 말하지 말라고 한 건 아니잖아." 이렇게 말하면 서로 단절이 된다. 그래서 "명령이야!"라고 말하지 않더라도 어떤 형태든지 의사 전달은 명령어적 의미를 갖는다고 가정하는 게 소통을 원활하게 만든다. 그냥 그 사람은 자기의 인생을 말한 것일 뿐이라고 해도, 그 문장, 문장, 상황, 상황 가운데 명령어가 끼어들어 있다. 어떤 말이든 결국은 명령어로 전환이 된다.

간접화법도 명령이 된다. 아니, 간접화법은 오히려 더 강력한 명령이 된다. "너 착하게 살아야지."라고 말하는 것보다, 사람들 앞에서 "우리 애는 정말 착해요."라고 말하는 간접화법이 훨씬 더 강하다. 이런 간접화법이 꼭 좋은 방식은 아니다. 오히려 "착하게 살아야지."라고 직접화법으로 말하는 게 더 좋은 방식이지만, '어떤 방식의 표현이 영향력이 더 큰가?'라고 묻는다면 직접화법보다 간접화법이 더 크다. 이 말을 듣는 상대방에게는 "우리 아이를 착하다고 인식해라."라는 명령이 들어가는 것이고, 이 말을 듣는 아이에게는 "착하게 살아라."라고 명령하는 것이다.

그런 의미에서 모든 서사는 간접화법이다. 왜 소설가들은 이야기로 자기들이 전하고 싶은 걸 전할까? 왜 우리는 영화를 보면서 그 영화의 주제를 우리 머릿속에 담아두고 어떻게 살지를 생각할까? 서사는 간접화법 명령어이기 때문이다. 여자친구가 "나는 아버지가 늘 술 취하면 때려서 술 취하는 사람 보면 징그럽고 무서워."라고 자기의 서사를 이야기 했다고 가정하자. 그런데 남자친구가 술을 잔뜩 마시고 취해서 왔다면 여자친구는 "내가 분명히 아빠 트라우마 때문에 술 취하는 거 싫다고 했지!"라고 말할 것이다. 남자친구 입장에서는 그저 여자친구가 자기 서사를 말했다고 생각했지만 그건 "넌 술 취하지마."라는 명령어였다.

해석이 명령어를 만들기도 한다. 자기는 명령어로 말하지 않았어도 해석에 의해 명령어가 되기 때문에 자기 언어도 명령어로서 의식할 필요가 있다. 언어에 명령어적 해석이 들어가면 그 언어는 변수가 된다. 많은 갈등이 이런 명령어의 변수에 의해서 도출된다. 그래서 싸움이 일어날 일이 아닌데도 이런 명령어의 해석 도출에 의해서 싸움이 만들어지기도 한다. 남편이 텔레비전에 나오는 어떤 연예인을 보고 "저 연예인 굉장히 예쁘네."라고 했다고 가정해보자. 이 말이 갖고 있는 원래 의도는 그냥 "저 연예인이 예쁘다."는 감상이다. 그런데 아내가 들을 때는 "너도 저 연예인처럼 꾸며라."로 들릴 수 있다. 이렇게 언어를 통해 새로운 의미가 생성 되면서 부부싸움이 시작된다. 남편은 명령을 의도하지 않았다 할지라도 아내는 그걸 명령으로 받아들일 수 있다. 이렇게 해서 전혀 명령어가 아닐 것 같은 단순한 혼잣말조차도 명령어를 만든다. 해석에 의해서 모든 언어는 이렇게 명령어로 순환된다.

이런 언어 체계들은 누군가에게는 질서인 것이 누군가에게는 변수가 된다. 나에게는 질서였던 것이 다른 사람들은 변수가 된다. 서사가 다르기 때문이다. A라는 사람은 "사랑해."라고 하는 말을 그냥 "친해지자"라는 의미로 사용하는데, B는 연인 사이에만 "사랑한다"는 말을 사용한다. 그런데 여성인 A가 "사랑해."라고 하는 말이 습관이 돼서 남자인 B에게 친구한테 하듯이 "사랑해" 라고 했다면 B는 그 말을 "연인이 되라."로 받아들일 수 있다. 그래서 누군가에게는 질서지만 이게 누군가에게는 변수가 된다. 나에게는 질서이지만 누군가에는 그게 변수가 될 수 있고 그 변수가 새로운 질서를 형성한다. 그런 여러 개의 명령어 체계가 사회에 함께 존재하면서 사람들은 사실상 혼합된 체계들 사이에서 살아가고 있고, 이런 명령어 체계들이 서로 영향을 주면서 변주된다. 그래서 언어에 의해서 그 사람의 정신에 새로운 질서가 형성되기도 하고 트라우마가 생겨서 질서가 파괴되기도 한다. 타자의 언어를 만나는 현장은 나의 질서를 강화하는 현장이 되기도 하고 나의 질서에 변형을 줄 수 있는 기회가 되기도 한다.

언어는 이렇듯 명령어가 되어서 신비로운 관계들을 만들고 새로운 것들을 생성하기도 한다. 이런 새로운 것의 생성이 사람과 사람의 대화에서 나타난다. 마치 "사랑해."라는 말을 통해서 연인이라고 하는 새로운 관계가 발생한 것처럼, 모든 언어는 연인처럼 크고 아름답고 극적이지 않더라도 어떤 변형을 가져온다.

나는 이러한 믿음으로 상담회사를 운영했다. 상담사와 내담자 사이에서 오고 가는 언어들이 내담자를 새로운 사람으로 만든다. 심지어 그 대화들을 통해 상담사들도 새로운 사람이 된다. 늘 자기를 부정적으로 인식하던 사람이 이제 이 대화들 가운데에서 자기를 긍정적으로 인식하는 주체적인 인간이 된다. 늘 사랑받지 못했다고 생각하던 사람이 사랑받는 사람이었다는 것을 알게 된다. 늘 아내에게 핀잔과 잔소리만 늘어놔서 갈등을 연속적으로 만들던 남편이 격려와 지지를 하면서 행복한 가정을 만들기도 한다. 이러한 변형이 상담 현장에서 계속해서 만들어지고 있고 이 변형들의 집합체가 데이터가 되어서 또 새로운 상담 언어들을 만들어낸다. 이런 언어로 가득한 상담의 결과와 변형들로 만들어진 것 중에 하나가 나어너어이다.

언어는 이렇게 강력하게 영향을 주면서 비물체적 변형을 일으킨다. 언어는 생각보다 많은 것들을 변화시킨다. 그래서 말의 의미를 퇴색시키는 광고문구나 사상은 허상일 뿐이다. 말하지 않으면 추측과 상상을 촉발시켜서 문제를 야기한다. 그러나 언어를 잘 다루면 갈등을 평화로 만들기도 하고, 자존감 바닥인 사람의 자존감을 올려주기도 하고 의존적인 사람을 주체적으로 만들기도 한다. 들뢰즈와 가타리의 말처럼 인간의 신체 자체를 바꾸지는 못한다 해도 비물체적 변형을 일으킨다.

나는 건강한 가족들을 세우는 꿈을 갖고 상담회사를 시작했다. 행복한 가정을 세우기 위한 기본 원리들을 만들고 사랑하는 방법을 가르치고 사랑하는 방법을 중심으로 하는 상담을 시작했지만 사랑하는 방법에 대해 관심을 갖고 상담하기 위해 오는 사람들이 많지 않았다. 오히려 사랑이 깨지고 갈등이 생겨서 그 갈등을 해결하기 위해 찾아오는 사람들이 많았다. 그렇게 갈등을 해결하고 갈등을 중재하는 일을 하며 회사가 성장했다. 갈등에 관한 많은 이론들을 상담사들과 함께 연구하고 실습하고 수퍼비전을 주고 받으며 어떻게 말해야 갈등을 해결할 수 있을지 상황별로 하나하나 사례와 논문을 찾았다. 회사의 상담사들이 중점적으로 한 일은 말을 배우고 말을 가르치고 말을 바꾸는 일이었다. 말 때문에 갈등이 생기고 말 때문에 헤어졌다. 내가 상담회사를 만들기 위해 조사했던 몇몇 재회 회사들은 언어의 힘을 알지 못했다. 그래서 어떤 회사는 방송국을 사칭해서 갈등을 해결하려고 작전을 짜기도 하고, 어떤 회사는 굿을 하기도 했다. 나름의 이유야 있겠지만, 우리 회사는 다른 것에 눈을 돌리지 않고 '말'의 영향력을 믿고 '말' 연구에 몰입했다.

나는 우리 회사가 걸어오고 연구한 결과들이 틀리지 않았다고 자부한다. 우리 회사에 찾아온 내담자들의 가정에 평화가 찾아오고, 갈등이 해결되고, 아이가 태어났다는 소식과 결혼했다는 소식이 들릴 때마다 이 길을 걸어오길 잘했다고 생각한다. "말하지 않으면 모른다.", "말이 필요 없는 사이는 깨진다.", "그걸 말해야 안다.", "우리 사이에 나어너어가 필요하다."

나전달법과 공감화법

　나어너어는 나전달법의 한계와 공감화법의 한계를 극복하려고 만들었다. 나전달법과 공감화법이 모두 갈등을 해결하기 위해 만들어졌지만 나전달법은 교육자 및 양육자를 중심으로, 공감화법은 상담사를 중심으로 발전하여 일상에서 부부나 연인이 갈등을 해결하기 위해 사용하기에는 한계가 있다. 나어너어를 적절하게 이해하기 위해서는 나전달법과 공감화법이 무엇이며 어떤 부분들을 극복해야 했는지 알아볼 필요가 있다.

① 공감화법

　갈등 중재를 위한 화법으로 가장 오래 연구하고 가장 널리 알려진 화법이 공감화법이다. 나전달법과 공감화법은 서로 다른 철학을 갖고, 다른 목적을 달성하기 위해 다르게 만들어진 것이 아니다. 상호성이라고 하는 같은 철학과 갈등 중재라고 하는 같은 목적을 위해 만들어진 화법이고 깊게 들어가보면 방법론에 있어서의 미비한 차이 외에는 대체로 비슷하다.

　공감은 19세기 말에 본격적으로 연구되기 시작했다. 공감이라는 단어가 연구되기에 앞서서 감정이입이라는 단어가 먼저 등장했다. 감정이입이라는 단어는 독일의 철학자 로베르트 피셔(Robert Vischer, 1847~1933)가 자신의 박사논문에서 처음 사용했다. 그 이후 감정이입은 19세기 후반 심리학과 미학에서 동시에 주목받는 단어가 되었다. 초기 학자들은 감정이입을 공감이라는 단어와 뚜렷이 구별하지 않고 사용했다.

에드워드 티치너(Edward B. Titchener, 1867~1927)가 처음으로 공감이란 타자를 이해하고 타자와 비슷한 기분을 경험하는 심적 현상이라고 정의했다. 초기에는 '감정이입'(Empathy)과 '공감'(Sympathy)을 구분하지 않고 동일하게 사용했지만, 점차 '감정이입'과 '공감'은 다른 의미로 활용되었다. 감정이입이 심정적으로 동일시하는 것이라면 공감은 다르더라도 타자의 감정을 이해하는 것이다. 감정이입이 신체적인 반응이라면 공감은 지적인 반응이다.

테오도어 립스(Theodor Lipps, 1851~1914)는 '타자 마음의 문제'를 해결할 수 있는 열쇠가 내 마음이 상대방의 마음을 모방하는 것에 있다고 보았다. 립스의 연구는 공감 개념의 뼈대를 만들었고, 립스에 의해 만들어진 공감의 방법은 예술과 미학 그리고 심리학과 철학의 학제간 연구 분야를 매우 빠르게 발전시켰다. 주제통각검사를 비롯한 투사검사들은 립스의 연구결과에 상당한 영향을 받아서 만들어졌다. 립스는 공감을 '주체가 타자에게로 들어가서 느끼고 경험하는 것'으로 간주했다. 즉, 립스의 공감은 주체와 객체, 자기와 타자의 감정이 일치하는 것이다. 그렇다고 이것이 실제로 동화되는 것을 의미하는 것은 아니다. 사람들은 감각적 지각을 한 다음 내면적 지각을 거쳐 감정이입이 일어나기 때문에, 결국 자기 내면적 지각에 한정되어서 일치한다. 즉 공감은 타자에게 동화되거나 타자와 일치하지는 않으면서 같은 느낌을 가지는 것이다.

공감을 위해 립스가 취한 방법은 타자의 입장이나 상황에 나 자신을 투사한 후 나의 심적 상태가 어떠할지를 상상해보는 것이다. 그래서 립스의 이론을 토대로 한 공감화법은 타자의 상황을 읽어주고 자기가 그 상황에 처했을 때 느꼈을 생각과 감정을 말해준다. 이를 표현하면 다음과 같다.

상황	
인천에 살고 있는 연인 관계의 남자와 여자가 함께 1박 2일로 동해바다에 놀러가기로 약속했다. 그런데 여자가 몸살 기운이 있어서 당일로 인천에 있는 서해바다로 다녀오자고 한다. 이때 남자가 할 수 있는 말은?	
나 중심 화법	**공감화법**
나는 너하고 약속을 지키기 위해서 회사에 연차까지 쓰고 나왔는데, 어떻게 미리 말도 없이 이렇게 약속을 바꿀 수 있어?	몸이 안 좋아서 차를 타고 오래 가는 건 부담스럽겠다. 내가 너였어도 동해까지 1박 2일로 가는 건 무리일 거 같아.

나 중심 화법에서는 자기의 입장에서 말을 하지만 상황은 바뀌지 않을 것이다. 여자가 아프기 때문이다. 이때 나 중심 화법으로 말하면 상황도 바뀌지 않고 서로의 감정도 상한다. 그러나 공감화법으로 말하면 상황이 바뀌지 않는 것은 동일하지만 상대는 고마워할 뿐 아니라 깊은 애정을 느낄 수 있다. 이와 같이 상대의 입장에 자기를 투사해서 생각하거나 말하고 행동하는 방법은 연극치료의 역할교대나 미술치료, 문학치료의 투사적 기법들에 영향을 주었고 지금도 다양한 예술치료의 투사기법에서 활용하고 있다. 또한 1940년대 인간중심상담을 창시한 칼로저스(Karl Rogers)는 립스의 '공감적 이해' 개념을 자신의 심리학에 접목해서 발전시켰다. 칼로저스는 "공감은 다른 사람의 내적인 준거틀을 정확하게 인식하고, 그것이 갖고 있는 감정적인 요소와 거기에 관련된 의미를 마치 자신이 그 사람인 것처럼 지각하는 상태"라고 말하며 립스의 의견을 그대로 이어받았다. 칼로저스의 공감적 이해 개념은 일상 대화에서의 가능성에 대해서 여러 실험을 진행했으나 지금은 상담사들의 언어로 정착했다.

심리학자이자 뇌과학자인 다니엘 골먼(Daniel Goleman)은 1970년대에 감정지능(emotional intelligence, EI) 개념을 연구했다. 공감을 누구나 할 수 있는 것으로 보는 게 아니라 일종의 지능 혹은 능력으로 보는 관점이다. 감정지능은 자신이나 타인의 감정을 인지하는 개인의 능력으로, 자신과 타인의 감정을 잘 통제하고 여러 종류의 감정들을 잘 변별하여 공감을 위한 행동을 수행한다. 다니엘 골먼과 함께 수십년 동안 수많은 연구자들이 감정지능을 연구해왔고, 연구 결과에 의하면, 감정지능을 갖춘 사람은 더 정신건강 상태가 좋고, 관계가 원활하며, 업무 수행 능력도 좋다.

감정지능은 다섯 가지 구조로 나타난다. 이는 자기인식, 자기조절, 사회적 대인관계 기술, 감정이입, 동기화이다. 자기인식은 자신의 감정, 강점, 약점, 충동, 가치관과 목표를 아는 것과 직감을 이용해 결정을 할 때 타인에게 미치는 영향을 인식하는 것이다. 자기조절은 자신의 파괴적 감정과 충동을 조절하고 가라앉히는 것과 변화하는 상황에 적응하는 것을 포함한다. 사회적 대인관계 기술은 사람을 올바른 방향으로 이끌어 관계를 유지할 수 있는지를 말한다. 감정이입은 결정을 할 때 타인의 감정을 고려하는 것을 말한다. 동기화는 성과를 위해 성취하도록 이끌려지는지를 의미한다.

감정지능	감정지능 구조별 예시
자기인식	나는 지금 아파서 너의 집까지 가기가 힘들어.
자기조절	내가 지금 좀 흥분한 상태여서 마음 좀 가라앉히고 말할게. 좀 기다려 줘.
대인관계 기술	지금 네가 이렇게 화내고 가면 다음에 얼굴 보기 힘들어지잖아. 마음 가라앉히고 조금만 더 이야기해보자.
감정이입	네가 속상했겠어. 흥분할만 하지. 네가 흥분 가라앉힐 때까지 기다릴게.
동기화	감정일기를 6주간 썼더니 이전에 비해 불안을 컨트롤할 수 있게 됐어요.

이러한 감정지능의 요소들은 정서역량을 배우기 위한 잠재력이고, 타자의 마음을 이해하는 데 실제로 활용되는 정서역량은 감정수용－감정사용－감정이해－감정관리 능력이다. 감정수용은 자기 자신의 감정을 확인하는 능력을 포함하여 얼굴, 그림, 목소리 등에서 감정을 인지하고 해독하는 능력으로, 다른 모든 감정 정보의 처리를 가능하게 만든다. 감정사용은 다양한 인지적 활동을 촉진하기 위해 감정을 활용하는 능력으로, 변화하는 감정을 충분히 활용할 줄 안다. 감정 이해는 감정언어를 이해하고 감정들 사이에서 발생하는 상호관계를 인식하는 능력으로, 감정들 사이의 미묘한 변화를 인식하고 묘사할 수 있는 능력이다. 감정관리는 자기 자신과 타인의 감정을 통제하는 능력으로 부정적인 감정까지도 활용할 수 있고 감정들을 관리할 수도 있다. 정서역량은 타고난 재능이 아니며, 노력을 통해 성장 가능한 역량이다. 이 역량을 갖추면 타자의 마음에 접근할 수 있다는 의미이다.

정서역량	정서역량 종류별 예시
감정수용	내가 불안했나봐. 그래서 너에게 집착한 거 같아.
감정사용	이 숙제를 오늘 완성하지 못하면 계속 불안할 거야. 숙제 먼저 하고 놀자.
감정이해	아까 아빠가 화내서 무서워서 방에 숨었구나. 너한테 화낸 거 아냐. 괜찮으니까 나와서 놀아도 돼.
감정관리	어제 밤 새서 내가 예민한 거 같아. 좀 쉬고 나서 다시 일 할게.

립스에서 본격화되고 칼로저스에서 정리된 이 공감화법은 라캉, 들뢰즈 등의 학자들에 의해 타자의 입장을 나 자신에게 투사하는 과정에 이미 자기에게 있는 의식틀로 인해 자기가 생각하는 한도 내에서만 투사된다는 문제가 제기되었다. 이때 주체가 생각하는 경험은 이미 자기 내부에 존재하는 자기의 경험을 재현한 것이기 때문에 타자는 자기의 복사물이 될 뿐 진짜 타자의 생각과 감정은 다를 수 있다. 자칫하면 모방이 아니라 일방적 해석이 될 수 있다. 현상학자인 후설(E. Husserl)도 립스의 의견에 대해 자기와 타자의 감정적 일치는 불가능하고 주체인 자기와 객체인 대상은 분리되어 있다는 걸 인정해야 한다고 주장했다.

② 나전달법(I-message)

1950년대에 심리학자 토마스 고든(Thomas Gordon, 1918~2002)이 나전달법을 개발하고, 미국에서는 1970년대에 비폭력 대화, 부모역할훈련, 감정코칭 등의 화법 연구가 활발해졌으나 한국에서는 1990년대에 이르러서야 나전달법이 알려지기 시작했다. 한국의 교육학계와 심리학계가 화법의 중요성에 대한 연구를 본격적으로 시작한 건 이때부터였다.

공감화법이 "너"로 시작하는 화법이라면 나전달법은 "나는"으로 시작하는 화법이다. 나전달법은 나의 감정을, 공감화법은 너의 감정을 말하거나 읽어준다. 나전달법을 강조하는 한 유명한 강사가 유튜브에 나와서 공감화법을 비판하는 것을 들은 적이 있다. 요지는 상대의 감정을 읽는 건 불가능하는 것이었다. 그 강사는 심리학을 기반으로 화법을 연구하고 가르치는 사람이라고 생각하기 어려운 화법을 구사했다.

그 강사가 비판한 방식은, "감정이 글씨인가요? 읽게? 뭘 읽어요?"였다. 공감화법의 감정읽기 과정에 대해서 비판하는 말이었다. 이런 방식의 화법은 나전달법이 가장 지양하는 방식인데, 나전달법을 강의하는 강사가 이런 방법으로 공감화법을 비판하는 그림이 불편했다. 이 강사는 나전달법과 공감화법 모두에 대해서 무지했다고 생각한다.

나전달법은 '나'를 주어로 이야기하는 대화법으로, '내가 어떻게 느끼는가'를 중심으로 말하는 대화법이다. 너전달법은 "네가 잘못했어." 등 듣는 사람이 비난받거나 강요받는다고 느낄 수 있게 말하는 방법이기 때문에 갈등을 유발하는 반면, 나전달법은 나 자신이 주어가 되어 내 생각과 감정, 나의 욕구를 표현하기 때문에 상대와 나의 영역을 구분해서 갈등을 유발하지 않는다.

토마스 고든은 부모와 자녀 간의 갈등을 해결하기 위해 갈등을 만들지 않는 의사소통을 연구했고, 그렇게 탄생한 나전달법은 부모-자녀 간의 대화뿐 아니라 학교, 직장에서 좋은 관계를 유지하거나 관계를 향상시키는 기술로 활용되었다. 그래서 나전달법은 부모 효율성 교육(Parent Effectiveness Training, P.E.T.)으로도 불리고, 리더 효율성 교육(Leader Effectiveness Training, L.E.T.)으로도 불린다.

나전달법은 내 생각을 전달하기 위한 표현법이어서 단호하나 차분한 어조로 이루어진다. 그렇기 때문에 몹시 화가 났을 때는 사용하지 않는 것이 좋다. 화가 난 상태에서 나전달법을 사용하는 경우, 오히려 상대의 반항심을 자극할 수 있다.

나전달법의 시작은 적극적 경청이다. 적극적 경청은 상대방의 이야기를 비판이나 판단 없이 그대로 수용하고 상대방의 감정을 진심으로 이해하고자 노력하는 태도이다. 경청을 적극적으로 해야 자신이 이해한 바를 다시 상대에게 전달해서 적극적이고 진지하게 의사소통에 참여할 수 있다.

나전달법을 사용할 때는 상대를 비난하거나 평가하지 않고, 상대의 행동에 대한 나의 느낌을 말한다. 나의 감정을 일으킨 상대방의 행동을 객관적으로 말하고, 그 행동으로 인해 경험하는 나의 감정과 그 행동이 나에게 미치는 구체적인 영향을 '나'의 입장에서 상대방에 대한 비난 없이 말하기 때문에 서로의 솔직한 감정을 전달한다. 반드시 고려할 부분은 상대의 성격에 초점을 두지 않고, 상대의 행동에 근거해서 내가 원하는 행동이 무엇인지 분명한 정보를 제공한다. 예를 들어, "너, 원래 그래.", "넌 늘 그러더라.", "네가 게을러서 그래." 와 같은 표현보다, "내가 30분이나 기다려서 마음이 불편해. 좀 쉬어야겠어."와 같이 말한다. 나전달법은 위협적이지 않은 방식으로 말함으로써 상대가 내 말을 경청하게 하는 것을 목적으로 한다.

이때 상대의 자존감을 상하지 않게 하려면 행동과 행동한 사람을 구별해야 한다. 사람이 나쁜 것이 아니고 상대의 행동에 문제가 있을 뿐이라는 걸 알 수 있도록 말한다. 행동에 초점을 맞추어 이야기하면 상대의 자존감을 상하게 하는 것을 피할 수 있다.

감정표현은 강하게 하는 것보다 조금 더 약하게, 그러면서 더 세분화시켜서 하는 것이 좋다. 예를 들어, '화가 난다'는 말보다 '속상하고 걱정된다'라고 표현해주면 덜 부담스럽다. 나의 감정을 표현하는 것이 목적이 아니라 상대에게 부담주는 것이 목적이 된다면 이미 나전달법에서 벗어나고 있는 것이다.

나의 욕구와 감정이라고 해서 아무 근거 없이 마구 던질수 있는 건 아니다. 정당한 이유를 대면서 요구를 할 때, 상대도 요구를 들어주고 양보할 수도 있다.

나전달법은 갈등을 예방하기 위해 만들어진 화법으로, 나전달법의 핵심은 갈등은 불가피한 것임을 인정하고 갈등을 건설적으로 해결할 수 있다고 보는 것이다. 일단 갈등이 일어나면 누군가 이기고 지는 승부가 아니라 양쪽이 모두 수용할 수 있는 해결책을 찾아서 서로의 욕구를 만족시키는 것을 목적으로 한다. 갈등 해결 방법의 과정은 '갈등 확인하기 - 해결책의 가능성 타진과 검토하기 - 가능성 있는 해결책 평가하기 - 최상의 해결책의 결정 - 결정된 해결책을 시행하기 - 후속 평가하기'의 6단계이다.

각 단계에서는 적극적인 경청을 해야 하고 나-메시지로 자신의 의사를 전달해야 하며, 항상 갈등해결의 6단계를 거칠 필요는 없고 한 번에 서로 받아들일 수 있는 좋은 해결 방법이 나왔을 땐 바로 결정할 수 있다. 함께 해결 방안을 제시하는 과정에서 대화를 촉진시키고, 수용적인 관계로 발전시킨다.

나전달법은 상호작용에서 나타나는 감정, 느낌, 생각, 태도 등의 메시지를 전달하며 상호간의 공통적 이해를 도모한다. 이러한 의사소통 과정에서 발생하는 상호작용의 방식에 따라 기능적 의사소통과 역기능적 의사소통으로 구분될 수 있다. 기능적인 의사소통은 상호작용에 있어 어느 한쪽이 억압받지 않고 자유롭게 사실 또는 감정을 표현하고, 역기능적인 의사소통은 의사교환을 주저하고, 주제 선택에 조심하며 애정적 표현보다는 비난적 표현을 더 많이 경험하여 의사소통이 원활하게 이루어지지 않는다. 이런 경우 상호 간의 신뢰도가 낮고 의사소통을 회피하거나 선택적으로 하여 관계 만족의 정도가 낮다.

나전달법은 '관찰 – 인식 – 표현 – 요청'의 순서로 사용한다. 타자의 행동이나 말 등의 외부자극을 접한 상황에서 잘못된 신념으로 만들어진 습관적인 정서반응으로 표현하지 않고, 자기의 감정과 욕구를 명료하게 인식하고 표현하고 요청하는 방식이다. ① **관찰**은 외부자극을 있는 그대로의 사실만을 근거로 관찰한다. 이때 자기가 갖고 있는 가치관이나 편견으로 비교하고 판단하거나 해석하거나 평가해서는 안 된다. 그리고 ② **인식**은 그렇게 관찰한 외부자극으로 인해 나에게 어떤 감정이 생겼고, 어떤 욕구가 나타났는지를 확인하는 과정이다. 정확하게 자기 욕구와 감정을 인식하기 위해서 즉각적인 반응을 멈추고 자기의 욕구와 감정을 생각하고 선택하는 과정을 갖는다. 그렇게 인식한 자기의 감정과 욕구를 진솔하게 ③ **표현**한다. 자기의 욕구와 감정을 표현하고 나면 나의 욕구 중에서 상대가 받아들일 수 있는 수준의 행위나 말 등을 하도록 ④ **요청**한다. 이 과정에 상대의 표현과 마음은 관찰 대상이지 내가 알아주거나 읽어줘야 할 대상은 아니다. 최근에는 이 네 단계를 다 하지 않고 상황 – 감정 – 바람(요청)의 3단계로 줄여서 사용하기도 한다.

나전달법을 쉽게 표현하자면 자기와 상대의 영역을 구분하여 판단을 중지하고 상호침해하지 않음으로 자기표현을 자유롭게 하는 환경을 조성하는 화법이다. 그러나 이 화법을 통해 한국에서 갈등을 중재할 때 몇 가지 문제가 있었다.

나전달법은 초기부터 부모 – 자녀 간 대화로 만들어져서 부모가 권위를 내려놓는 과정에 자녀가 감동하는 부분이 발생하지만 처음부터 동등한 입장에서 시작하며 정서가 이미 깊은 관계가 맺어진 부부 혹은 연인 사이에서는 전문 중재자 없이 나전달법이 효과를 발휘하기는 쉽지 않았다. 이미 성숙한 인격을 상호 간에 갖고 있어야 한다는 전제에서, 사람과 사건, 행위를 분리시킬 수 있는 논리적인 사고력이 높은 사람들에게서 가능한 화법이었다. 나전달법은 평소에 지속적으로 사용하여 갈등을 유발하지 않도록 하는 데는 유용할 수 있을지 모르지만 이미 갈등이 깊어진 사이를 중재하기에는 효과가 미비하다.

미국에서는 나전달법이 부모 – 자녀뿐 아니라 기업에서의 갈등 중재에도 활용된다.

질서와 권위가 있는 환경에서는 질서 안에서 권위를 내려놓고 나전달법을 사용했을 때, 나전달법이 효과를 발휘했다. 미국에서의 나전달법에 관한 연구는 대체로 좋은 결과를 냈다. 영어권 연구에서 연인이나 친구를 대상으로 한 연구는 찾아보기 어려웠고 부부를 대상으로 한 나전달법은, 부모－자녀 간 갈등 중재만큼은 아니지만 상당히 찾아볼 수 있었다. 그리고 효과성에 있어서도 좋은 결과가 보고됐다. 한국과 영어권의 부부 사이에서의 나전달법의 연구 결과가 다르다는 것을 확인할 수 있었다.

③ 나전달법과 공감화법의 융합 필요성

나전달법과 공감화법은 각각의 강점과 한계가 있다. 나전달법은 갈등이 유발되지 않도록 자기와 타자를 적절히 경계 짓고 갈등이 만들어지지 않게 하거나 갈등이 발생했을 때 상호성을 강화할 수 있는 힘이 있다. 공감화법은 갈등이 발생했을 때 혹은 서로 의견이 다를 때 상대의 입장을 이해할 수 있는 방법을 제공한다. 그러나 나전달법은 심화된 갈등에 대해서 자기의 경계 안에서만 표현할 수 있다는 한계가 있고, 공감화법은 상대의 감정을 읽어주지만 결국 자기 안에 투사된 부분에 한정이 되며, 서로 의견이 다를 때는 어떻게 처리할지에 대한 대안이 없다는 한계를 갖는다. 이러한 한계를 극복하기 위해 나오는 화법을 연구하는 다양한 학자들이 나타났고 각각의 영역에서 해당 학자들의 연구 결과들이 괄목할 만한 결과물을 도출했다. 이렇게 나전달법과 공감화법의 강점을 살리고 한계를 극복한 화법을 연구한 대표적 분야가 감정코칭, 비폭력 대화, 부모역할훈련 등이다.

현대에 활용되는 화법들

나전달법과 공감화법의 한계가 나타나면서 나전달법과 공감화법을 융합한 화법들이 만들어져 활발하게 보급되었다. 이 화법들은 대체로 부모가 자녀를 교육 및 양육하기 위해 혹은 부모와 자녀 간의 갈등을 중재하기 위해 만들어진 후, 부모와 자녀의 갈등을 해결하는 문제를 넘어서 갈등 중재를 위한 기본 화법으로 자리 잡아갔다. 본 장에서는 대표적으로 널리 활용되는 화법으로 적극적 의사소통, 공감화법, 비폭력 대화를 소개한다.

① 적극적 의사소통

적극적 의사소통기법은 적극적 부모역할훈련(Active Parenting Training)에서 활용하는 화법이다. 갈등을 해결하는 화법에 대해서 이야기하는데, 부모역할훈련을 다루는 게 언뜻 이해가 안 갈 수 있다. 그러나 갈등 중재를 위한 화법 연구에 부모교육이 끼친 영향이 가장 크다고 해도 과정이 아니다. 부모-자녀 간의 갈등이 갈등 중재에서 가장 빈번한 화두이기 때문이다. 나전달법이 부모교육에서 시작된 화법이라는 걸 생각해보면 이해가 쉽다. 감정코칭과 비폭력 대화도 부모교육과 무관하지 않다.

적극적 부모역할훈련(APT)은 부모교육 전문가인 마이클 팝킨(Michael Popkin, 1944~) 박사에 의해 개발되었다. 적극적 부모역할훈련은 '부모와 자녀 간의 유대관계를 돈독히 하고, 부모와 자녀 사이의 갈등을 예방하기' 위해서 시작되었다. 갈등은 사고−감정−행동이 상호 경직되어서 발생한다. 그렇기 때문에, 사고−감정−행동의 유연성을 통해 상호 선택할 수 있는 기회를 제공함으로 갈등을 예방할 수 있다. 인간은 사고−감정−행동이 순환되는 구조로 살아간다. 예를 들어, 실패를 경험하게 되면 자신을 무능하다고 생각하게 되고, 낙심하며, 소극적이거나 자포자기적인 행동을 하기 쉽다. 한편 성공적인 경험을 하는 어떤 사건이 발생하면 자신을 유능하다고 생각되는 자신감을 느끼며 적극적이고 긍정적인 행동을 하게 된다. 무엇이 먼저라고 정의할 수는 없으나, 사고가 감정을 만들고 감정이 행동을 만들고 그 행동이 또 사고를 만드는 순환구조로 인간의 정신 회로가 구성된다.

이러한 정신회로를 원활하고 건강하게 구성하기 위해서 민주사회시민으로서의 항목인 용기, 자존감, 협동심, 책임감을 기르는 것이 필요하다. 이 항목들은 사고−감정−행동이 선순환할 수 있도록 돕는다. 이 네 가지 요소는 비록 부모 교육용으로 만들어졌지만 갈등 중재 및 연애와 부부생활에도 매우 필요한 항목들로, 나어너어 구성개념에도 중요하게 활용될 항목이어서 기본 이해만 다루고 지나가자.

먼저, 첫 번째 항목이 용기이다. 팝킨이 갈등 예방에서 가장 중요한 요소로 용기를 든 이유는 아들러의 영향으로 보인다. 아들러(Alfed Alder)의 개인심리학은 우리나라에 『미움받을 용기』로 유명해졌다. 그만큼 아들러의 개인심리학에서 용기가 차지하는 비중이 크다. 아들러는 용기에 대해 "자신이 필요하다고 생각하는 것은 무엇이든 배울 수 있는 것"이라고 정의했다. 배우는 것이 용기라니 당혹스러울 수 있으나, 여기에는 갈등을 해결하기 위해 자기가 원래 갖고 있는 것만으로는 부족하다는 전제가 있다. 갈등은 이미 갖고 있는 것 안에서 일어나기 때문에 갈등 중재를 위해서는 '외부성'이 중요하다. 이러한 외부성, 즉 낯선 것을 내 안으로 받아들이는 것은 적지 않은 용기가 필요하다.

두 번째는 자존감이다. 자존감, 자기존중감이 높은 사람은 회복탄력성이 뛰어나며 실패를 통해서도 배울 수 있다. 자존감은 유동성을 포함하는 개념이다. 갈등을 해결하기 위해 가장 필요한 것을 하나 들자면 유동성이다. 유동성이 없이 서로 강경하면 갈등은 해결되지 않는다. 그래서 자존감의 가장 큰 적이 완벽주의다. 이 유동성을 발휘하기 위해 꼭 필요한 게 자존감이다. 자기를 존중하는 마음이 없으면 변화를 받아들이기 어려워진다. 자기존중감이 높고 굳센 용기를 느끼는 사람에게서는 긍정적인 행동이 나타나며 자기존중감이 낮고 의기소침한 사람들은 부정적인 행동을 유발하기 쉽다.

세 번째는 협동심이다. 협동심은 갈등 중재가 가장 직접적으로 작용하는 요인이다. 협동심은 관계의 갈등을 해결하고 공동의 목표를 향해 함께 나아갈 수 있는 마음이다. 자존감이 유동성의 요인이라면 협동심은 유동성을 발휘하는 힘이다. 협동심이 없이 갈등 중재가 불가능하지는 않더라고 협동심은 갈등 중재에 매우 좋은 윤활유 역할을 한다. 협동심을 기르기 위한 방법으로 적극적 부모역할훈련의 가장 중요한 실천 중 하나인 '적극적 의사소통기법'을 가르친다.

네 번째는 책임감이다. 책임감은 자신의 의무를 받아들이고 상황이 요구하는 대로 의무에 따른 행동을 하는 것이다. 그렇다고 상대를 책임지라는 것이 아니라 자신의 행동에 대한 책임을 받아들이는 것을 말한다. '미움받을 용기'를 제대로 읽지 않고 그 표현만을 직관적으로 받아들인 사람들이 관계에서의 의무와 책임감을 무시하는 경우들이 있다. 그러나 아들러의 용기는 오히려 내키지 않는 외부성에 대해서도 직면할 용기를 의미하는 것이지 외부와 타자를 받아들이지 않겠다는 용기를 의미하는 것이 아니다. 두 사람 사이에서는 이런 의무감이 발생할 수밖에 없다. 일단 타자와의 관계가 시작되면 그동안 나 혼자 살던 때와 다른 일상생활에서 여러 가지 의무들이 부과된다. 부모역할은 자녀에게 의식주를 제공하고 훈육과 지지를 포함한 많은 의무를 동반하는 일이다. 이는 연인이나 부부 사이에도 마찬가지이다. 장기적인 이득을 얻기 위해서 단기적인 욕구를 희생해야 할 때가 있다. 책임감은 자유와 선택에 반드시 수반되며 무언가를 결정되었을 때 그 결과를 감당할 용기가 필요하다. 서로 다른 두 사람이 책임감이라는 감정으로 만날 때, 처음에는 익숙하지 않아서 책임을 다하지 못할 수 있다. 이때 책임을 다하지 않는 행동을 비난하거나 벌을 주게 되면 남을 탓하고 자기를 정당화 시키려고 오히려 책임을 회피한다. 책임감의 연습은 오히려 보상체계를 통해 향상된다. 책임감에 대한 보상체계는 자존감 향상에도 좋다. 책임감을 향상시키기 위한 대화 기술로 팝킨은 '나전달법'을 강조한다. 나전달법은 자기의 욕구와 감정을 전달하는 방식의 화법이기 때문에 책임감을 높이기에 유용하다.

적극적 부모역할 훈련 프로그램은 알프레드 아들러의 개인심리학과 루돌프 드라이커스(Rudolf Dreikurs)의 민주적 부모교육 이론을 토대로 하고 있다. 아들러의 가족구도, 드라이커스의 아동행동의 목적 외에도 로저스의 공감적 이해, 고든의 의사소통 기법인 반영적 경청으로부터 영향을 받았다.

부모역할의 유형은 전제형(독재형), 자유방임형(심부름꾼), 상호존중형(적극적인 부모)이 있다. 이 유형들은 연애유형에서도 나타난다. 연애유형에서는 적극적 부모역할 훈련처럼 답을 제시하지는 않지만 언어체계에 이 세 유형이 그대로 드러난다.

전제형 부모는 독재자처럼 전제적으로 움직이려고 한다. 이러한 부모는 자녀들이 무엇을 해야 할지, 언제 해야 할지를 명령한다. 자녀들은 의문을 제기하거나 도전하거나 의견에 반대할 여지가 없다. 일을 잘하면 부모에게서 보상을 받고 일을 못하면 처벌을 받을 따름이다. 이러한 독재적 양육방법은 인간의 불평등이 일반화되었던 시기에는 상당히 설득력이 있었으나 오늘날과 같은 평등의 시대에는 별 효력이 없다. 연인 관계에서도 이러한 유형이 여전히 많다. 그리고 재미있는 현상은 이러한 군주형 연인을 기대하는 사람도 종종 있다.

자유방임형 부모는 거칠고 완고한 독재적 방식에 강력하게 반대한다. 자유방임형의 부모는 자녀들이 제 맘대로 지나치게 많은 시간 동안 하고 싶은 일을 하도록 허용한다. 그러한 가정에서는 질서와 규율이라는 것이 없다. 그리고 무제한의 자유가 허용된다. 허용적 부모들은 자녀의 심부름꾼처럼 행동하면서 자녀들이 부모를 유린하도록 방임한다. 이런 경우 아이들은 주체성이 생기기보다 오히려 주체성이 없어지는 경우가 많다. 연인의 관계에서 이런 경우, 언제 헤어졌는지도 모르게 헤어지기도 한다. 또는 자유방임형의 다른 한쪽이 불안해져서 관계가 깨지기도 한다.

상호존중형은 전제형과 자유방임형의 중간쯤 되는 형이라고 말할 수 있으나 그 이상의 의미를 함축하고 있다. 적극적인 부모의 가정에서는 자유가 이상적으로 추구되며 타인의 권리와 개개인의 책임도 똑같이 추구해야 할 이상으로서 부모는 협동심을 길러주고 자녀를 존중하지만 자녀도 부모를 존중하도록 자극한다. 상호존중형 가정에서는 질서가 있고 세심한 관심도 있다. 개개인이 다 중요한 구성원으로서 인정을 받는다. 연애 관계에서도 완전히 방임하는 관계보다 둘 사이에 어느 정도의 규칙과 책임이 있는 경우가 더 깊은 관계를 더 오래 유지한다.

역할 유형	적극적 부모역할 유형별 예시
전제형	싸울 때마다 결국 내 말이 맞았잖아. 그냥 내 말 들어.
자유방임형	그래, 네가 원하는 건 뭐든 좋아. 너 좋을 대로 해.
상호존중형	같이 고민해보자. 네 의견은 어때?

자, 이제 가장 중요한 '적극적 의사소통기법'을 다뤄보자. 적극적 의사소통기법은
'경청-감정과 이야기 연결시키기-대안 찾아보기-추후 지도 그리기'의 과정을 갖
는다.

첫 번째 단계인 경청은 앞서 다룬 대화법들에서도 공통적으로 다룬 방법들이다.
판단을 중지하고 적극적으로 듣는다. 귀와 눈으로 경청하고, 직관과 사고로 경청한
다. 경청단계에서는 자신의 말을 최소한으로 줄이고 상대의 말을 잘 경청하고 있다는
사실을 확인시키는 것이 중요하다. 물론 사람에 따라 다른 일을 하면서 들을 수도 있
지만 듣고 있다 해도 상대 입장에서 내가 듣고 있다는 걸 인식하기 어려울 수 있기
때문에 적극적으로 듣고 있다는 자세를 보여주는 것이 중요하다. 이렇게 서로의 이야
기를 듣고 있다는 것을 알리는 게 소통의 시작이다.

두 번째 단계에서는 감정과 이야기 내용을 연결시킨다. 감정과 이야기를 연결시키
기 위해서는 먼저, 감정에 귀를 기울여야 한다. 상대가 하는 말의 내용만 경청하기보
다, 상대가 말하는 사실과 관련하여 느끼는 감정과 마음을 읽어주는 것이 더욱 중요
하다. 대화는 정보전달이기보다 감정의 전달인 경우가 더 많다. 심지어 정보의 전달
이 목적인 강의나 수업에서도 감정을 통해 전달한다. 하물며 일상 대화나 특히 갈등
이 발생할 수 있는 상황에서의 대화에서는 감정을 듣고 감정을 확인하고 말하는 것
이 사실의 이해 이상으로 중요하다. 이렇게 감정을 중심으로 경청하고 있다는 것을
표현해 주면 상대가 자기의 감정을 억누르기보다 자기 감정을 인식하고 더 적극적으
로 표현하도록 도와줄 것이다. 이러한 과정이 오해를 없애고 더 솔직하게 소통하도록
유도한다. 이것이 '공감적 경청'이다. 해당 감정이 나올 수밖에 없었던 과정을 상대가
말한 이야기와 연결시켜서 말해줌으로 내가 잘 들었다는 표현과 더불어 상대도 그

감정과 이야기를 재정리 및 반응할 수 있는 기회를 제공한다.

세 번째 단계에서 이야기와 감정에 대한 대안을 찾아본다. 대안은 반드시 정답일 필요는 없다. 함께 고민하는 과정을 통해 혼자 해결하는 것이 아니라 함께 해결해 나갈 수 있다는 걸 보여주는 것이 중요하다. 대안을 찾았다고 생각하다가 나중에 대안의 문제를 발견할 수도 있다. 그러면 그 때 다시 대안 찾기를 해볼 수 있다. 중요한 것은 함께 문제를 해결하고 있다는 것을 서로 알고 의지할 수 있다는 상황 자체이다.

마지막 단계에서 추후 미래를 그려본다. 해당 상황에 대해서 막연한 불안과 자기 확신적 예언을 통해 부정적으로 해석해 내는 것을 막기 위해서 앞으로 벌어질 일을 그려보고, 적절하게 대처할 수 있는 힘을 길러준다. 설사 그려본 미래대로 진행되지 않는다 할지라도 앞으로 펼쳐질 여러 갈래 중의 몇 갈래를 그려보는 것으로 지금 여기에서의 행동을 더 안정적으로 결정할 수 있다.

화법 단계	적극적 의사소통 단계별 예시
경청	그래, 네 입장에서는 화날 만했었어.
감정을 이야기와 연결시키기	너는 1시간만 놀고 숙제하려고 했는데, 엄마가 숙제 안 하고 논다고 나무라기만 했으니까 네 입장에서는 화나겠네.
대안 찾아보기	하지만 엄마는 네가 1시간만 놀고 숙제할 계획이라는 걸 몰랐잖아? 앞으로는 엄마도 미리 판단하지 않고 계획이 있는지 물어보고 말할게. 너도 엄마와 숙제를 어떻게 할지 말하고 나서 노는 건 어때?
추후 미래 그리기	엄마도 물어보고 너도 엄마에게 네 계획을 알려주고 그렇게 하면 서로 오해가 없을 거야.

② 감정코칭

감정코칭은 심리학자 하임 기너트(Haim Ginott, 1922~1973)가 교육 현장에서 활용하던 방법을, 심리학자 존가트만(John Gottman, 1942~)이 발전시킨 교육방법 및 화법이다. 가트만은 '부부관계' 및 '부모와 자녀 관계' 갈등 상황에서 서로가 어떻게 반응하는지 관찰하고, 감정 발달에 대한 연구를 통해 감정코칭의 5단계 방법, 네 가지 부모유형, 초감정(meta-emotion)의 개념들을 발표했다.

가트만은 3가지 종류의 대화가 있다고 전제했다. 첫번째 대화는 서로 원수 되는 대화로 상대가 말한 것에 대해서 즉각적으로 반박하거나 비웃으면 원수가 되는 관계로 진입하는 결과들을 자주 발견했다. 이런 대화에서는 비난과 경멸이 동반된다. 두 번째 대화는 서로 멀어지는 대화로 상대의 말에 상관이 없는 다른 말로 화제를 바꾸거나 딴소리하는 방법이다. 서로 속마음을 간과하고 살아가기 때문에 멀어질 수밖에 없다. 세 번째는 서로 다가가는 대화로 상대의 이야기를 잘 들어주고 그 감정을 받아주는 대화이다. 감정코칭은 세 번째에 해당하는 대화 방법이다.

대화 종류	가트만의 대화 종류별 예시
원수가 되는 대화	친구: 나 이번에 ○○회사에 원서 넣었어. 나: 참나, 어이가 없네. 네 능력에 그 회사에 붙을 수 있겠냐?
멀어지는 대화	친구: 나 이번에 ○○회사에 원서 넣었어. 나: 나 어제 옷 샀잖아. 이거 예쁘지?
다가가는 대화	친구: 나 이번에 ○○회사에 원서 넣었어. 나: 와, 정말? 꼭 붙었으면 좋겠다.

가트만의 감정코칭은 기쁨, 즐거움, 행복과 같은 긍정적 감정은 물론, 두려움, 화, 분노, 슬픔, 외로움, 우울 등의 부정적 감정을 무시하지 않고 수용하고 공감하여 적절히 대응할 수 있도록 돕는 코치 역할을 하는 방법이다. 감정코칭은 코칭이라는 단어에서 볼 수 있듯이 상호 소통을 위한 화법이라기보다 교육을 위한 화법이다.

가트만 박사에 의하면 감정은 무의식과 가치관 등이 상당히 복잡하게 복합적으로 얽혀서 순간적으로 표면 위로 드러난 것이기 때문에 반복된 감정을 통해 가치관을 형성하기도 한다. 그렇기 때문에 감정에 어떻게 반응하는지는 가치관을 변화시키고 관계를 재구성하는 데도 영향을 준다. 감정을 읽어주고 감정에 반응해주는 것은 생각과 행동을 변화시키고 관계를 개선하며 가치관을 조율하기도 한다.

비록 감정코칭이 교육을 위해 만들어진 방법이지만, 가트만은 상호 인간관계를 위해 사용했을 때도 동일한 결과를 나타낸다는 연구를 진행했다. 가트만의 연구에 의하면 타자의 행동에 숨은 감정을 재빨리 알아차리고 대처하면 그 상대의 자존감이 높아지고, 대인관계나 문제 해결 상황에서 유연하게 대처할 수 있다. 감정을 읽어주고 공감해주면 정서 및 사회성에 긍정적인 영향을 주고 자기 점검 및 통제할 수 있는 능력이 향상된다. 또한 자신의 감정을 이해받고 공감받는 과정에서 자신을 가치 있는 사람이라고 느끼며, 자기감정 조절을 더 잘하게 된다.

카트만은 양육자, 즉 화자의 유형을 축소전환형, 억압형, 방임형, 감정코칭형 네 가지로 구분했다. 축소전환형은 감정이 별로 중요하지 않다고 여기고 심지어 감정은 비이성적인 것이라고 생각하고 감정을 놀리거나 농담으로 넘기기도 한다. "남자가 우냐?"와 같은 반응이 이에 속한다. 특히 부정적인 감정은 빨리 없애도록 요청하고 부정적인 감정이 나타나면 마음이 편하지 않다. 억압형은 축소전환형과 비슷하지만 훨씬 더 강하게 부정한다. 감정을 드러낼 때 놀리거나 부정하는 수준이 아니라 꾸짖거나 훈계하기까지 한다. 그리고 부정적 감정은 나쁜 성격에서 비롯된다고 믿기도 한다. 방임형은 감정을 허용하는 것 같지만 사실은 간과하거나 반응하지 않는다. 감정은 다 분출해야 한다고 생각해서 모든 감정들을 드러내게 하되 분출 이후의 방향을 제시하지는 못해서 소통이 단절된 느낌이 든다. 감정코칭형은 감정 자체는 허용하지만 행동에는 제한을 두기 때문에 대화 상대가 반응을 통해 소통감을 느낀다. 감정에 반응해서 감정의 원인을 함께 모색하고 문제를 해결해 나가기 때문에 감정이 실제로 해소되거나 최소한 감정이 전달되었다는 느낌이 든다.

대화유형	감정코칭 대화유형별 예시
축소전환형	친구: 나 지금 너무 불안해. 나: 뭘 불안해 하냐? 별거 아냐.
업악형	친구: 나 지금 너무 불안해. 나: 야, 불안해하면 될 일도 안 돼. 너 그러다 망한다.
방임형	친구: 나 지금 너무 불안해. 나: 원래 시험 앞두면 다 불안한 거야.
감정코칭형	친구: 나 지금 너무 불안해. 나: 불안할 만 하지. 어떤 부분이 제일 불안해?

감정코칭은 "감정인식 – 감정 반기기(속마음 헤아리기) – 들어주고 공감하기 – 감정에 이름 붙이기 – 행동으로 전환하기", 즉 5단계의 순서를 갖는다.

1단계 '감정인식'은 겉으로 드러난 행동 이면에 있는 감정을 알아차리고 인식하는 단계다. 감정은 행동으로 나타나기 마련이기 때문에 일반적으로 행동에 집중하고 행동에 반응한다. 우리는 주로 행동을 보고 판단한다. 판단에는 객관적 사실만 존재하는 게 아니라 주관적 해석을 동반한다. 그러나 행동보다 감정을 먼저 읽어야 적절한 반응을 할 수 있다. 감정이 드러날 때 하는 흔한 실수는 감정을 못보고 눈에 보이는 행동에 초점을 맞추고 행동에 대해 지적하는 것이다. 예를 들어, 남자친구가 말하고 있는데 여자친구가 안 듣고 먼 산을 바라보면, "너 안 듣냐?"라고 행동을 지적한다. 이때, 왜 그런 행동을 하는지 생각하고, "화났어?" 하고 묻는다면 감정에 대한 이야기로 전환할 수 있다. 그런데 "너 안 듣냐?"라고 한다면 "들었는데?"라거나 "너 OO라고 했잖아. 다 들었어."와 같은 반응이 나올 수밖에 없다. 그러나 인간이 느끼는 감정은 이름이 공식적으로 붙은 것만 80여 개가 있다. 이 중에 어떤 감정인지를 바로 알 수는 없다. 그러나 "화났어?"라고 물어보면 "아니, 좀 우울해."라고 자기 감정을 말할 수 있기 때문에 행동에서 시작하는 대화보다 좀 더 본질적인 주제로 접근할 수 있다.

2단계 '감정 반기기'는 상대의 감정에 적극적으로 관심을 보이고 긍정적으로 반응하는 것을 의미한다. 강한 감정을 보일수록 더 좋은 기회가 될 수 있다. 감정은 좋은 사건이나 문제가 있는 것을 드러내는 것이기 때문에 간과했던 속마음을 알 수 있는 기호이기도 하다. 그렇기 때문에 간과하지 말고 적극적으로 감정을 반길 필요가 있다. 이때 중요한 것은 타자의 감정에 반응하는 '나'는 감정적 중립에 머물어야 한다는 것이다. 그러기 위해 자기 목소리 크기를 조절해서 상대가 감정의 홍수 상태로 진입하는 것을 예방해야 한다. 격한 감정을 보이거나 완전히 얼어붙어 말 한마디 하지 않은 경우, 감정코칭을 할 좋은 기회로 여기고 상대의 행동이 아니라 감정에 초점을 맞추려도 노력한다. 감정에 대해서 따지고 평가하고 판단하는 반응을 하면 부정적감정과 불안감이 증폭된다. 가급적 대응하는 자세가 아니라 들으려는 자세를 취하는 걸 보여주는 것이 좋다.

3단계 '들어주고 공감하기'는 능동적으로 상대의 감정에 개입하면서 긍정적 관계를 만드는 과정이다. 개입의 핵심은 경청과 공감이다. 이 단계에서 어떻게 하느냐에 따라 상대로부터 다가가는 대화를 이끌어내고 스트레스를 줄여주고 서로 긍정적인 정서를 쌓아간다.

'들어주고 공감하기'에서 쉽게 고민과 문제를 빨리 해결해 주고 싶어하고 답을 주고 싶어하는 마음으로 상대의 감정이 큰 문제가 아니라고 축소해주거나 감정을 간과하고 이성적 생각을 해보게 유도한다. 그러나 이런 반응은 겨우 드러낸 감정을 다시 회피하고 싶은 마음만 들게 한다. 이렇게 감정을 다시 억압하는 방식으로 진입해서는 안 되고 감정을 더 끌어내기 위해 감정에 대한 관심과 열린 질문을 하는 것이 좋다. "그 일에 대해서 더 말해 주겠어?" 혹은 "그래서 넌 어떻게 했어?"처럼 관심과 열린 질문을 하면 상대는 감정을 더 깊게 드러낼 수 있다. 정답이 있거나 "네." 혹은 "아니요."로만 답할 수 있는 질문은 감정을 그대로 닫아버릴 가능성이 높다. 그리고 상대가 지금 어떤 상태인지를 알아차리게 해주는 것이 좋다. 상대는 자신의 신체적인 알아차림과 감정적인 알아차림 그리고 생각의 알아차림, 상황의 알아차림까지 할 수 있어야 더 깊은 대화를 할 수 있다. 질문 없이, 바로 "아, 이렇구나. 이런 감정이구나." 하고 성급하게 결론 내리다 보면 그 안에 섞여 있는 여러 가지 다른 감정을 못 알아차릴 수가 있다. 그럴 경우에 저항이 남아 있거나 뭔가 미진하고 답답할 수 있다. 그래서 3단계에 '들어주고 공감하기'에서는 시간을 조금 길게 두는 게 필요하다. 공감이나 이해 대신 문제해결부터 하는 경우 반발심이 든다.

공감하는 데도 기술이 필요하다. 공감에 대표적인 기술이 미러링(mirroring)이라고 불리는 거울 반영식 대화이다. 거울을 보듯이 그냥 있는 그대로 비춰주는 방식이다. 해석하거나 분석하거나 왜곡하지 않고, 반복해서 말한다. 상대가 "잘 모르겠어." 라고 하면, "그래, 잘 모를 수도 있지."라고 말한다. 만약에 "싫어."라고 말해면 "그래, 싫을 수 있어. 나였어도 싫었을 거야."라고 말하며 상대의 말을 공감하며 반영해 준다. 그러면 상대는 '내 말에 토를 달거나, 비판하거나 분석하지 않는구나!'라고 생각하며 안전함을 느낀다. 그리고 공감화법에서도 '나전달법'을 사용한다. 초기부터 나전달법을 사용한 건 아니지만 가트만의 연구 과정에서 '나전달법'이 필요할 때가 있음을 확인하고 나전달법을 도입하였다. 상대를 공감해주기만 해서는 소통이 아니기 때문에 자신의 감정을 나전달법으로 솔직하게 말하는 것도 필요하다. 그다음 기술이 기다림이다. 상대가 감정의 홍수 상태인 경우, 질문에 대답을 하지 않을 때 15초에서

길면 1분까지 가만히 기다리면 상대가 진정을 되찾고 감정을 내려 놓고 말을 하기 시작한다.

4단계 '감정 표현하도록 돕기(감정에 이름붙이기)'는 감정을 구체적으로 스스로 인식하는 과정이다. 정신분석가 라캉은 "정동(감정)에 기표를 부여함으로 정동을 규정하거나 정동으로부터 벗어나게 하기도 하고, 정동의 기표를 바꿔줌으로 정동으로부터 혹은 정동으로 이행하게 한다."라고 했다. 감정코칭에 있어서 감정에 이름을 붙여주는 작업도 비슷한 맥락을 가지며 여러 이유가 있다.

① 먼저, 불확실한 감정을 구체화하거나 명료화해서 대화가 가능하도록 한다. 수치감인지, 억울함인지, 상실감인지를 명료화하면 대화가 엇나가지 않는다. ② 그리고 감정을 표현하는 것을 돕는다. 80개가 넘는 다양한 감정을 획일적으로 싫어 혹은 좋아로 표현하는 사람들의 경우 감정을 깊게 들어가려고 하면 혼란스러울 수 있다. 그러나 자신이 느끼는 감정을 알게 되는 순간 마음이 좀 놓이고 그 감정에 혼란스러워하거나 집착하는 것에 대한 대처법에 조금 더 신경을 쓸 수 있다. ③ 마지막으로 이성으로 균형을 맞춘다. 감정은 우뇌에서 처리된다. 반면 언어는 이성을 관리하는 좌뇌에서 처리된다. 즉 우뇌 현상을 좌뇌를 사용하는 언어로 연결시켜서 감정을 이성적으로 정리할 수 있도록 돕는 것이다.

5단계 '행동으로 전환하기'는 감정을 숨기려고 하거나 과도하게 드러내려고 하거나 왜곡하려고 하는 행동으로부터 바람직한 행동으로 전환하는 것을 의미한다. 바람직한 행동으로 감정을 표출하고 해소하는 방법을 알려주거나 지시하는 게 아니라 스스로 생각하고 제안할 수 있도록 한다. 효과적인 방법은 아래와 같은 질문으로 행동을 유도하는 것이다.

"너는 어떻게 하면 좋겠어?"
"이러이러한 방법 중에서 너는 어떤 게 나을 것 같아?"

행동으로 전환하기 위해서는 다음과 같은 5단계의 과정을 갖는다.
① **한계 정하기:** 공감해주었다고 해서 뭐든지 다 허용할 수는 없다. 감정은 수용하더라도 불가능한 행동들이 있다. 동생 때문에 화난다고 동생을 때리게 둘수는

없는 것이다. 그래서 욕구와 감정을 행동으로 전환하기에 있어서 한계를 정하는 것이 중요하다.

② **목표 확인하기:** 정해진 한계 안에서 진짜 원하는 욕구를 발견하고 욕구에 따른 목표를 확인한다.

③ **해결책 찾아보기:** 목표를 구체화할 수 있는 해결책을 찾아본다.

④ **해결책 검토하기:** 해결책 대로 행동했을 때 어떤 문제들이 발생하고 어떤 결과들이 나타날지 미래를 그려본다.

⑤ **해결책을 선택하도록 돕기:** 결국 해결책을 찾았어도 행동하지 않으면 의미가 없다. 그 해결책을 선택하도록 가능성과 용기를 부여한다.

이러한 감정코칭의 단계 중 상대에게 보여지는 것은 3, 4, 5단계이다. 그렇기 때문에, 실제 상황에서는 3, 4, 5단계가 여러 차례 반복된다. 3단계가 감정에 초점을 맞추는 것이고 4단계가 감성과 이성으로 연계하는 교두보를 만드는 것이고 5단계에서 이성적 해결책을 탐구한다.

감정코칭이 늘 좋은 것은 아니다. 감정코칭을 하지 말아야 할 때가 있다. 확실한 위험 상황일 때는 공감하고 있기보다 위험 상황을 처리하는 게 우선일 수 있다. 청중이 있을 때는 자칫 심리게임에 휘말릴 수 있기 때문에 청중이 있을 때는 감정코칭보다 객관적이고 논리적인 대화가 필요하다. 자신이 화가 났을 때는 감정코칭이 오히려 역반응을 일으킬 수 있다. 자신이 화가 났을 때는 대화를 잠시 멈추고 호흡을 가다듬는 것이 좋다. 시간이 쫓길 때나 너무 피곤할 때도 적절하게 감정코칭에 집중하지 못할 수 있다. 상대가 거짓 감정을 꾸며댈 때는 공감해주는 것이 아이의 감정을 오히려 망가트릴 수 있다. 특히 자신의 목적을 달성하려고 할 때 감정코칭은 상대를 컨트롤하는 기술로 사용할 수 있다. 이런 경우, 본래 목적에 위배될 뿐더러 장기적으로 역효과를 초래한다. 상대가 처음에는 속아 넘어갈 수 있어도 결국 조정 당하고 있다는 사실을 알아차리게 되어 신뢰감이 무너지고 소통이 단절된다. 이런 상황에 대해서는 제3부 '가스라이팅'에서 자세히 다루고자 한다.

③ 비폭력 대화

비폭력 대화는 미국의 임상심리학 박사인 마셜 로젠버그(Marshall Bertram Rosenberg, 1934~2015)가 만든 의사소통 방법으로 마음 안에 있는 폭력을 가라앉히고 연민을 향상시키는 대화 방법이다. 인간은 스스로는 전혀 폭력적이지 않다고 생각하면서 말하지만 막상 표현된 말은 자기 자신이나 다른 사람에게 상처를 입히고 마음을 아프게 하기도 한다. 비폭력 대화는 인간은 날 때부터 연민이 우러나는 방식으로 다른 사람들과 유대관계를 맺고 산다고 보는 긍정적 인간상을 갖고 있다. 그렇기 때문에 견디기 어려운 상황에서도 인간성을 유지할 수 있는 잠재성이 누구에게나 있고, 비폭력 대화는 그 잠재적 연민의 능력을 키워주는 대화 방법이다.

비폭력 대화는 이렇듯 사람들이 자기 자신을 더 깊이 이해하고, 다른 사람과 연민의 유대관계를 맺을 수 있도록 도와주고자 만들어졌다. 비폭력 대화의 목적은 대화하는 상대방의 삶을 풍요롭게 하는 데 기여하는 즐거움을 느끼고, 자원을 나누며, 갈등을 예방하고 평화롭게 해결하는 능력을 길러주는 기술을 실제 삶에 적용할 수 있도록 하는 데 있다.

사람이 대화하면서 기분 나쁘게 느끼는 이유는 무엇일까? 비폭력 대화에서는 자기 기준적 판단이 그 이유라고 보고 판단하지 않고 대화 상대를 있는 그대로 관찰하고, 자기의 욕구를 잘 표현하고 대화 상대의 욕구를 잘 들여다 봄으로 긍정적으로 소통하는 평화로운 대화를 만들 수 있다고 보았다. 대화에서 상대를 기분 나쁘게 하는 게 자의적 판단이라고 보기 때문에 비폭력 대화에서는 판단을 중지하고 있는 그대로 관찰하는 작업이 가장 중요하다. '판단'은 상대방이 나에게 전한 말의 책임을 나 자신에게 돌려 자기 비하를 하는 자기 공격과 상대방의 말을 강하게 지적하며 공격적인 언어 표현을 하는 상대 공격의 결과 모두를 의미한다. '관찰'은 상대의 말에 대한 나의 마음을 관찰한 후 자기 공감을 통해 상대방에게 자신의 생각과 느낌을 솔직하게 전달하고, 상대의 말 속에 담긴 생각과 감정을 헤아려 본 후 상대 마음을 공감하는 태도를 말한다. 이렇게 비폭력 대화는 '나전달법(I-message)'과 '공감화법'을 모두 담아내고 있다.

비폭력 대화는 연민이라는 감정이 인간 누구에게나 있다고 가정한다. 연민은 나도 언제나 타자와 동일한 상황에 처할 수 있다는 감정으로 연결감의 핵심이 되는 감정이다. 연민이 연결감을 갖게 하기 때문에 대화에서는 연민을 통한 연결감을 경험하는 것이 중요하다. 연결감을 막는 장애물이 10개 있는데, 그건 [① 공감 없는 조언, ② 자의적인 진단, ③ 부정적으로 바로잡기, ④ 비하하며 위로하기, ⑤ 무시하기, ⑥ 감정의 흐름 중지하기, ⑦ 동정하기, ⑧ 심문하기, ⑨ 평가하기, ⑩ 말자르기]이다. ① 공감 없는 조언은 어려운 일을 당한 사람에게 충고하듯이 하는 조언으로 "네가 적응해서 살아야지."처럼 모든 책임을 상대에게 전가하는 방식의 대화이다. ② 자의적인 진단은 "너는 인내심이 부족해."처럼 앞뒤 상황에 대한 이해 없이 단정 짓는 표현이다. ③ 부정적으로 바로잡기는 다른 사람이 말을 끊어서 무시당했다고 생각하고 힘들어하는 상대에게 "네가 말을 너무 길게 하니까 그렇지."처럼 힘들어하는 원인을 상대의 책임을 돌리는 표현이다. ④ 비하하며 위로하기는 일이 힘들다고 호소하는 상대에게 "그렇게 힘들어서 얼마나 버틸 수 있겠냐?"라며 비관적으로 위로하는 표현이다. ⑤ 무시하기는 "그건 아무 것도 아니야."처럼 상대의 어려움을 아무것도 아니라고 무시하는 표현이다. ⑥ 감정의 흐름 중지하기는 힘들어하는 상대의 감정을 "그렇게 생각할 필요 없어."라며 부정하는 표현이다. ⑦ 동정하기는 연민과 헷갈리기도 하고 나쁘지 않은 표현이라고 오해되기도 하지만 연결감의 주요한 장애이다. "어떡하냐?"와 같이 자기 마음과 상대 마음을 분리하여 동정의 대상으로 바라보는 것은 연민에서 나오는 표현이 아니라 연결감을 단절하는 동정일 뿐이다. ⑧ 심문하기는 "네가 먼저 이런 식으로 말을 했어?"처럼 감정의 원인을 어려움을 호소하는 상대에게 돌리기 위해 질문하는 표현이다. ⑨ 평가하기는 "너는 너무 민감해서 탈이야."처럼 상대의 문제를 드러내는 표현이다. ⑩ 말자르기는 "그만하고 기운내."처럼 응원하는 듯 보이지만 어려움을 호소하는 말을 자르는 표현이다. 이런 표현들은 애매하게 공감처럼 들리지만 사실은 연결감을 단절시킨다.

　비폭력 대화는 연결감을 통해 연민을 확장하는 대화 방법으로 '관찰－느낌－욕구－부탁'의 순서로 말하도록 한다. 이 순서는 '관찰－인식－표현－요청'의 순서로 말하는 나전달법과 유사한 부분이 있다. 이 순서는 나전달법처럼 자기의 욕구를 표현하는 데서 끝나지 않고 상대방의 욕구도 알아차리고 물어보는 과정까지 이어진다. 나의 감정과 욕구를 표현하는 과정을 '솔직하게 말하기'로, 상대의 감정과 욕구를 읽어주는 과정을 '공감으로 듣기'로 구분한다.

솔직하게 말하기와 공감으로 듣기의 구분은 다음과 같다.

솔직하게 말하기	요소	공감으로 듣기
나는 네가 _____라고 한 말을 듣고	관찰	너는 _____를 봐서
나는 _____한 느낌이 들어.	느낌	너는 _____라고 느꼈구나.
왜냐하면 나는 _____가 중요하기 때문에 (혹은) 나는 _____를 하고 싶어서	욕구/가치	왜냐하면 너는 _____가 중요하니까 (혹은) 너는 _____를 하고 싶으니까
_____를 해줄 수 있어?	부탁	너는 나에게 _____를 원하는 거니?

비폭력 대화의 네 단계 중 첫 번째 단계는 관찰이다. 비폭력 대화에서의 관찰은 대화 상대의 구체적인 말과 행동을 관찰하되 판단하지 않고 있는 그대로를 수용한다. 상대방의 행동이나 말을 내가 좋아하느냐 싫어하느냐를 기준으로 판단하거나 평가하는 습관을 버리는 것이 쉬운 일은 아니지만 훈련을 통해 가능하다.

두 번째 단계는 관찰한 것에 대한 나의 느낌을 알아차리고 표현한다. 느낌 단계는 상대의 말과 행동을 보았을 때 내가 어떻게 느꼈는지 표현하는 단계로, 가슴이 아팠다 등의 느낌을 표현한다. 비폭력 대화에서는 감정이라는 표현보다 느낌이라는 표현을 선호하는데 감정을 지각의 영역으로 끌고 오려는 의도가 있다. 이때 느낌 표현에 있어서 판단이 들어간 느낌을 토대로 상대를 자극할 만한 공격적 표현을 하면 공격이 될 수 있다. 이를테면 역겹다거나 짜증난다는 등의 표현은 내 고유의 느낌이 아니라 상대에 대한 판단을 토대로 상대를 공격하고자 하는 의도가 들어간 표현이다.

세 번째 단계는 두 번째 단계에서 표현한 느낌을 일으키는 나의 욕구, 가치관, 원하는 것을 찾아낸다. 감정과 느낌은 욕구가 좌절되거나 만족 되었을 때의 반응이다. 내 욕구에 따라서 감정과 느낌이 달라진다. 자기 욕구를 직면하고 알아차리는 것도 훈련이 되지 않으면 어려운 경우가 있는데, 감정과 느낌을 통해 욕구를 찾아가면 욕구를 더 쉽게 발견할 수 있다. 욕구를 알아차렸으면 자신이 알아차린 느낌이 내면의 어떤 욕구와 연결되는지를 말한다.

마지막으로 부탁 단계에서는 나의 느낌과 감정에 따라 발견한 나의 욕구를 토대로

주는 방법을 취한다. 상대의 감정을 상대 입장에서 읽어준다는 부분에서 공감화법과 비슷하지만 세 가지 측면에서 발전했다. 먼저, 공감화법이 "속상했겠다."라고 상대의 감정을 간단하게 읽어준다면, 적극적 의사소통에서는 "네가 밤 새서 연습하면서 준비했는데, 교통사고 때문에 시험을 못 봐서 속상했겠다."라고 감정을 이야기와 연결시켜서 읽어줌으로 감정의 이유도 확인할 수 있도록 발전시켰다. 그리고 공감에서 끝나던 공감화법에서 발전해서 대안을 찾고 그 후에 어떻게 될지까지 추후 미래를 그려보는 과정까지 화법 안에 담았다. 적극적 의사소통은 나전달법의 형식을 갖고 공감화법의 방법을 따랐으며 감정의 근거를 찾아 논리까지 확장했고, 대안을 찾고 미래그리기까지 생각해보도록 구성해서 화법의 활용도를 상당히 발전시켰다.

감정코칭도 자녀 교육을 위해 만들어진 화법으로 관계의 갈등을 만드는 데 가장 중요한 것이 감정이라고 보고, 모든 종류의 감정들을 다루는 것을 목적으로 한다. 긍정적인 감정들뿐 아니라 두려움, 화, 분노, 슬픔, 외로움, 우울 등의 부정적인 감정도 나쁜 감정이라고 보지 않고 필요한 감정이라고 본다. 그래서 이러한 부정적인 감정도 억압하지 않고 수용과 반응을 통해 직면할 수 있도록 해야 한다. 적극적 의사소통이 대안을 찾고 미래를 그려보는 실제적 중재와 행동에 가중치를 두고 있다면 감정코칭은 감정을 욕구와 행동의 차원에서 인식하고 다루는 데 가중치를 두고 있다. 감정코칭에서도 결국 행동하도록 코칭하지만 화법에서 더 중요한 건 감정과 관련하여 욕구와 행동을 이해하는 것이다. 적극적 의사소통에서는 대안 찾기와 미래 그리기에 구체적인 예시 언어를 제시하기 어렵지만 감정코칭에서는 구체적인 예시 언어를 제시할 수 있어서 적용하기가 더 수월하다. 특히, 감정코칭이 적극적 의사소통보다 한발 발전한 건, 상대의 감정과 욕구를 읽어주는 데서 끝나지 않고 자기 감정표현도 화법의 단계 안에 추가되었다는 것이다. 그런 의미에서 교육에서 대화로 발전했다고 볼 수 있다. 그럼에도 코칭이라는 단어가 보여주듯이 여전히 교육적 측면이 있다.

지금까지 살펴본 갈등 중재 화법들은 자녀 교육을 중심으로 발전했다. 자녀 교육의 영역에서 확장하여 상호적 대화 체계로 들어간 화법이 비폭력 대화이다. 부모역할훈련의 적극적 의사소통이 공감화법을 중심으로 발전시켰다면, 비폭력 대화는 공감화법과 나전달법의 장점을 모두 갖추고, 두 화법의 단점을 극복하기 위해 '솔직하게말하기'와 '공감으로 듣기'라는 양방향 언어에 '관찰 – 느낌 – 욕구 – 부탁'이라는 단계로 소통하는 화법을 만들었다. 감정코칭이 '감정표현' 부분을 추가했다면, 비폭력 대화는 아예 두 화법을 분리시켜서 구성했다. 나의 욕구와 느낌도 솔직하게 표현하고 대화하는 상대의 욕구와 감정도 읽어주며 공감으로 듣는 대화를 만든 것이다. 공감화법과 나전달법을 융합하여 만든 비폭력 대화는 두 화법의 단점을 극복하고 빠른 속도로 세계화됐다. 비폭력 대화는 화법 이름에서도 나타나듯이 상처주지 않고 상처받지 않는 평화로운 대화라는 타이틀을 걸고 평화로운 관계맺기를 목표로 했다. 철학과 가치관도 명료하고 무엇보다 어떻게 활용해야 할지가 구체적으로 제시되어 확장성을 갖출 수 있었다. 비폭력 대화의 확장과 더불어 화법의 변화가 폭력적 관계에서 평화로운 관계로의 변화를 가져올 수 있다는 인식이 일반화됐다. 비폭력 대화는 감정보다 느낌에 집중하는 경향이 있다. 생각의 중요성을 확장하기 위한 의도이다. 감정은 연민과 분노를 핵심적으로 다루는데, 연민은 연결감을 만들고, 잘못된 분노 표현은 연결감을 끊어낸다. 연민과 분노를 어떻게 다루느냐가 비폭력 대화의 핵심이다.

지금까지 소개한 5개의 화법들은 자녀교육과 갈등 중재 영역에서 많은 갈등과 문제를 해결하고, 관계를 증신시키고 풍요롭게 만드는 데 중요한 역할을 했다. 그리고 지금도 많은 부모-자녀 관계를 증진시키고 갈등을 해결하고 있다. 그러나 나전달법, 공감화법, 적극적의사소통, 감정코칭은 교육적 차원에서 만들어지다 보니 연인이나 부부 사이에 적용하기에는 모호한 부분이 있다. 상호 문제를 해결하는 과정으로 끌고 간다기보다 수용 혹은 안내의 느낌이 강하다. 자녀의 말을 경청하고, 욕구를 읽어주고, 감정을 읽어주고, 그 감정의 대안을 찾아주고, 자녀가 왜 그렇게 행동했는지를 이해해 준다. 이 화법들에서 나의 감정과 욕구는 찾기 힘들다. 이래서는 중재가 아니라 수용만 할 뿐이다. 나전달법은 나의 욕구와 감정을 수용성 높게 전달할 뿐 상대의 욕구와 감정에 대한 대처는 없다. 비폭력 대화가 상호문제 해결을 위한 화법으로 가장 가까운 언어인데, 서로 연민을 느끼고, 문제 해결의 의사가 명확하고, 상식적인 선 안에서 화해의 의지를 갖고 있어야 해결이 가능하다. 긴 시간을 두고 이 화법을 서로 적용하고 배우며 성장의 의지가 있는 두 사람이 함께 만들어 가기에 매우 좋은 화법이다.

나어너어의 개발

럽디(주)는 자체 상담사를 30명 이상 보유하고 있고, 기업부설연구소를 운영하며 개발연구자와 심리학 연구자를 포함하여 14명 이상의 연구원을 확보하고 있다. 상담사와 연구원의 수를 확정하지 못하는 이유는 매달 늘어나고 있기 때문이다. 럽디(주) 기업부설연구소는 인하대, 연세대, 전남대 심리 및 상담, 심리치료 학과와 MOU를 맺고 관계와 심리에 관한 연구를 진행해 왔다. 데이트 폭력, 가정 폭력, 스토킹 연구에서 시작하여, 상담을 위한 AI 개발연구, 관계에서 발생하는 우울과 불안, 수치심, 서운함 등의 감정과 정동에 관한 연구 등 다양한 영역에서 연구를 진행했다. 이 중에서 가장 관심을 갖고 몰입한 연구가 갈등과 화법에 관한 연구였다. 갈등 중재를 위한 화법 나어너어를 개발하기 위해 나전달법, 적극적 의사소통, 감정코칭, 비폭력 대화를 연구하며 각 화법의 장점을 강화하고 단점들을 보완했다.

나전달법은 상대의 눈치를 보거나 자기 욕구를 찾기 어려운 내담자의 경우, 자기 표현 훈련으로써 활용도가 높았다. 나전달법과 관련한 연구를 진행한 결과, 나전달법이 연인 및 부부 관계의 갈등을 중재하는 데 그리 적절한 방법은 아니라는 결론에 이르렀다. 먼저, 갈등이 없는 대상으로 부모와 자녀 50쌍, 연인 50쌍, 부부 50쌍, 친구 50쌍을 모집하였고 12회기에 걸쳐서 나전달법을 교육하였다. 부모와 자녀 그리고 연인의 경우 대화의 패턴이 확연하게 변했고, 상호 간에 만족감을 표현하였다. 부부의 경우 대화의 패턴에 확연한 변화는 없었으나 노력하려는 모습에서 관계의 증진을 확인할 수 있는 질적 결과들이 나타났다. 친구들의 대화 패턴에서는 변화를 찾기 어려웠고, 관계의 증진을 확인할 수 있는 질적 결과들을 발견하기 어려웠다. 그리고 갈등이 있는 부모와 자녀 50쌍, 연인 50쌍, 부부 50쌍을 모집하였고 12회기에 걸쳐서 나전달법을 교육하였다. 갈등이 있는 경우는 갈등이 없는 경우와 달리, 부모와 자녀에서는 관계의 증진을 확인할 수 있는 질적 결과들을 발견할 수 있었으나, 연인과 부부에서는 이렇다 할만한 변화나 관계의 증진을 발견하기 어려웠다. 갈등이 있는 친구들은 모집이 어려워 연구를 진행할 수 없었다. 마지막으로 갈등이 있는 부모와 자녀 중 부모만을 50명, 연인 중 갈등을 해결하고자 하는 한쪽만을 50명, 부부 중 갈등을 해결하고자 하는 한 쪽만을 50명, 친구 중 갈등을 해결하고자 하는 한 쪽만을 50명을 모집하였다. 12회기에 걸쳐서 나전달법을 교육하였고, 부모와 자녀만이 유의미한 관계의 증진을 확인할 수 있었고, 연인, 부부, 친구에서는 유의미한 관계의 증진을 확인하기 어려웠다. 종합적으로 보면, 부모-자녀 간에서는 모든 상황에서 효과가 나타나지만 부부 혹은 연인, 친구 간에서는 애초에 관계가 좋았던 사이 외에는 효과가 미비했다. 연인, 부부, 친구의 경우, 갈등 상황에 진입할 때 감정을 배제하고 판단을 중지하는 게 가능하지 않은 경우가 많았다.

적극적 의사소통과 감정코칭도 연인 및 부부간의 갈등 중재 차원에서보다 부모교육 차원에서 가장 좋은 효과를 발휘했다. 연인과 부부간의 갈등 중재에서도 부모교육만큼의 효과는 아니더라도 미비한 갈등 들에서 상호 확인 가능한 수준의 관계의 증진을 보였다. 적극적 의사소통은 상대의 감정을 찾아서 이야기와 연결시켜 충분히 공감해주고 대안을 찾아가는 과정을 연습해서 마치 내담자가 상대와의 연애에서 상담사의 역할, 안전기지로서의 역할을 확보하고 관계를 증진하는 데 활용도가 높았다. 감정코칭은 상대가 화 등의 감정을 조절하기 힘든 경우, 어떻게 반응해야 할지를 교육하여 관계를 개선해가기에 유용했다. 그러나 갈등이 심화된 경우 코칭이나 대안을 만들어서 미래를 그리는 활동이 어려웠다.

비폭력 대화 대부분의 상황에서 좋은 효과를 발휘했다. 특히 자기가 정말로 뭘 원하는지 몰라서 교류 상대에게 잘못된 욕구를 전달하며 발생하는 관계의 문제, 상대의 욕구를 늘 잘못 이해해서 발생하는 관계의 문제를 해결하기에 비폭력 대화는 매우 중요했다. 상대와 자기를 관찰하는 연습을 통해 자기 감정과 자기 욕구를 알아가는 과정에서 내담자들이 스스로의 욕구에 직면하고 놀라기도 했다. 그리고 상대의 감정과 욕구에 접근함으로 감정과 욕구 자체로 대화를 이끌어나갈 수 있다는 것에 많이 놀라워했다.

정리해보면, 나전달법은 자녀교육과 자기표현 훈련이 필요한 사람, 갈등 이전의 연인이나 부부에게 유용하고 갈등이 있는 연인이나 부부에게는 유용하지 않았다. 적극적 의사소통과 감정코칭은 자녀교육과 연인과 부부의 미비한 갈등 중재에 어느 정도 유용했으나 갈등이 심화된 경우 중재가 어려웠다. 비폭력 대화의 경우 상호 개선 의지가 있다면 갈등이 심화된 경우에도 의미 있는 변화들을 확인할 수 있었다.

그러나 모든 화법들에서 완전히 깨진 관계, 이미 이별한 관계 혹은 이혼한 관계를 다시 이어가기에 이 화법들은 큰 효과를 발휘하기 어려웠다. 상담을 위해 둘이서 함께 오는 경우는 극히 드물다. 부모−자녀 관계에서는 부모가 자녀를 끌고 오니까 함께 오는 경우가 많지만 부부나 연인들의 경우, 문제를 인식한 어느 한쪽이 오는 게 일반적이다. 심지어 문제를 인식하고 관계가 완전히 깨지기 전에 상담을 신청하는 경우보다 완전히 깨지고 상담을 신청하는 경우가 7:3 비율로 더 많다. 아직 깨지기 전까지는 각자 나름의 방식이 있고 그 나름의 방식으로 해결할 수 있다고 생각하기 때문이다. 갈등 중재라는 영역이 있다는 것을 잘 모르기도 하고, 질병이 아닌데 그저 자주 일어나는 갈등을 중재하기 위해 상담비용을 사용하는 게 아깝다는 생각이 들기 때문이다. 그러다가 완전히 이별하고 나서야 관계의 중요성을 깨닫고 회복하기 위해 상담을 받을 필요성을 느낀다. 그러면 왜 이 화법들은 완전히 깨진 관계에서 잘 통하지 않을까?

적극적 의사소통, 감정코칭, 비폭력 대화를 통해 갈등 중재를 할 경우, 두 사람이 서로 마주 앉아 각자 자기를 관찰하고 서로의 느낌과 욕구를 표현하고 부탁한다. 그리고 상대를 관찰하고 상대의 느낌과 욕구에 반응한다. 특히 감정코칭과 적극적 의사소통은 애초에 자녀 교육을 위해 만들었기 때문에 교육할 대상이 앞에 있어야 시작이 가능한 화법이다. 나전달법은 자기 의사를 잘 전달하기 위한 방법이기 때문에 이미 이별을 결정한 상대 입장에서는 "네 감정 표현이 나와 무슨 상관인데?"하고 반응할 가능성이 높다. 비폭력 대화의 핵심은 상대의 감정과 욕구에 대한 반응이기 때문에 대화로 이어가야 해서 이미 관계가 깨신 상황에서는 적용하기 어렵다.

비폭력 대화의 순서대로 예를 들어 보자. 비폭력 대화는 관찰−느낌−욕구−부탁의 순서로 진행된다. 상대가 부탁한 것은 조율을 위한 것이 아니라 이별을 고한 것이기 때문에 이별을 받아들이라는 것이다. 비폭력 대화의 화법으로는 그 다음을 진행할수가 없다. 이별을 고한 상대에게 비폭력 대화의 '공감으로 듣기' 방식으로 답변한다면 다음과 같이 마무리될 것이다.

관찰: 내가 밤에 너무 늦게 들어오고 아침 일찍 나가니까.

느낌: 네가 우리 관계가 소원해졌다고 느꼈구나.

욕구·가치: 너는 부부란 매일 함께 해야 한다고 생각했는데, 나는 자기개발을 위해 헬스장과 영어학원을 다니고 친구들도 종종 만나서 너와 함께하지 못한 게 너에게 소원해졌다고 생각한 거지? 너는 내가 운동이나 영어학원을 그만두고 친구들 만나는 등의 시간에 너와 함께 하길 원한 거고?

부탁: 이걸 원했는데도 내가 안 들어주니까 이별을 통보한 거구나.

이별을 통보한 상황에서 비폭력 대화로 정리하고 나면 보는 바와 같이 그 다음을 진행하기 어려워진다. 만약에 '솔직하게 말하기'로 상대의 부탁에 반응한다고 가정해 보자.

관찰: 나는 우리 가정의 경제적인 부분을 책임지기 위해 체력이 필요하다고 생각해서 힘겨운 상황에서도 운동과 영어공부를 강행했었어.

느낌: 힘들어도 너를 생각하며 오히려 보람있다고 느꼈어.

욕구·가치: 나는 가정이 안정되는 데 가장 중요한 게 경제적인 안정이라고 생각했기 때문에 나 나름대로는 우리 가정의 미래를 생각하며 이렇게 준비한 거야.

부탁 1: 내 노력을 알아주고 돌아와주면 안 될까?

부탁 2: 내가 내 가치로만 생각하고 너의 가치를 이해하지 못한 것 같아. 이제 네 말대로 집에 자주 들어올 테니 돌아와주면 안 될까?

비폭력 대화의 예에서 부탁 1로 마무리할 경우, 앞서 공감해주었다 해도 이미 이별한 상대와의 갈등이 중재될 가능성은 거의 없다. 이별하자는 상대의 욕구를 전면적으로 부정하는 것이기 때문에 다시 충돌할 가능성이 높다. 부탁 2로 할 경우 그나마 가능성이 있는데, 이것도 드물게 중재될 뿐 중재 확률이 높지는 않다. 드물게 중재될 경우는 상대가 정말로 이별을 결정한 것이 아니라 일종의 항의행동으로 상대가 잡아주길 바라며 이별을 고한 경우이다. 진심으로 이미 이별을 결정할 정도면 "앞으로 잘할게."와 같은 미래적 화법은 통하지 않는다. 진심으로 이별을 고할 정도면 조율과 약속을 수차례 반복했을 것이고 이미 신뢰를 잃은 상황이기 때문이다. 이럴 때는 이미 변한 모습을 보여주거나 그에 준하는 현재 상황을 보여줘야 한다. 그리고 바로 "돌아와."라는 식으로 단번에 완전한 변화를 요구하는 것은 거절당하기 쉽다. 진심으로 이별을 고하고 나갈 정도면 이미 감정적으로 심한 손상을 받은 후이기 때문에 감정이 풀리지 않은 상황에서 완전한 전환은 어렵다. 상대의 부탁을 내 부탁으로 전면 충돌시키는 것이기 때문이다. 이럴 때는 단계를 밟아 서서히 감정을 풀 수 있도록 작은 부탁부터 하는 게 좋다. 이를테면, 대화를 해보자거나 네가 얼마나 속상했는지 조금 더 상세히 알고 싶다거나 여전히 상대가 감정이 풀리지 않았다는 것을 인정해주고 상대의 부탁을 들어줄 의사가 있다는 전제에서 가능한 선의 부탁이어야 한다. 이런 내용들이 들어가려면 단순히 화법의 단계를 구분하고 거기에 맞춰 상황과 상관없이 공식에 맞춰 끼워 넣는 방식의 화법으로는 안 되고, 상황과 상대 성격을 분석하고 그 분석에 따라 상대의 요구를 얼마나 들어줄 수 있는지, 혹은 들어줘야 하는지, 그리고 나는 어느 정도 수준에서 부탁을 해야 하는지, 상대의 어떤 감정을 풀어줘야 하는지까지 분석 및 계산을 해야 한다. 그래서 이미 깨진 관계를 중재하려면 상황과 상대를 관찰하는 것을 넘어서 분석하는 방법까지 익혀야 한다.

회사나 공동체, 공공 기관 등은 이익관계가 엮여서 바로 파탄의 상황으로 가지 않고 갈등을 풀고자 하는 경우가 많지만, 연애와 결혼, 가정문제에서 갈등 중재는 대부분 이별, 이혼처럼 완전히 깨진 관계, 최악의 상황들이다. 완전히 이혼하거나 끝난 관계를 중재하기 위해서는 상대의 욕구와 내 욕구를 표현하고 조율해가는 방식은 큰 효과가 없다. 상대의 욕구 중에서 가능한 부분을 수용하고 내 욕구를 점진적으로 표현해가야 한다. 나의 억울함과 서운함 등의 감정을 다루면서도 상대의 서운함과 분노

등도 다뤄야 한다. 감정코칭, 적극적 의사소통, 비폭력 대화에서 사용하는 교육이나 상호 과제 등도 가능하지 않은 경우가 많다.

이런 화법들의 단점과 추가로 필요한 점들을 토대로 나어너어의 기본 모델을 구성하고 각 성격 유형별로 적절한 나어너어의 모델들을 만들었다. 기본 및 유형별 모델을 만들었지만 나어너어에 대한 활용은 사용자의 상황과 성격, 갈등 상대의 상황과 성격에 따라 다르게 나타나기 때문에 모델은 모델일 뿐이다. 각 내담자의 상황에 따라 다시 분석하고 복합적으로 적용해야 하기 때문에 기본 유형에 나타난 것보다 배워야 할 내용들이 많다. 그래서 기본 유형만 익혀서는 나어너어를 적절히 활용할 수 없고 갈등 대상의 성격과 욕구를 분석하는 법, 내 감정과 욕구를 관찰하는 법 등을 함께 배워야 한다.

커플과 부부의 갈등 중재를 위해 럽디(주)의 상담사들과 연구원들이 함께 갈등의 유형들을 연구하고 개발한 솔루션이 243개가 있다. 나어너어는 사실상 243개의 솔루션 중 하나이다. 나어너어만으로 모든 갈등을 해결하는 게 아니라는 의미이다. 그러나 활용도는 가장 높다. 일반적으로 한 커플이나 부부의 갈등을 중재하기 위해 사용하는 솔루션이 10개 정도 된다. 최소한 5개 이상은 활용되고 복잡한 갈등인 경우 20개 이상이 사용되기도 한다. 그중에서 가장 많이 들어가는 솔루션이 나어너어이다. 10만 명의 내담자들 중 70%의 내담자가 나어너어를 배우고 활용했다. 모든 내담자에게 나어너어가 필요한 것은 아니고, 상황에 따라 나어너어를 주요 갈등 중재 도구로 사용한다. 통계상 70% 이상이 주요한 솔루션 중 하나로 나어너어를 활용했지만 주요한 솔루션이 아니더라도 한번이라도 활용한 것까지 포함하면 90%에 가깝다. 매년 4,000명의 내담자들이 나어너어를 배우고 있고, 기업부설연구소에서 계속 연구하고 있는 만큼 나어너어를 앞으로도 계속 업데이트가 되겠지만, 위에 언급한 많은 이론 연구와 10만 건에 다다르는 데이터를 기반으로 럽디(주)의 고유 갈등 중재 솔루션으로 개발된 나어너어를 이제는 대중에게로 흘려보낸다.

나어너어의 가치관 10가지 – 나어너어는 가치관이다

비폭력 대화는 1960년에 개발을 시작해서 1984년에 이르러서야 협회를 설립했다. 개발 과정만 24년이 걸린 셈이다. 지금도 비폭력 대화의 새로운 개념들이 나오고 화법뿐 아니라 갈등 중재에 대한 연구까지 진행되고 있으니, 완성되었다기보다 계속 개발 중이라고 보는 게 맞겠다. 그러나 변하지 않는 것이 있다. 바로 '비폭력정신'이다. 비폭력 대화 화법 자체는 '관찰–인식–표현–요청'으로 아주 간단해 보인다. 이 네 가지 화법만 생각하면 이걸 개발하는 데 24년이나 걸렸다는 게 의아할 것이다. 그러나 비폭력 대화를 체계적으로 공부한 사람 중에 비폭력 대화 개발에 24년이나 걸렸다는 것을 의아해 하는 사람은 없다. 이 간단한 화법을 익히기 위해 수년에 걸쳐 수련을 받는다. 그 오랜 기간동안 배우는 것은 화법 자체가 아니라 비폭력 가치관이다. 나어너어에 있어서도 화법 자체보다 중요한 게 가치관이다. 화법은 간단히 원리만 배우자면 한두시간이면 될 수도 있다. 그러나 화법을 배운다고 해도 나어너어를 활용하는 가치관이 없다면 그건 단회적인 기술일 뿐이다. 이번 장에서는 나어너어 화법을 실제로 배우기에 앞서 나어너어 가치관 10가지를 설명하고자 한다. 나어너어 가치관은 너어적인 마인드, 너어적인 태도로 나타난다. 나어너어인데 왜 너어적인 마인드, 너어적인 태도일까? 나어에 관한 인식은 이미 모든 사람에게 깔려 있기 때문이다. 나어는 이미 우리 언어 속에 깊이 들어와 있고, 심지어 나어를 활용할 때도 너어적인 마인드와 태도로 나어를 구사하는 것이 좋기 때문에 너어적인 마인드, 너어적인 태도라고 했다. 사실 이 10가지의 가치관을 이미 장착하고 있다면 나어너어화법을 따로 배우지 않아도 나어너어를 구사하고 있을 것이다.

내가 갈등을 중재하는 현장은 주로 이혼을 앞두거나 이미 이혼 서류에 도장을 찍은 부부, 결혼식장까지 잡아놓고 파혼한 연인, 신혼여행까지 다녀왔는데 아직 혼인신고를 안한 상황에서 헤어지기로 한 연인 등 한시가 급하고, 감정적으로 서로 격해 있고, 심지어 다른 한쪽은 화해할 의지가 없는 상황이 태반이었다. 둘이서 갈등 중재를 위해 함께 찾아온다는 건 그나마 문제를 해결하고자 하는 의사가 둘 다에게 어느 정도씩은 있다는 의미이고, 이런 경우는 매우 수월한 상황이다. 더 많은 경우, 연인 중 다른 한쪽은 떠나가고 한 명만 찾아와서 갈등을 해결하거나 재회하기를 원했다. 연인이나 부부 외에도 부모와의 갈등을 해결하길 원하는 경우, 자녀와의 갈등을 해결하길 원하는 경우도 종종 있었는데, 어머니가 네 번에 걸쳐서 딸의 결혼을 파혼으로 만드는 등 딸이 인연을 끊기로 결정할 만큼 심각한 상황들이 자주 발생했다.

앞서 정리한 화법들, 특히 비폭력 대화는 매우 유용하게 사용할 수 있는 화법이었으나, 심각한 상황으로 진입한 후에 갈등을 중재해야 하는 경우들, 이를테면 둘 중 한 명만 오는 경우, 이미 헤어지거나 관계가 완전히 단절되고 나서 찾아오는 경우에는 단지 욕구와 감정을 읽어주고 표현하는 정도로는 회복이나 중재가 어려웠다. 회사 내에 비폭력 대화 강사, 갈등 중재 전문가, 부모역할훈련 전문가, 교류분석 수퍼바이저 등 관련 분야 전문가 및 권위자들이 있었지만 해결이 쉽지 않았다. 그래서 이러한 전문가들이 모여서 이런 상황들마다 꼭 필요한 중재 화법들을 사례 및 대상별로 만들어서 갈등을 중재해 왔고, 갈등에 반응하는 화법들의 규칙을 발견하기 시작했다. 이 규칙들을 발견하고 단계별 화법으로 정리하기까지 앞서 정리한 화법이론들과 어린 시절부터 갈등을 화법으로 극복해 왔던 나의 경험 그리고 이혼 및 이별에 직면한 사람들을 중재하는 수십 명의 상담사들이 모아준 십만 건의 데이터들을 중심으로 나어너어가 정리됐다. 지금도 이혼한 부부와 이별한 연인들이 재회하는 데 많은 영향을 미치고 있다. 나어너어의 실제를 다루기에 앞서서, 이번 장에서는 나어너어 가치관 10가지를 소개하고자 한다.

① 나어너어는 관계를 회복시키는 화법이다

나어너어는 관계에 문제가 생겼을 때나 문제가 생길 수도 있는 상황에서 관계를 회복시키기 위해 사용하는 화법이다. 관계에 문제가 생겼다는 것은 갈등이 있다는 의미이고, 갈등을 회복시키는 것을 심리학 용어로 중재라고 한다. 그래서 나어너어는 관계를 회복시키기 위한 화법이고 학문적인 용어로는 갈등 중재 화법이라고 할 수 있다. 물론, 갈등이 없는 상황에서는 사용 불가하다는 의미는 아니다. 갈등이 없을 때 사용하면 갈등이 생기지 않게 방어할 수 있는 화법이기도 하다.

갈등은 인간관계에서 피할 수 없는 현상이다. 갈등은 데이트, 일, 원가족 문제, 친구관계, 겹지인, 친구문제 등 다양한 수준에서 발생할 수 있다. 잘 해결하면 변화와 관계 발전의 기회가 되기도 하지만 부정적인 감정이 강화돼서 이별하는 원인이 되기도 한다. 결국 이별도 갈등의 심화 버전이라고 볼 수 있다. 이별을 갈등의 종결이라고 보는 견해는 갈등과 이별을 잘 이해하지 못하는 결과이다. 이별은 갈등 과정의 항의행동으로 얼마든지 나타날 수 있는 현상이다. 이별했다가 재회하는 사례는 얼마든지 발생한다. 우리 회사는 이혼 숙려 기간 동안 재회를 위해 방문하는 내담자부터 연애하다가 이별해서 재회를 위해 방문하는 내담자, 부모와의 문제를 해결하려는 내담자까지 다양한 갈등 가운데 있는 내담자들이 방문한다. 회사 초기에는 재회율이 30% 정도였다. 10명이 방문하면 3명 정도가 재회했다. 최근에는 재회율이 높게 나타날 경우, 재회율 65%를 넘어서기도 했다. 이런 결과가 가능한 이유는 이별을 갈등의 연속선으로 보기 때문이다. 문제가 해결되면 이별이 아닌 것으로 복구할 수도 있다는 의미이기도 하다.

물론 갈등 중재의 기본은 상대에게 공감하고 갈등 상황을 인정하고 들어가는 것이기 때문에 내담자와 상담을 처음 시작할 때는 이별을 인정하는 데서 시작한다. 이별을 인정하고 시작해야 상대의 결정을 수용하는 것이기 때문에 상대와 충돌하지 않고 문제를 해결할 수 있다. 그래서 이미 이별한 상황이라는 것을 인정하는 데서 시작하지만, 이별도 갈등 전체 과정 중에 있다는 것을 부정할 필요는 없는 것이다. 다시 정리하자면, [갈등 → 갈등 종료 → 이별]이라는 순차적인 개념이 아니라, 갈등이라는 큰 영역 안에서 이별이 발생한 것이고, 갈등이 해결되면 이별은 복구 가능한 것이다.

그래서 갈등이라는 큰 영역을 해결하기 위해 갈등 과정에 나타난 이별은 인정하는 것이다. 상대는 이별했다고 마음 먹었는데 나만 아직 이별이 아니라고 버텨봐야 갈등만 심화될 뿐이다.

나어너어는 갈등을 해결하는 결정적 열쇠가 되기도 한다. 그러나 갈등의 크기에 따라 풀어야 할 게 많은 경우 화법만으로는 해결이 안 될 때가 있다. 이럴 때 나어너어는 갈등을 겪는 사람들 사이에 연결을 만들어 내는 역할을 한다. 그 연결 고리를 만드는 게 욕구와 감정이다. 상대의 욕구와 감정을 읽어주는 것만으로도 [대화가 가능한 사람]이라는 생각을 갖게 한다. 대화가 가능한 사람이라는 생각이 들면 일단 연결감이 시작된다. 연결됐던 관계가 끝나는 이유는 연결감이 끝나기 때문이다. 그러나 아무 욕구나 알아준다고 끊어졌던 연결감이 다시 생기지 않는다. 그 갈등을 유발했던 핵심 욕구를 찾아야 하는데 그것을 '소구점'이라고 한다. 소구점은 경제학적 용어로 기업이 소비자로 하여금 자사 제품에 대한 관심을 갖고 구매할 수 있도록 강조하는 지점이다. 심리학 용어에서는 갈등을 유발한 핵심욕구라는 의미의 단어가 없어서 경제학 용어에서 차용했다. 상대의 소구점과 그 소구점의 좌절로 인해서 발생한 감정을 읽어준다면 "내 마음을 아네?"라는 생각을 갖게 된다. 이 부분이 관계를 회복하는 핵심전략이다. 심지어는 갈등이 있었는데 왜 갈등이 만들어졌는지도 모르고 감정과 상황에만 압도돼서 관계를 단절하는 경우도 있다. 이때 소구점만 정확하게 읽어줘도 상대가 스스로 갈등의 원인과 해결의 열쇠를 찾기도 한다. 나어너어를 잘 활용하기 위해서는 이렇게 상대의 소구점과 감정을 찾기 위한 분석력도 있어야 한다. 여기까지 들으면 이렇게 질문할 수 있다. "그러면 상대의 소구점과 감정을 찾을 수 있는 분석력이 없다면 나어너어를 활용할 수 없나요?" 그렇다. 나어너어를 단순히 형식만 배우고 사용할 수 있는 화법이라고 생각하면 오산이다. 나어너어를 원활하게 사용하기 위해서는 상대의 소구점과 감정을 발견하기 위한 분석력도 갖춰야 한다. 비폭력 대화에서도 4단계 화법을 배우기 위해 느낌과 욕구찾기 훈련을 수주 혹은 수년에 걸쳐서 한다. 나어너어도 이런 훈련 과정이 필요하다. 그러나 이 분석력을 갖추는 건 그리 어려운 건 아니다. 오래 그리고 많이 훈련할수록 수준이 높아지지만 훈련한 만큼 성취의 결과는 분명히 있다. 그리고 그 훈련의 결과는 인간관계를 바꾸는 계기가 될 것이다.

② 나어너어는 타자성이다

갈등은 인간의 언어를 이기적으로 바꾼다. 갈등이 발생하면 자기 방어하기에 바쁘고 원래 갖고 있던 온갖 종류의 방어기제가 드러난다. 그러다가 시간이 흐르면 자책과 비난의 마음이 왔다갔다 한다. 그러나 갈등 상황에서 상대를 먼저 생각해 주는 타자성을 발휘하면 오히려 내가 의도하는 대로 상황을 흘러가게 만들 가능성이 높아진다. 갈등을 해결하고자 하는 의지가 있다는 건 지속가능한 관계를 만들고자 하는 마음이 있다는 의미이다. 지속가능한 관계는 상대가 볼 때, 내가 나만을 생각한다면 만들어지기 어렵다. 내가 상대를 생각해 주고 있고, 배려해 주고 있다고 여겨야 지속가능한 관계가 가능하다. 이렇게 '자아가 판단을 중지하고 타자를 이해하기 위해 감정이입을 하는 것'을 타자성이라고 한다.

현상학자 훗설과 레비나스에 의하면, 타자성은 타자와의 교류 경험을 통해 타자를 자기와 같다고 '가정함'으로써 자기처럼 대하기 위해 의식화하는 속성이다. 즉, 타자를 자기처럼 소중하게 여기는 속성이다. 물론, '만약에 내가 저 사람이라면'이라는 가정된 상황 속에서만 타자성이 형성될 뿐 실제로 타자를 경험할 수 있는 가능성은 없다. 타자에 대한 경험은 결국 자기의 생각을 통해서만 가능하다. 그렇기 때문에 내가 타자성을 의도적으로 자기처럼 대하려고 노력하지 않으면 타자는 있는 그대로의 타자로서가 아니라 자기가 생각한 대로 형성된 또다른 사람이 될 수 있다. 즉 내 마음대로 판단하고, 내 마음대로 결정한 사람으로 타자를 간주할 수 있다. 이는 건강한 소통을 방해하는 요소가 된다.

그래서 나어너어는 상대의 입장에서 모든 갈등 사건을 돌아보는 과정을 갖는다. 갈등이라는 단어 자체가 상대와 내가 부딪히는 의미를 갖는다. 당연히 갈등이 있다는 건 내가 계속 나의 입장에서만 생각하고 있다는 의미이다. 그런데 내가 상대의 입장을 이해하고 알고 있고, 그것이 틀리지 않다고 말한다면, 상대가 갈등을 대하는 자세도 상당히 달라진다. 상대가 갈등을 대하는 자세가 바로 달라지기도 하지만 내가 아무리 상대의 입장에서 갈등을 이해하는 표현을 해도 상대의 태도가 달라지지 않는 것처럼 보이는 경우도 있다. 이런 경우, 겉으로 드러나지 않아도 내적 태도는 달라지고 있다. 심정적으로 −20이었던 것이 −10으로 그리고 −5로 전환하다가 어느 순간

+5로 바뀌는 현상을 확인한다.

나어너어는 상대방을 공감하고 상대의 소구점을 분석해서 읽어주는 등 상대의 감정과 욕구에 초점을 맞춰서 말한다. 그러다 보니 이건 마치 호구, 패배자, 을의 언어가 아닌가 하는 생각마저 들게 한다. 그래서 실제 갈등 중재 과정에서 나어너어를 쓰고 싶지 않다고 말하는 사람들도 있다. "내가 원하는 대로 이 상황을 끌고 갈 방법은 없어요? 상대에게 맞춰줘야 해요?"라고 물으며 "너무 을이 되는 것 같아요." 혹은 "내가 지고 들어가는 것 같아서 자존심 상해요."라고 말하는 내담자들을 상당히 많이 만난다. 그러면 "이게 내가 원하는 방향으로 끌고 갈 가장 좋은 방법입니다."라고 답해준다. 갈등을 중재하는 과정에서 나어너어를 쓰면 오히려 많은 것을 빼앗기고 당하는 것이 아닌가 하는 생각이 들게 한다. 그러나 이렇게 상대의 감정과 소구점을 내가 알고 있다는 것은 오히려 내가 원하는 대로 상황을 끌고 갈 수 있는 열쇠를 갖고 있는 것이다.

연애는 사랑하는 사람에서 사랑받는 사람으로, 혹은 사랑받는 사람에서 사랑하는 사람으로 전환하는 과정이다. 그래서 연애에 갑이나 을이라는 개념은 잘못된 표현이다. 그러나 나어너어가 상대의 욕구와 감정을 읽어주고 나의 변화를 보여주는 말이 대부분이기 때문에 을이 된다는 생각을 많이 한다. 그러나 굳이 구분하자면 나어너어를 쓰는 사람이 오히려 갑에 가깝다.

예를 들어, 이혼한 상대가 나에게 연락을 했다고 해보자. 그러면 상대가 먼저 연락을 한 거니까 상대가 을이 되는 걸까? 연락 자체가 갑과 을을 정하지는 않는다. 어떤 목적의 연락인지 내가 어떤 입장인지가 중요하지 연락을 먼저 한다 혹은 연락을 받는다와 같은 행동이 중요한 것은 아니다. 그러면, 내가 배려해 주고 이해해 주면 을이 될까? 이것도 꼭 그런 것은 아니다. 연애 중에 배려하는 쪽을 사랑꾼이라고 하지 을이라고 하지 않는다.

을이란 내가 피해를 볼까 봐 걱정하는 입장이다. 갑은 베풀어줄 여유가 있는 입장이다. 내가 잘해주거나 내가 자존심을 굽히면 피해를 보지 않을까 하는 마음이 있다면, 그 마음이 을의 마음이다. 잘해주고 배려를 해주는 건 그 사람 인성이지 갑과 을의 경계를 짓는 행위가 아니다. 나어너어에 상대의 감정과 욕구를 읽어주고 내가 어디까지 양보해 줄 수 있는지를 알려주는 건 나의 인성을 보여주는 것이지 을이 된 상황을 드러내는 건 아니다.

내가 나어너어를 쓰면서 을이라고 느껴지는 이유는 피해를 보고 있는데도 불구하고 거기에 대한 항의를 못한다고 생각하기 때문이다. 이미 상대와 나를 적대관계로 설정하고 주고 빼앗는 관계, 피해를 주고 받는 관계로 생각하기 때문이다. 나어너어를 쓰는 것을 비위 맞춰준다고 생각하는 건 이미 자기의 마인드가 을이기 때문이다. 이미 내가 을인 상태에서는 나어너어를 쓸 수가 없다. 오히려 마음을 다시 정비해야 한다. 그래서 나어너어는 화법이면서 마인드이다. 타자성과 상호성의 마인드가 갖춰지지 않으면 쓸 수가 없다. 반대로 나어너어를 따로 배우지 않아도 너어적인 마인드만 있으면 이미 나어너어를 구사하기도 한다.

적극적인 의사소통은 부모가 자녀를 양육할 때 주로 사용하는 화법이다. 적극적인 의사소통을 보면 상대의 말을 경청하고 상대의 감정을 확인해서 상대가 한 이야기와 연결시켜서 감정을 읽어준다. 그리고 상대가 봉착한 문제에 대한 대안을 찾아준다. 대화를 온전히 상대에 맞춰서 진행한다. 그렇다면 부모는 호구이고, 패배자이고, 을 일까? 감정코칭에서는 상대의 말을 수용하며 경청하고 공감을 표현하고 상대 욕구를 이해하고 내 감정을 표현한다. 그리고 이 언어를 코치의 언어라고 정의한다. 코치는 호구이고, 패배자이고, 을인가? 공감화법은 상대의 입장에서 상상하고 상대의 감정을 말해주면서 이것이 상담사의 언어라고 말한다. 상담사들은 모두 호구이고 을이고 패배자인가? 상담사와 코치 그리고 부모들은 대상들의 감정과 욕구를 분석해서 무엇을 하려고 하는 것인가? 각자 자기가 대상들을 어떤 형태로든 주도하기 위함이다. 그것이 상대를 위한 것일지라도 주도자는 상대가 아니라 부모이고 코치이고 상담사이다.

나어너어를 사용하는 사람도 이와 같다. 상대의 감정과 욕구를 내가 알고 있다는 것은 내가 대화의 흐름을 주도하고 있다는 의미이다. 상대는 나의 감정과 욕구를 계산하지 못하고 나는 상대의 욕구와 감정을 분석했다. 그러면 오히려 상황을 내가 원하는 방향으로 끌고 갈 수 있다. 이게 설계자가 갖고 있는 이점이다. 설계자는 자기가 설계한 대로 상황을 이끌어간다. 그러기 위해서 정보를 파악한다. 상품 기획자들은 대중들의 욕구를 파악하고 그 욕구에 맞는 상품을 개발해서 자기가 얻고자 하는 수익을 만들어낸다. 심지어 소구점을 정확하게 분석한다면 상품을 개발해서 미비한 욕구를 강화시켜 상품을 살 수 있도록 안내하기도 한다. 그렇다면 누가 상황을 주도

하는가? 상대의 욕구와 감정을 알고 있는 사람인가? 소리를 크게 지르거나 자기 욕구를 계속 이야기하는 사람인가?

대화란 이기고 지고의 문제가 아니다. 중요한 것은 갈등을 중재하고 가정과 상호 간에 행복을 만들어 내는 것이다. 그러니까 사실 을이라는 표현도, 갑이라는 표현도 나어너어에 어울리는 표현은 아니다. 다만, 나어너어를 사용하는 내담자들이 을의 언어, 패배자의 언어라는 생각을 갖는 경우가 종종 있어서 이런 화법을 쓰는 것이 잃는 것보다 얻는 게 많다는 것을 말하고 싶었다. 서로가 나어너어 화법을 사용한다면 서로가 승리자가 되는 언어를 사용하는 것이다. 인간관계를 맺는데 패배자나 을의 느낌을 갖는 것부터가 이미 인간관계를 이기고 지는 싸움으로 인식하고 있다는 의미이기도 하다. 어쩌면 이 발상부터가 관계 악화를 만든 주범이 되었을 수 있다.

적지 않은 내담자들이 나어너어를 배우고 갈등의 원인을 분석했지만 "그 욕구와 감정을 알고 있지만 굳이 그 감정을 읽어주고 욕구를 헤아려주고 싶지 않아요."라고 말하기도 한다. 지는 것이라고 생각하기도 하고 자존심이 상하는 느낌이 들기도 했을 것이다. 그러나 상담을 진행하는 과정에서 나어너어가 갖는 위로를 직접 경험하고 갈등 중재 과정에서 나어너어를 쓰면서 상대가 보이는 반응을 보고 "진작 사용할 걸 그랬어요."라고 말하곤 한다. 한 노부부가 황혼이혼을 하겠다고 찾아온 적이 있었다. 할아버지에게 나어너어를 알려드리고 사용하게 했다. 할머니는 할아버지가 나어너어를 진심으로 하는 게 아니고 만들어준 스크립트를 읽어주는 것이란 걸 알았지만 눈물을 흘리기 시작했다. 할머니는 "듣고 싶었던 말"이었다고 했고 할아버지는 "이런 말이 있는지도 몰랐어, 난."이라고 했다. 한국말인데 왜 그런 말이 있는 줄 몰랐겠나. 이런 말을 사용할 수 있다는 것, 이런 말을 사용할 때 어떤 일이 일어날 줄 몰랐다는 의미였을 것이다. 이런 말을 사용하면 지는 것이라는 생각이 들고 자존심을 굽히는 것이라는 생각을 했을 것이다. 그러니까 이런 말이 있다는 걸 알아도 언제 어느 상황에서 어느 정도로 써야 하는 건지를 몰랐을 것이다.

타자성이 가장 확연하게 드러나는 장이 공감의 장이다. 이번 소주제를 "나어너어는 공감이다."로 하려다가 "나어너어는 타자성이다."로 정했다. 타자성으로 정한 이유는 타자성 안에서 공감을 설명할 수 있기 때문이다. 공감화법의 선구자인 테오도어 립스는 '타자 마음의 문제'를 해결하기 위해 공감화법을 만들었고, 공감을 '주체가 타자에게로 들어가서 느끼고 경험하는 것'이라고 정의했다. 이는 타자성의 정의와 동일하다. 다만 공감이 감정에 한정된다면 타자성은 감정뿐 아니라 상황, 생각, 행동들을 모두 포함한다고 볼 수 있다.

상대가 갈등상황에서 어떤 감정을 가졌는지를 생각해 보는 것은 내가 상대를 이해하는 기회를 제공하기도 하지만 상대의 감정을 풀어주고 상대가 나를 이해하도록 안내하는 기회가 되기도 한다. 감정은 소산 즉 카타르시스의 속성을 갖는다. 표출하면 해소된다. 그런데 아무리 표출해도 수용되지 않아서 오히려 억압을 느끼다가 내가 상대의 감정을 발견하고 적절하게 읽어준다면 상대는 거기에서 감정을 해소한다. 이것만으로 쌓였던 부정적인 감정이 상당히 감소한다. 물론 그렇게 상대의 감정을 읽어주며 공감한다고 해도 극적으로 전환하지 않는 경우도 있다. 풀어야 할 게 감정만이 아닌 경우도 있고, 단지 읽어주는 것 만으로는 감정이 해소되지 않는 경우도 있다. 그러나 분명한 건 그 감정을 증명하기 위해 쓰던 힘은 자연스럽게 빠지고 그만큼 갈등은 완화된다.

라캉은 '타자성의 명료함은 주체성의 명료함'이라고 했다. 즉, 타자를 아는 만큼 내가 타자를 향해 나를 표현할 수 있다는 의미이다. 정체성, 주체성, 존재감은 사실상 타자성과 연결되어 있다. 정체성은 타자로부터 발생하고 주체성은 타자성을 향하며 존재감은 타자와의 교류를 통해 확보된다. 타자들과의 동일시와 차이를 확보하면서 '나'의 정체성이 형성된다. 한국인이라는 정체성은 외국인들이 있기 때문에 가능한 정체성이다. 외국이라는 개념이 있어야 한국인이라는 정체성이 만들어진다. 나의 존재는 타자가 있어야 확보된다. 아무도 없으면 나의 존재감도 없다. 주체성은 나를 표현하는 속성이기 때문에 표현을 받아줄 대상이 필요하다. '나'는 타자를 통해 형성되고 타자를 통해 드러난다. 타자를 모르고 나를 표현하는 것은 일방적인 외침이다. 이런 것을 주체성이라고 하지 않는다. 주체적이라는 건 타자를 잘 알 때 더 잘 드러난다. 그래서 라캉이 '타자성의 명료함은 주체성의 명료함'이라고 한 것이다. 그래서 나어너어를 쓰기 위해서는 상대를 잘 알아야 한다. 그리고 상대의 무엇을 공략하고 어떤 부분을 공감하며 어떤 상황을 읽어줘야 할지 결정할 수 있어야 한다. 그래야 나를 표현할 수 있다. 내가 상대의 무엇인지 규정되지 않으면 나를 어떻게 표현하고 상대에게 나를 공략할지 결정할 수 없다. 타자성은 나어너어에서 가장 중요한 요소여서 가치관에 관한 설명은 여기까지 하고 제5장 '타자 - 되기의 연애로 자아 찾기'에서 더 이어가도록 하자.

③ 나어너어는 상호성이다

나어너어에 타자성을 기반으로 상대에 대한 이야기만 담으면 갈등을 중재하는 것이 아니라 그저 나의 것을 포기하는 것이 된다. 그래서 상호성이 필요하다. 인간은 사회적 동물이라는 말에서도 나타난 것처럼, 인간의 기본 속성은 상호성에 있다. 인간은 부부라는 상호주체적 관계 속에서 태어나서 어머니와 자녀의 상호주체적 관계 속에서 자라간다. 인간에게 상호주체성은 선택사항이 아니라 필수사항이다. 인간은 말과 행동을 통해 주체성을 형성하는데 말과 행동에는 대상이 필요하며 자연히 주체성과 타자성은 서로 떨어질 수 없는 상호성을 지닌다. 자기가 주체성을 형성하기 위해 상대를 주체성이 없는 노예로 만든다면 노예는 일방적으로 주인이 원하는 반응만을 하게 된다. 이때 주인의 주변에 노예밖에 없다면, 주인은 노예가 진심으로 자기의 감정과 말과 행동에 공감하고 동의하는지를 확인할 방법이 없다. 이렇듯 존재감은 결국 주체성을 가진 타자를 통해서만 확보될 수 있기 때문에 자기주체성은 상호주체성을 전제로 한다. 억압적 권위를 내세운 결과로 집에서 아내와 자녀들로부터 진심어린 공감과 지지를 얻지 못하는 남자는 자기주체성을 확보하기 위해, 회사에서 상호주체성을 갖고 있는 직장 동료들로부터 공감과 지지를 얻기 위해 노력하게 되고, 그 남편의 권위에 눌려 집에서 어떤 지지와 공감도 얻지 못하는 아내는 밖으로 나가서 상호주체성을 가진 친구들로부터 공감과 지지를 얻으려고 한다. 상호주체성은 감정과 생각에 대한 표현과 요구로 말미암아 형성된다. 상호주체적이라는 것은 상호 표현적이라는 의미이며 상호 요구적이라는 의미이다. 상호표현 및 상호요구할 수 없는 관계라면 상호주체적인 관계가 아니다.

종종 상대의 요구와 필요는 전혀 무시하고 모든 규칙을 '내가' 정해야 하는 사람들이 있다. 그러면서 왜 갈등이 시작됐는지, 상대가 왜 헤어지고 싶은지 이해하지 못한다. 이런 사람들이 자기 주장을 펼치는 데 사용하는 근거는 '당연'이다. 상대가 한 시간마다 위치를 보고하지 않아서 계속 짜증을 냈다. 그래서 "왜 한 시간마다 보고해야 하죠?"라고 물었더니 "연인인데 당연하죠."가 답변이었다. 상대도 그렇게 생각하는지 물어보면 다시 돌아오는 답은 "그 사람은 싫어하더라고요. 그건 당연한 건데 왜 그 사람은 그걸 못하는 걸까요?"이다. 상호성이 상실된 관계이다. 상대는 대화의 필요성을 못 느끼게 되고, 관계를 유지할 가치가 있는 한 이의없이 들어준다. 그러나 상호성이 없는 관계는 상대가 원하는 가치를 상실하거나 그 가치가 한 시간마다 보고하는 데 들어가는 비용보다 낮아졌을 때, 이별을 결심할 수밖에 없다.

나어너어는 상대와 나의 입장이 다를 때, 내가 원하는 걸 주장하고 싶은 상황에서 활용할 수 있는 화법이다. 상대가 나와 정반대의 입장을 갖고 있다면, 거절당하는 게 당연한 것이고 수용되는 게 고마운 것이다. 서로 다른 입장에 있는 것은 사랑이 식은 증거도 아니고, 나를 싫어하는 것도 아니다. 사람은 정서적인 거리가 가까울수록 동일시를 원하는 경향이 있어서 나와 친한 사람이 나와 다른 의견을 주장하면 거절감이 들어서 가까운 사람이 나와 다른 의견을 갖고 있을수록 기분이 더 상하기 마련이다. 하지만 사람마다 다른 의견을 갖고 있는 게 기본값이다. 여기서 출발해야 상호성에 기반해서 소통이 가능해진다. 갈등은 문제가 있는 상황이 아니라 성장을 위한 과정이다. 서로 다른 사람들이 살아가는 세상에서 차이와 갈등이 기본값이라고 생각하는 게 좋다.

이렇게 나와 차이가 있는 상대의 감정과 의도를 받아들이거나 읽어낼 수 있는 능력이 정서적 리터러시이다. 리터러시는 '의사소통할 수 있는 능력', 즉 '타자의 의사를 이해하고 자기의 의사를 전달할 수 있는 능력'이다. 심리·정서적인 문제는 리터러시와 무관하지 않다. 타자의 의사를 분별하지 못하거나 자기의 의사를 전달하지 못하면 정체성과 주체성을 형성하기 어렵고, 정체성과 주체성의 형성이 어려우면 존재감을 느끼기 어렵다. 존재감을 느끼기 어려우면 감정과 생각과 행동이 과도해진다. 감정과 생각과 행동이 과도해지면 상호주체성이 형성되기 어렵고 여기서 자기 주체성에 손상을 입히는 악순환이 발생한다. 종종 "저는 다른 사람들하고는 소통이 잘 되는데 이 사람(연인)하고만 소통이 안 돼요."라고 하는 사람이 있다. 진짜로 상대가 대화가 안 되는 경우도 있지만, 연인에게만 특별히 상호성을 발휘하지 않고 오직 일체감을 위해 자기와 동일시하도록 요구하는 경우도 있다. 상대가 애착대상이기 때문이다. 나어너어는 이런 일방향적인 요구를 담지 않는다.

독신자 시절의 자기의식이 이제는 서로 마주보며 공명하는 커플의 공동감정이 된다. 차이가 없으면 끌어당김도 없고 끌려감도 없다. 차이가 없으면 변화도 없다. 차이가 있어야 공명이 존재한다. 공명이 있어야 변화가 있고 변화가 있어야 상호 간에 바라봄이 유지된다.

처음부터 일체감을 꿈꾸며 일체감이 곧 사랑이라고 생각하면 상호성을 훼손한다. 그러면 오히려 일체감으로부터 멀어진다. 상호성을 토대로 공명하는 과정이 필요하다. 차이를 받아들이고 일체감으로 가는 길에서 발생하는 공백을 견디고, 내가 경험한 적 없는 상대를 허용하는 여백이 필요하다. 나어너어는 당위와 일체감에서 자유로워지면서도 커플 간에 고유한 감정이 있었음을 보여준다. 그렇게 나어너어를 통해 상호주체적인 관계가 정의되면 갈등을 해결하기 위한 실마리를 만들어 낼 수 있다.

럽디(주)에서 상담사를 채용할 때 우대 조건 중 하나가 '상호주체성' 관련한 논문을 쓴 사람이다. 갈등이란 상호주체적인 가치와 행동 혹은 심리가 결핍되었을 때 발생하고, 대부분의 갈등 중재와 연인과 부부가 재회하는 과정은 서로를 배려하는 상호주체성을 확보하는 데서 완성되기 때문이다. 나어너어는 상호주체성을 어떻게 세워야 하는지를 담고 있다.

연애 혹은 부부란 단어에는 이미 둘 이상의 존재를 포함하고 있다. 연애와 부부란 단어는 둘 이상이 어떤 방식으로든 자리 잡고 있음을 의미한다. 연애와 부부의 갈등에 대한 고민이 가족부터 국가에 이르기까지 가장 주요한 담론이다. 저출산 문제, 가정불화 문제, 국민들의 심리적 불안정 문제 모두 이 연애와 부부의 문제에서 출발한다. 연인과 부부의 갈등이 어떤 현상으로 나타나는지, 연인과 부부가 행복한 삶을 위해 우리는 어떤 준비를 할지 등 이런 일련의 질문은 모두 현대 사회에서 필연적이다. 철학자 하이데거는 "각자가 전재된 의미 없이 함께 동등한 입장에서 서로에 대한 판단을 중지하고 대면하지 않으면 사회가 구성되지 않는다."라고 했다. 여기서 전재란 먼저 된 조건이라는 의미의 전제가 아니라 '미리 존재했다'의 의미이다. 하이데거는 이것을 전재성이라고 부른다. 하이데거는 사회에 대한 말을 한 것이지만 연애와 부부 관계도 하나의 사회라고 가정할 때 하이데거의 말이 그대로 적용된다. 전재 된 의미란 자기 스스로 이미 "당연히 그렇다."라고 정의 내린 것이다. 연애는 전혀 다른 두 사람이 만나는 장이다. 둘 사이에 각자가 "전제된 의미"를 갖고 만나면 연애는 깊어지기 어렵다. 서로 그 "전제된 의미"를 인정하자고 약속하고 만난다 해도 반드시 언젠가는 충돌한다. "전제"가 다르기 때문이다. "있는 그대로 받아준다."는 말은 결핍을 수용한다는 의미이지 둘 사이의 규칙과 삶의 패턴을 의미하는 것은 아니다. 둘이 연애 혹은 부부관계를 시작한다면 당연히 서로 수용가능한 규칙을 새로 만들고 삶의 패턴을 재구성해야 한다. 이것이 상호주체성이다. 연애와 부부의 상호주체성은 '지속가능성'을 위해 반드시 필요하다. 상호주체성이 없으면 그 연애와 부부관계는 지속가능하지 않다.

상호주체성은 타자를 이해함으로 형성된다. 타자를 이해하는 것은 다르게 생각하고 느끼고 행동하는 사람들을 인식하고 인정하는 정신적이고 정서적인 태도를 말한다. 이러한 타자에 대한 이해는 타자에 대해 갖고 있는 선입관에 영향을 받는다. 예를 들어, 유교적 문화에서 자란 여자를 이해하지 못하는 기독교 문화에서 자란 남자는 왜 매번 명절마다 여자가 제사를 드리는지에 대해 이해를 하지 못한다. 반대로 유교적 문화에서 자란 여자는 남자가 왜 일요일마다 종교행사에 가는지 이해 못한다. 서로의 문화적 배경을 이해하지 못하고 서로 소통하고 상호 간에 온전히 이해하기란 거의 불가능할 것이다. 따라서 연인과 부부는 선입견을 갖고 타자를 예단하지 말고 서로의 관점으로부터 배워야 한다.

그런데 자기와 다른 문화에서 자란 타자를 이해하는 것은 쉬운 일이 아니다. 인간의 기억과 경험은 곧 자기이고 인간의 자기 보존적 본능 또는 자기중심적 성향은 타인에 대한 관심을 방해하기 때문이다. 그래서 진정한 타자 이해는 타자의 내적 배경과 외적 배경 모두를 알아야 가능하다. 여기서 배경은 상대의 믿음과 심리적 경험뿐만 아니라, 그 상대가 속해 있는 자연적·사회적·문화적 환경을 포함한다. 연애의 시작이 상대의 자연적 환경, 즉 외모 때문이었다고 해서 외모만 취할 수는 없다. 외모 때문에 시작했어도 연애를 시작함과 동시에 상대의 사회적·문화적 환경이 함께 따라온다. 그래서 연애와 부부생활을 건강하게 하려면 자아가 타자가 되어보는 체험을 내적으로 해봐야 한다. 물론 어떤 한 자아가 글자 그대로 다른 타자가 될 수는 없다. 하지만 감정이입을 통하여, 즉 상대가 되어보는 모방이나 상상이나 가정을 통하여 이루어질 수 있다. 이것이 바로 공감화법에서 말하는 타자 이해를 위한 감정 이입이다. 나어너어를 배우는 과정에서 가장 중요하게 여기는 부분이 이 지점이다. 상대가 되어

보는 작업은 단지 몇분을 투자한다고 되는 것이 아니다. 그래서 나어너어를 쓰기 전에 상대가 좋아하는 것, 상대가 소중하게 여기는 것, 상대의 취미, 상대의 미래, 상대가 나에게 해준 노력 등 상대에 대한 관찰을 매우 많이 그리고 깊게 진행한다. 내담자들 중에는 이런 과제들을 무용하게 여기고 "빨리 나어너어나 써달라."고 보채는 사람도 있다. 그러나 이런 경우 대체로 좋은 결과를 만들어내지 못한다. 나어너어를 준비하는 과정에서 상대에 대한 이해가 깊어지는 과정이 분명히 필요하다. 내담자 입장에서는 "나만 이렇게 하고 상대방은 이렇게 하지 않으면 상호주체성이 아니지 않나요?"하고 질문할 수 있다. 그러나 상호주체성은 동시에 "시~작!"해서 만들어지는 것이 아니다. 누군가는 먼저 배려를 시작해야 한다.

상호주체란 자아와 타자의 존재를 동격으로 놓고 그들 사이의 관계에서 존립하는 공통적 주체에 초점을 맞추어 사고를 구성하는 것이다. 따라서 '나의 마음'이 아니라 '우리의 마음', '나의 세계'가 아니라 '우리의 세계'를 추구한다. 이렇게 그 둘이 서로 공유할 수 있는 유사한 점을 만들어낸다. 원래 있는 유사점을 발견하기보다 오히려 새롭게 만들어내는 것이다. 이렇게 타자에 대한 이해는 둘 사이에 공동마음(common mind)을 만든다. 공감화법을 제안했던 데오도르 립스에 의하면 공동마음을 위한 감정이입은 "내가 만약 거기에 있다면"이라는 식으로 나를 타자의 위치로 전이시켜 그의 내면을 체험하는 일종의 상상 작용이다.

현상학을 만든 후설은 상호주체성에 대해 "다른 사람과 사랑하면서 융합"하여 "가장 긴밀하게 서로 하나가 되는 것"이라고 말하면서 서로 다른 사람을 하나로 묶는 '사랑의 결합성'이라고 정의했다. 또한 후설은 사랑이란 "나와 타자가 서로에 대해 남남이고 이질적인 상태에서 하나의 친밀한 관계로 전이해 가는 과정"이라고 말하면서 이 사랑을 만드는 것은 '상호주체적 의사소통'이라고 했다. 상호주체적인 의사소통을 통해 나와 타자는 분리의 관계에서 결합의 관계로 변화시킬 수 있다는 것이다. 상호주체성은 나에 대한 상대의 관점을 인정하고 받아들이고 내면화하는 한편, 상대에게 배려와 함께 지속적으로 '나의 요구를 주장함'으로써 이루어진다. 주체들은 이러한 인정투쟁을 통해 그들에게 주어진 권리를 확대하고 새로운 규범을 창조해 나가는 것이다. 이게 바로 나어너어가 추구하는 바이다. 서로 다름에도 함께 공존할 수 있는 관계는 타자와 낯섦에 대해 개방성을 지닐 때 나타나는 결과이다. 철학자 바흐친은 이렇게 말했다. "존재한다는 것은 교류한다는 뜻이다. 존재한다는 것은 다른 사람을 위해, 다른 사람을 통해, 자신을 위해 있다는 것이다. 사람은 항상 다른 사람의 눈을 보고, 다른 사람의 눈으로 자신을 들여다본다." 타자가 볼 때 '나'도 타자인 것이다. 그래서 상대의 눈으로 나를 보는 것이 필요하다. 이것이 상호주체성이고 이것을 간과하면 연애는 어렵다.

상호주체성을 단순하게 말하자면, 서로 만나서 상대방을 인식하고, 또 상대방을 통해 나를 인식하고, 이 과정에서 서로 영향을 주고받기도 하고, 갈등을 겪기도 하며 서로를 변화시키는 것을 말한다. 아울러 이러한 과정을 통해 서로가 함께 동의하는 지점을 모색하는 것이다.

④ 나어너어는 가족을 위한 화법이다

현재 나어너어가 가장 많이 활용되는 대상은 이혼한 부부, 헤어진 연인들을 다시 만나게 하는 재회 분야이다. 그러나 나어너어는 갈등이 많았던 가족 문제를 해결하는 데 사용했던 화법이다. 내담자들이 주로 이혼한 부부이거나 헤어진 연인들이기 때문에 재회 화법으로 알려졌지만 부모님이나 자녀들에게 사용하도록 가르치고 갈등을 해결한 사례도 많다.

현재 나와 회사가 하는 일은 연애상담, 부부 이혼 및 갈등 중재, 재회상담에 포커스가 맞춰져 있다. 그러나 나와 회사의 최종 목표는 "아이들이 행복한 가정"을 만드는 것이다. 경험적 가족치료를 만든 버지니아 사티어(Virginia Satir, 1916~1988)는 부모가 안아주는 모습을 자주 보이는 것이 자녀 교육에 좋다고 했다. 아이들이 행복한 가정을 만들기 위한 첫걸음으로 부부 관계가 좋아야 하고 부부관계가 좋기 위해서는 연애를 잘해야 한다. 부부가 되고 나면 연애를 중지하고 남남이 되는 괴이한 현상으로부터 가정을 지키는 방법은 부부가 되고 나서도 연애를 잘하는 사람들을 만드는 것이다. 부부가 되어서도 사랑하는 방법을 잘 모르거나 잘못 알고 있는 경우가 많다. 데이트로 가끔 만나던 연인이 매일 얼굴 보고 함께 모든 걸 해야 하는 부부가 되면 화법이 바뀐다. 아니, 바뀌는 게 아니라 원래의 자리로 돌아간다. 가끔 만날 때는 최대한 자기의 좋은 면만을 드러내다가 결혼하고 나면 일상이 되기 때문에 어쩔 수 없이 자기 원래의 언어를 드러낸다. 그리고 부부생활이 시작되면서 연애가 끝난다. 어떻게 대화해야 갈등이 없고 연애감정을 지속할 수 있을지 알려준다면 단지 연애에서만 활용하는 게 아니라 결혼생활도 행복하게 만들 수 있다.

연애유지와 모솔탈출 상담에서도 나어너어가 상당한 영향력을 보인다. 이 또한 가족이 될 수 있는 사람을 만나고 찾는다는 의미에서 잠재적 가족의 카테고리 안에 있다고 볼 수 있다. 나의 마음을 알아주고 자기 마음을 잘 표현하는 사람은 어디에서도 매력적이다. 물론 모솔탈출 상담의 경우는 화법 외에도 교정하고 배워야 하는 영역이 상당히 많다. 그러나 나중에 연애에 성공하고 나서 가장 끌렸던 부분을 들어보면 '대화가 잘 통해서'라고 대답하는 사람들이 가장 많다. 대화가 잘 통하는 사람이 이상형이 아니었던 사람들도 대화가 잘 통하는 사람을 만나면 끌릴 수밖에 없다. 마음을 나누는 소통이 이루어지기 때문이다. 사람이 사람을 만나는 데서 가장 크게 얻는 것은 소통이고 그것을 가능하게 하는 게 언어이다. 처음에 육체적인 매력에 끌려서 만남을 시작한다 해도 소통이 원활하지 않으면 그 관계를 지속하기 어렵다. 이걸 아는 성숙한 사람일수록 사람을 평가하는 데 화법을 보고 화법을 통해 소통이 원활한 사람을 매력적으로 바라본다.

연애와 가정생활에 있어서 화법이 그렇게까지 중요한 걸까? 그건 당연하다. 사람은 심적 상태에 대해서 알기 어렵다. 자기 마음을 알기도 어려워서, 마음챙김이나 감정카드를 활용해 자기감정에 직면하는 훈련을 하기도 한다. 교류분석에서는 진짜 감정과 가짜로 포장하는 라켓감정을 구분해서, 라켓감정을 버리고 진짜 자기감정을 발견하는 연습을 한다. 정서중심치료에서는 2차 감정과 1차 부적응적 감정, 1차 적응적 감정을 구분하고, 진짜 자기 감정인 1차 적응적 감정을 찾기 위해 2차 감정으로부터 벗어나는 상담을 하기도 한다. 이처럼 자기 감정을 찾는 것도 여러 노력이 들어가는 작업이다. 하물며 타자의 감정을 어떻게 알 수 있을까?

타자의 감정을 아는 것은 쉬운 일이 아니다. 정신분석가 라캉은 담화이론을 통해 타자의 마음을 알 수 없다고 주장했다. 행위자가 타자에게 진실을 온전히 전할 가능성은 없고, 행위자의 진실을 타자가 해석할 수 있는 능력은 없다. 이것을 라캉은 다음과 같이 표현했다.

행위자 →ㅣ 타자
진실 // 생산

해당 담화이론 형식에서 //는 불가능성, →ㅣ는 무능력을 의미한다. 진실은 마음이라고 생각할 수 있고, 생산은 타자에게서 해석된 혹은 도출된 행위자의 진실이다. 라캉의 담화이론 형식에 따르면 행위자의 진실이 타자에서 온전히 생산될 가능성은 없다. 그렇다면 타자의 마음을 아는 것을 포기해야 한다는 것인가? 라캉은 대화하지 말라는 의미에서 소통의 불가능성에 대해 이야기한 것이 아니라 그 반대로, "자기의 모든 이야기를 (대화를 통해) 고갈시켜야 한다."고 주장했다. 모든 이야기를 고갈시켜도 진실에 도달하기 어려운데 대화 없이 어떻게 진실을 알 수 있겠는가.

인간관계를 맺다 보면 사람들은 표현하지 않아도 진심을 알 수 있다고 생각한다. 말하지 않아도 진심을 알아주길 바란다. 가족이나 연인같이 친한 관계일수록 더욱 그렇다. 그래서 "그걸 꼭 말해야 알아?"라는 말이 연인 사이에서 자주 쓰인다. '속마음 알아맞추기 게임'이라도 하듯 진심을 숨기고 알아맞추는지 살펴본다. 그러나 말하지 않고도 아는 것들은 대체로 '추측'일 뿐이다. 가족관계일수록 대화가 겉돌 수 있다. 모두 알고 있다고 생각하기 때문이다. 그러나 가족일수록 더 깊게 진실을 꺼낼 수 있는 화법, 서로의 마음에 더 깊게 들어갈 수 있는 화법을 사용해야 한다.

나는 행복한 가정을 만드는 꿈을 꾸면서 "어린이들이 행복한 나라"를 만들고 싶어서 사랑과 관련된 모든 것을 연구하는 회사를 시작했다. 그리고 제일 먼저 한 것이 사랑의 언어를 만드는 것이었다. 그게 바로 나어너어다. 그래서 나어너어는 관계를 시작하는 사람들이 건네는 인사말이나 주변어들보다 그 이후의 본격적인 대화를 더 중요하게 생각한다. "안녕? 잘 지냈어요? 어떻게 지내요?"와 같은 말은 사족이 되는 경우가 더 많다. 대체로 그 인사 후에 하는 말이 더 중요하다. 그래서 교류분석을 창시한 에릭번은 자신의 책 제목을 『What Do You Say After You Say Hello?』('당신은 안녕하세요'라고 말한 후에 뭐라고 말하시나요?)라고 지었다. 진짜 중요한 말이 어디에서부터 시작되는지 아는 것이다. 가족 간에는 사족이 되는 말은 안 해도 된다고 생각하고, 깊이 있는 대화는 어색해서 피하다가 대화가 사라지거나 업무형 대화만 남는 경우들이 많다. 이렇게 가족 간의 대화가 단절되고 의미 없는 대화만 남아서 가족 안에서 행복을 누리기가 어렵다. 나어너어를 가르치다 보면 수십 년 동안 결혼생활을 하신 분들도 눈물을 흘린다. 이런 말을 들어본 적이 없다는 게 그 이유이다. 사용해 보면 별거 아닌데 가족이라는 이름으로 사용하기가 어색하다. 이렇게 단절된 가족 대화를 살리는 게 나어너어의 목적이다.

⑤ 나어너어는 바운더리의 심리학이다

폴페던(P. Federn, 1871~1950)은 '내가 아니지만 나로 인식하는 영역'으로 자아경계라는 표현을 썼다. 사람에 따라서는 자기 혼자만을 자아경계로 인식하고 어린 시절에는 엄마, 성인이 되어서는 연인이나 부부까지를 자아경계로 인식한다. 간디나 마더 테레사처럼 인류 전체를 자아경계로 인식하는 위인들도 있으나, 그건 어디까지나 이상적인 상상이고, 주로 가족단위가 자아경계이다. 자아경계가 있어야 내가 외부와 관계를 맺고 살아갈 수 있다. 1차적으로 자아경계는 나를 인식하기 위해 필요하다. 나어너어는 이렇듯 자아경계에 있는 사람들을 대상으로 하는 화법이다. 즉, 위에서 설명했듯이 가족을 위한 화법이다.

자아경계가 나를 인식하는 데 필요하지만 문제를 만들기도 한다. 자아경계에 있는 사람에게 대하는 태도는 주로 자기에게 대하는 태도와 일치한다. 처음 만나는 사람에게는 예의를 갖추면서 가족에게는 함부로 대하는 사람들을 자아경계 이론으로 생각해 보면 자존감이 낮고 자기에게 엄격하거나 함부로 하는 사람들이다. 이런 사람들은 자아경계에 있는 사람과의 관계에 갈등이 일어나면 자기가 붕괴되는 상실감을 맛본다. 이때는 붕괴되는 자기를 방어하기 위해 상실감, 수치심, 불안, 분노 등의 감정이 올라오고 공격적으로 변하거나, 자기가 붕괴되는 감정으로 우울과 자포자기가 밀려와서 모든 욕구가 좌절되기도 한다. 물론, 자아경계에 있는 사람과 문제가 생겼는데 아무렇지도 않으면 정서적으로 결핍된 사람일 것이다. 그러나 그 문제가 자기를 붕괴시키는 결과를 초래하면 자기애가 약하고 자아를 보호할 능력이 없다는 의미이다. 이런 사람은 자아경계에 있는 사람들과 분화가 필요하다. 분화는 자아경계의 반대말이 아니다. 자아경계와 분화가 모두 우리 자아 형성에 필요한 개념이다. 자아경계 안에 있는 사람들과 분화하여 정서적 독립이 있어야 한다.

정신과 의사이자 다세대 가족치료를 창안한 머레이 보웬(M.Bowen, 1913~1990)은 가족과 정서적 융합으로부터 벗어나는 현상을 분화라고 정의하고 분화가 잘 이루어지지 못하면 자아를 발달시키지 못하고, 가족과 분화가 잘 이루어져야 자기 가치관과 신념을 뚜렷하게 갖고 독립적으로 의사결정을 하고 자율적으로 행동할 수 있다고 했다. 갈등을 경험한 사람이나 이별한 대상이 아무리 자아경계 안에 있는 사람이라 할지라도, 그 사람은 내가 아니다. 연인이나 부부가 사랑을 하면서 일체감을 맛보는 데 익숙하기 때문에 정서적 융합에서 깨지면 자기가 무너지는 느낌이 들지만 이런 감정은 느낌일 뿐이다. 사람은 일체감을 유지하며 살아갈 수 없다. 사람마다 생각하고 판단하기 위해 자기의 경험을 토대로 의식틀을 구성하고 외부 정보를 그 의식틀에 따라 수용한다. 그래서 내가 알고 있는 정보 안에서만 생각하고 판단할 수 있다. 남자친구가 여자친구를 위해 이벤트를 준비하고 여자친구는 하루 종일 일하느라 피곤하다. 이때 각자의 욕구는 무엇일까? 남자친구는 여자친구가 이벤트에 응해서 신나는 데이트를 하기 원하고 여자친구는 어서 집에 가서 쉬기를 원한다. 둘은 서로 다른 욕구를 갖고 있다. 서로 말해줘도 서로의 정서를 인지하기 어렵다. 언제나 내 욕구가 더 크다. 상대를 위하고자 하는 마음도 결국 내 욕구이다. 모든 욕구와 모든 감정이 같을 수 없다. 욕구가 같은 데서 일체감을 느끼지만 욕구가 같다고 같은 감정이 나오는 것도 아니다. 욕구가 만족되면 긍정감정이, 욕구가 좌절되면 부정감정이 나온다는 기본원리에 있어서는 동일할 수 있으나 같은 욕구가 좌절되어도 누군가는 수치심이, 누군가는 상실감이 나타난다. 이렇듯 사람은 아무리 자아경계 안에 있어도 다른 욕구, 다른 감정을 갖는다. 이걸 인정해야 오히려 연인을 있는 그대로 받아들일 수 있다. 과분화하면 아무하고도 관계하지 않고 자아경계 자체가 자기만으로 한정되어 독단적이고 외롭게 되는 문제가 발생하고 미분화하면 의존적이게 되고 일체감으로 인해서만 행복감을 누려서 불안과 집착을 만든다. 분화는 자아경계 안에 있는 사람들과의 정서적 독립을 의미하는 것이지 다른 사람이 되는 것을 의미하는 것이 아니다. 자아경계 밖에 있는 사람들과는 애초에 정서적 융합이 없기 때문에 분화할 필요가 없다.

자아경계와 분화 사이에서 건강한 자아를 만들기 위해서 필요한 요소가 "마음을 헤아리는 능력, 관계조절력, 상호존중감, 솔직한 자기표현, 회복탄력성"이다. 마음을 헤아리는 능력은 다니엘 골먼의 감정지능과 동일한 개념이다. 자기를 인식하고 자기를 조절할 수 있고 감정을 이입하고 동기화할 수 있는 능력이 마음을 헤아리는 능력이다. 타자의 마음을 헤아리려면 자기를 알고 조절할 수 있어야 한다는 의미이다. 그리고 관계의 거리를 알고 조절하는 능력이다. 상대는 나와의 정서적 거리가 3미터인데, 나는 1미터라고 생각하고 다가가면 상대는 계속 뒤로 물러날 것이다. 관계조절력은 타자의 마음을 헤아리는 능력과 무관하지 않다. 타자의 마음을 헤아려야 관계가 조절된다. 그러면 자연히 상호존중감이 발생한다. 타자의 마음을 헤아리는 능력과 관계조절력, 상호존중감은 서로 엮여 있는 능력이다. 그러나 솔직한 자기표현과 회복탄력성은 별개의 문제다. 솔직한 자기표현은 "그동안 어떤 화법을 구사해왔는가?", "애착형성을 어떻게 해왔는가?"에 따라 달라진다. 회복탄력성은 과거에 역경과 실패를 어떻게 극복해 왔는가에 따라 만들어지는데, 회복탄력성도 역경과 실패를 어떻게 받아들였는지를 표현하는 화법에 영향을 많이 받는다.

자아경계 안에 있는 사람들과의 갈등을 해결하는 방법과 자아경계 밖에 있는 사람들과의 갈등을 해결하는 방법은 다를 수밖에 없다. 나어너어는 자아경계 안에 있는 사람들을 건강하게 분화할 수 있도록 돕는 화법이다. 물론, 자아경계 밖에 있는 사람들에게도 응용하여 활용할 수 있다. 그러나 건강하게 분화하기 위해서는 상대의 마음을 읽고, 거기에 반응하고, 솔직하게 표현하고, 실패와 역경을 극복하는 어려움을 감당해야 하는데 자아경계 밖의 사람들을 위해서 이런 노력들을 감당할 이유가 없다. 나어너어는 그만큼 상당한 노력들이 들어가는 화법이고 연습도 생각도 많이 필요로 한다.

⑥ 나어너어는 경제학적 반응이다

맨큐의 경제학 10대 기본원리 중 첫 번째 원리는 "모든 선택에는 대가가 존재한다."라는 것이다. 대가란 그것을 얻기 위해 뭔가를 포기하는 것이다. 인간 관계에 있어서도 이 원리가 적용된다. 모든 관계에는 가치가 있고, 관계에서 모든 가치는 교환가치이다. 대가를 얻기 위해 뭔가를 포기해야 한다. 데이트를 위해 자기계발 시간을 포기해야 하고, 사랑하는 사람이 행복해하는 모습을 보기 위해 내가 좋아하지 않는 음식도 같이 먹는다. 관계에서 생산되는 혹은 보유하고 있는 가치를 교환하지 않겠다고 하면 그건 관계하지 않겠다는 의미이다. 가치를 보내면 가치가 되돌아온다. 연애를 유지하는 이유는 애착 대상이 가치 있는 무엇인가를 주기 때문이다. 그것이 함께 있는 안정감일 수도 있고, 외모나 돈일 수도 있고 함께 한 좋은 기억들일 수도 있다. 그것이 무엇이든 가치가 있어야 연애가 유지된다. '사랑을 너무 계산적으로 생각하는 거 아니야?'라고 생각할지 모르지만, 이 원리를 깨면 그 관계는 '병리적'일 수 있다. 나만 주고 상대로부터 받지 않겠다고 하면 그걸 구원자 컴플렉스라고 부른다. 구원자 컴플렉스는 얼핏 들으면 좋은 사람으로 보일 수 있으나 타인을 기쁘게 함으로써 자기 곁에 두려고 하거나 자신이 받지 못한 사랑을 다른 사람에게 줌으로 자신에게 사랑을 주지 않은 사람들에 대한 정죄를 하고자 하는 마음에서 발생한다. 이러한 과정은 결국 피구원자를 공격하거나 나 자신을 공격하는 결과를 초래한다. 반대로 나만 받고 돌려주지 않으려는 사람의 극단에는 자기애성 성격장애가 있다. 사랑에서의 가치는 자본주의가 정한 것처럼 화폐단위로 환원하는 것이 아니라 개인적으로 정한 가치이기 때문에 그것이 교환가치라고 생각하기 어려울 뿐 분명히 가치가 교환되어야 관계가 유지된다.

물론, 관계에서의 가치는 주관적이다. 남편에게 아침밥을 해주는 것이 소원인 아내와 평생 아침밥을 먹은 적이 없고, 심지어 아침밥을 먹으면 구토할 만큼 아침밥을 싫어하는 남편이 있다고 치자. 아침밥이 중요한 사람에게 이 아내의 가치는 매우 높지만 아침밥을 싫어하는 이 남편에게 아침밥을 정말 잘해주는 이 아내의 가치는 높지 않다. 가치가 주관적이기 때문에, 누군가에게는 절대 교환이 안 되는 가치도 있다. 이를테면, 누군가에게는 바람을 피우는 것은 어떤 것으로도 복구가 되지 않기도 하고, 목숨을 구해준 경험이 있다면 평생 되갚아도 안 되는 가치가 되기도 한다. 이마저도 사람에 따라서 매기는 가치가 다르겠지만 교환할 수 없는 가치가 분명히 있다. 그러나 그건 교환이 안 되어도 분명히 '가치'가 있는 것이며 교환 불가능성이 어느 지점에서 발생했는지를 분석해 보면 가치의 기준을 찾을 수 있다. 이렇게 사람마다 가치의 기준과 크기가 다르다.

모든 인간관계에 한계효용 가치가 나타난다. 한계효용이란 주관적으로 매겨지는 가치이다. 연애 초기에는 상대방의 외모가 매우 매력적으로 느껴지지만 시간이 흐름에 따라 외모에 대한 매력이 점점 줄어드는 것이 한계효용의 가치이다. 심리학자 알렌 파두치(Allen Parducci, 1925~2023)의 범위빈도이론(range－frequency theory)도 이러한 원리를 설명한다. 범위빈도이론이란 큰 쾌락을 경험하면 쾌락에 대한 기준선이 높아져서 비슷한 수준의 자극 만으로는 쾌락을 덜 느낀다는 이론이다. 상대에게 상위 가치가 있으면 내가 갖고 있는 하위가치를 포기하고 상대의 상위가치를 선택한다. 돈 벌고 자기계발할 수 있는 시간보다 상대와 함께 데이트하는 시간이 상위가치인 셈이다. 그러나 데이트의 희소성이 떨어지고 데이트의 쾌락이 익숙한 것이 되면 한계효용의 가치가 떨어진다. 한계를 처음 넘었을 때만 효용감이 높다. 그래서 연애 초기에는 상대 가치가 높아서 연락도 자주하고 모든 다른 시간들을 포기하지만 시간이 흐르고 데이트가 익숙해지고 한계가 유지되면 효용성은 점점 떨어진다. 그렇기 때문에 한계를 계속 높여가야 같은 수준의 가치 투자가 유지된다. 이때 한계를 높이는 데 투자하는 비용을 한계비용이라고 하는데, 인간은 어떻게 하든 한계비용을 낮추면서 한계효용을 높이는 방법을 찾는다.

한계효용과 한계비용의 원리를 잘 이용하면 갈등 과정에 있는 애착 대상이 움직이게 만들 수 있다. 갈등이 반복되는데도 불구하고 헤어지지 않고 계속 사귀는 이유는 무엇일까? 갈등에도 불구하고 관계를 유지하는 비용이 헤어지는 데 들어가는 비용보다 더 낮다고 판단하기 때문이다. 먼저, 계속 만나던 사람의 비용은 알지만 새로 만날 사람의 비용은 모른다. 현재 만나는 사람과는 오래 갈 수 있는 미래 연속성 가치가 존재한다. 현재 만나는 사람이 무엇을 좋아하고 무엇을 안 좋아하는지에 대한 인지 비용이 존재한다. 처음 사랑할 때 외모로 인해 부여된 가치가 떨어져도, 만난 시간이 흐름에 따라 미래연속성 가치와 인지비용이 올라가기 때문에 결국 한계효용은 줄어들기보다 오히려 더 높아질 수도 있다.

갈등을 중재하는 데 있어서, 갈등을 만든 사건 자체에만 집중하면 문제는 풀리지 않고 꼬리에 꼬리를 물고 순환할 수 있다. 갈등을 만든 사건에서 벗어나 그 갈등을 만든 사건이 그 사람의 가치를 훼손하는 것인지, 오히려 그 갈등을 해결하기 위해서 소모하는 과정이 한계효용과 한계비용의 균형을 망가뜨리고 있는 것은 아닌지 돌아봐야 갈등 해결을 더 수월하게 할 수 있다. 이렇게 갈등을 사건 자체에 묶지 않고, 메타인지적 관점에서 가치 전체를 보는 눈을 갖는 방식을 갈등 대상에게도 적용하면 갈등 사건 자체는 생각보다 그리 큰 게 아닐 수 있다. 예를 들어, 연인이 연락을 원하는 만큼 자주 하지 않는 문제로 갈등이 시작됐다고 할 때, 이 문제에만 집중하면 연락해야 하는데 잘 하지 않는 사람이라는 생각으로 이별을 결심하곤 한다. 그러나 그 사람의 전체 가치를 생각해보면, 연락이 뜸한 데 들어가는 비용은 그리 큰 게 아닐 수 있다. 물론 오히려 반대로 메타인지적 관점에서 한계효용과 한계비용을 고민했더니 단순한 갈등이 아니라 관계를 빨리 끝내는 게 맞다는 평가를 해야 할 상황도 있다. 이를테면, 외모가 마음에 들어서 다른 모든 가치를 손해보면서 결혼을 준비하고 있었는데, 정서적 불안정, 경제적인 착취 등 다른 곳에 들어가는 비용이 내 삶을 모두 파탄내고 있다는 것을 확인했다면 갈등 사건 자체만 해결된다고 끝낼 것이 아니라 관계 전체를 근본적으로 고민해볼 필요가 있다.

이렇게 한계효용과 한계비용의 원리를 통해 상대를 움직이게 만드는 것이 유인동기이다. 유인동기는 새로운 것을 만들어줄 수도 있고, 한계효용과 한계비용의 원리를 통해 갈등 이상의 가치를 깨닫게 할 수도 있다. 연구 동의가 된 실제 사례를 하나 소개해 보겠다. 이혼을 앞둔 부부가 있었다. 청소 문제, 잔소리 문제 등의 성격 차이로 오랫동안 감정적으로 쌓였었고, 유산으로 인해 스트레스가 커져서 다툼이 잦아졌다. 결국 아내가 스트레스를 못 견디고 이혼을 결정하고 이혼서류를 제출했다. 이때 남편은 장모님의 생일을 챙기는 등 그동안 관계가 좋았던 처갓집과 교류하면서 갈등 사건들 이외의 자기 가치를 보여주었다. 더불어 이혼 후에 아내가 생활을 위해 지불해야 할 비용의 불확실성으로 인해 결국 이혼 숙려기간 동안 이혼을 반려하기로 결정했다.

갈등 사건 자체만 다루는 것은 오류를 만든다. 경제학적인 숙고를 통해 메타인지적 반응을 할 수 있어야 갈등이 해결된다. 나어너어는 이렇게 갈등 사건에만 묶이지 않고 오히려 갈등 밖으로 나가서 관계 전체와 각자의 가치와 비용들을 돌아볼 수 있도록 돕는다.

⑦ 나어너어는 뇌과학적 반응이다

갈등은 기억의 문제를 동반한다. 갈등 중재의 현장에 있다 보면 서로의 기억이 다르기 때문에 갈등을 조율하기 어려운 경우들이 많다. 갈등을 중재하기 위해서는 기억의 문제를 염두에 두지 않을 수가 없다. 기억이 다른 경우, 각자 상대가 거짓말하거나 잘못 기억하고 있다고 생각하기 마련인데, 사실, 객관적이고 정확한 기억이란 세상에 존재하지 않는다.

이 문제를 이해하기 위해 우리는 뇌에서 발생하는 기억 현상에 관해서 생각해 봐야 한다. 인간의 기억은 얼마나 보존될까? 의식화된 기억을 기준으로 한다면 인간의 기억은 한계가 있고 그리 오래가지 못한다. 수년 혹은 수일, 어느 경우는 몇 시간 만에 사라지기도 한다. 그러나 의식의 영역 너머로 흘러든 장기 기억 장치에 저장된 기억을 포함한다면 인간의 기억은 생각보다 오래간다. 인간의 기억에 대한 모델은 크게 두 가지가 있다. 첫 번째 모델은 '장기 기억 표준 모델'이다. 이는 장기 기억 장치의 용량에 한계가 없으며 고정된 시스템으로 의식화되지 않는다 해도 모두 저장된다고 보는 모델이다. 두 번째 모델은 '다중 흔적 모델'이다. 이 모델은 공간 기억 장치인 해마의 역할에 따라 소멸되는 기억이 있다고 본다. 그러나 다중 흔적 모델도 시간이 지나면 모든 기억이 자동 소멸되는 것이 아니라 해마의 재작용을 통해 소멸 여부를 판단하여 영구적으로 남겨 두는 기억이 존재한다고 본다. 두 이론 모두 중요한 기억은 영구적으로 저장된다는 데 이견이 없다.

그렇다면 중요한 기억은 사라지지 않으니까 갈등 사건이 중요하다면 기억이 사라지지 않을 테니 서로의 기억을 잘 맞춰보면 될까? 기억이 오래 간다는 게 같은 기억을 갖는다는 걸 의미하지는 않는다. 오히려 서로 다른 기억이 오래가기 때문에 문제가 된다. 인간의 뇌는 새로 들어오는 정보를 이미 가지고 있는 정보로 재해석하는 구조를 갖는다. 새로 들어오는 정보는 순수하게, 객관적으로 뇌에 입력되는 것이 아니라 이전에 가진 정보에 의해 재해석되는 방식으로 뇌에 저장된다는 의미이다. 새로 들어오는 정보가 논리적이고 근거를 갖춘 것일수록 이전 정보의 영향을 적게 받고 입력되지만 아예 영향을 받지 않고, 그 자체로 입력되는 새로운 정보는 없다. 그렇다면 인간의 첫 기억은 그 이후에 들어오는 모든 정보를 재해석하고 있다고 봐야 한다. 이렇게 재해석하는 과정에 대해 뇌과학에 두 가지 이론이 있다.

첫 번째가 글리아 이론이다. 글리아는 기억에 관여하는 뇌신경세포로 창의력과 망상, 해리현상과도 연관이 있고 최근에는 정신증 치료에도 사용된다. 글리아는 치매 예방약에도 들어가고, 정서 안정성과 회복탄력성에도 작동한다. 정신과의사 펠릭스 가타리의 연구에 의하면 인간이 외부 정보를 수용할 때, 유실 정보들이 발생한다. 신경세포는 축삭돌기와 수상돌기를 통해 신경정보를 전달하는데 외부정보를 100% 그대로 수용해서 기억하는 사람은 없다. 외부 정보 전달 과정에서 정보들은 반드시 유실된다. 이건 예외가 없다. 그리고 새로 들어오는 정보들의 유실 공백을 글리아라는 세포가 과거 기억작용을 중심으로 메꾸며 기억 단위를 구성한다. 그렇게 기억이 만들어진다. 기억은 복사가 아니라 창조라는 의미이다. 그래서 두 사람이 갈등을 일으키고 그 갈등을 중재하기 위해 과거 기억을 떠올리면 기억이 서로 다름을 확인하고 갈등이 심화된다. 이러한 현상은 자연스러운 현상이다. 이미 기억 자체가 다르게 저장되었을 가능성이 높다. 둘 다 진실을 말하고 있으나 기억이 다르다.

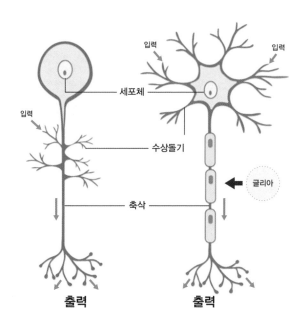

기억에 대한 두 번째 뇌과학 이론은 인식과정에 대한 이론이다. 인간이 외부를 인식하려면 먼저, 온몸의 감각(sense), 즉 시각, 청각, 촉각, 미각, 후각이 외부를 감지해야 한다. 그 감각은 뇌로 흘러들어가 지각(perception)이 된다. 각 감각의 정보 단위였던 지각은 서로 종합되면서 통각(apperception)이 된다. 통각의 단계에서 그 시간에 흘러들어온 정보만 종합되는 것이 아니라 과거의 정보와 감정도 종합된다. 이러한 인식과정을 통해 현재의 감정이 만들어진다. 그래서 모든 현재의 감정은 과거의 감정과 결코 떨어질 수 없다. 그래서 감정은 서사의 바탕에서만 발생한다. 어떤 형태의 감정이든, 감정이 현재에 생기는 것 같지만 사실은 기나긴 서사의 결과물이다. 감정이 서사의 결과물이라 할지라도 그 시작점은 현재의 신체적 반응, 곧 감각에 있다. 정보가 뇌하고만 연결고리를 갖는다고 생각하지만 사실, 모든 정보는 이렇듯 오감에서 시작된다. 아직 두뇌가 외부 정보를 인지하지 못한 상황에서 눈, 귀, 혀, 코, 손끝, 혹은 온몸에 퍼져 있는 피부가 먼저 외부 정보를 감각한다. 사람이 외부를 만질 수 없다면, 외부를 볼 수 없다면, 냄새를 맡거나 맛을 볼 수 없다면, 바람 소리를 들을 수 없다면 뇌는 바람이 있는지 모른다. 음식이 있는지, 사람이 있는지, 누가 말하는지 모른다. 너무도 당연히 감각이 없으면 감정은 만들어지지 않는다.

그렇게 신체가 외부 정보를 감각하면 그 감각 정보는 신경계를 거쳐서 뇌로 흘러들어 간다. 신체가 감각한 정보가 뇌로 흘러들어 가면 그 정보는 지각이 된다. 그러나 아직 지식은 아니다. 지식은 종합된 지각이다. 지각 단계에서는 독립된 감각이 뇌에 전달된다. 음식 냄새가 코로 들어가면 후각뇌가 냄새를 맡는다. 그러나 후각뇌는 그 음식이 어떻게 생겼는지 모른다. 눈이 음식을 바라보면 시각피질이 음식의 모양을 지각한다. 그러나 시각피질은 음식의 냄새를 모른다. 음악이 귀로 흘러들어 가면 횡측두회는 음악 소리를 지각한다. 그러나 횡측두회는 음식의 모양도 냄새도 모른다. 피부에 와닿는 수면 잠옷의 편안함을 체감각피질이 지각한다. 그러나 체감각피질은 음악도, 음식의 모양도, 냄새도 지각하지 못한다. 음식이 입으로 들어가면 대뇌피질의 미각 영역이 맛을 지각한다. 미각 영역은 잠옷의 편안함도, 음악도, 음식의 모양도, 냄새도 지각하지 못한다. 지각 상태에서는 향기와 보이는 것과 소리의 대상이 한 사람이라는 것을 연결시키지 못한다. 대상이 없기 때문에 아직도 감정은 만들어지지 않는다. 후각뇌와 시각피질과 횡측두회는 그 대상이 한 명이라는 것을 알지 못한다.

지각된 정보들이 편도체와 전두엽의 연합 영역에 도달하면 이 정보들은 종합된다. 이것을 통합된 지각, 통각이라고 한다. 두뇌의 영역에서 지각된 감각들이 종합되면 통각화되면서 감각의 대상을 일치시킨다. 여기서부터 감각은 감정이 된다. 곧 감정은 감각의 종합이 필요하다. 감정에 감각의 종합이 필요하다는 것은 감정에 대상이 필요하다는 것과 같은 의미다. 종합된 정보로서의 통각은 여러 정보에 우선순위를 정하거

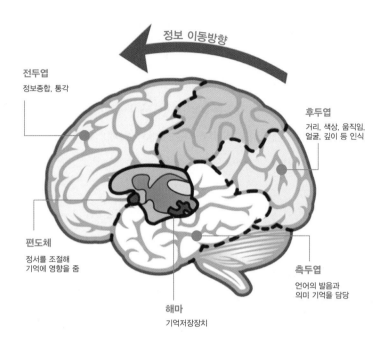

정보 이동방향

전두엽
정보종합, 통각

후두엽
거리, 색상, 움직임,
얼굴, 깊이 등 인식

편도체
정서를 조절해
기억에 영향을 줌

측두엽
언어의 발음과
의미 기억을 담당

해마
기억저장장치

나 재조합한다. 정보들이 복잡해지기 때문에 암호화 혹은 기호화되어 뇌의 필요에 따라 여러 곳으로 흩어져 저장된다. 이때부터 이 정보들은 지식이 된다. 감정은 이렇게 통각된 정보와 감정들이 과거의 서사와 융합되어야 비로소 가능해진다. 암호화와 기호화된 지식들은 상호 작용함으로써 해석이 가능해진다.

이렇게 통각을 통해 해석된 정보들이 기억이다. 이렇듯 기억은 해석의 결과물이다. 인식과정에서 발생하는 감정도 당연히 해석의 결과물이다. 해석된 결과물로서의 기억은 언제나 과거이다. 뇌는 미래를 기억할 수 없다. 뇌는 현재를 기억하지 않는다. 기억되는 모든 것은 과거이다. 뇌에 새로운 정보가 들어와 통각이 이루어지기 시작하면 과거의 기억으로 고정되어 있는 듯 보였던 해석의 결과물들이 강력하게 촉진되어 뇌에 새로 들어온 정보들을 향해 달려든다. 이마 안쪽 뇌의 신피질에서 새로 들어온 통각과 과거의 기억이 충돌하며 융합된다. 새로 들어온 모든 정보는 반드시 과거 기억의 영향을 받는다는 의미이다.

과거 기억에 의해 영향을 받지 않는 새로운 정보란 존재하지 않는다. 뇌로 흘러든 새로운 정보는 그 어떤 것도 순수할 수 없으며 모두 과거에 의해 오염된다. 감정의 기억이 과도하거나 결핍되어 있다면 새로 들어온 정보들은 당연히 과거 감정에 의해 해석될 수밖에 없다. 누구도 같은 과거를 가지고 있을 수는 없고, 누구도 같은 상황에 동일한 해석을 가할 수 없으며, 누구도 객관적 감정이란 걸 가질 수 없다. 또한 새로 생긴 모든 감정은 과거 감정에 의해 오염된다. 곧 새로 생긴 감정은 과거에 해석된 서사와 융합된다. 현재의 감정은 과거의 서사와 융합되어 나타나는 것이기 때문에 갈등에 대한 해석은 애매하고 모호하다. 그래서 현재의 감정이 어떤 서사와 융합되었는지를 분석해야 한다.

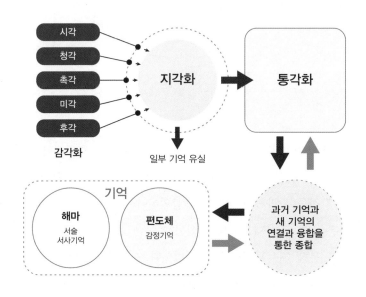

위의 두 이론을 토대로 살펴보았듯이 인간의 기억은 완전하지 못하고 감정과 엮여 있다. 그 감정이 부정적인 감정이라면 그 부정감정을 긍정감정으로 전환시키기 위한 서사를 과거에서 찾아내서 화법에 담아야 한다. 부정감정을 긍정감정으로 전환시킬 만한 과거의 서사가 없다면 새로운 서사를 만들어서 화법에 담아내야 한다. 그렇게 두 사람의 서사가 새로 만들어지면서 서로의 감정이 새로 만들어진다. 갈등을 중재하기 위해 사용하는 말과 문자는 과거를 재해석하고 현재에 새로운 기억과 감정을 만들어가는 과정이다. 과거의 기억에 묶여있거나, 과거 감정을 반복하는 방법으로는 갈등을 중재할 수 없다.

이렇게 새로운 기억과 감정을 만들기에 가장 중요한 게 언어이다. 왜냐하면 외부에서 들어오는 정보는 언어와 같은 기호로 변형되어 기억으로 저장되기 때문이다. 기호로 저장되지 않는 기억들이 종종 있는데 그건 전두엽을 거쳐서 저장되는 공식 과정을 갖지 않고, 위기를 알리는 편도체 활동으로 인해 급작스럽게 이미지화되는 기억들이다. 이러한 기억은 대체로 트라우마적 기억들이다. 이 트라우마적 기억들도 치료하려면 결국 언어적 기호로 전환하는 작업을 거쳐야 한다. 이미지나 영상 혹은 역동적인 활동을 통한 정서의 변화를 치료적 작업에서 활용하지만 기억을 재구성하는 작업은 결국 언어적 기호화가 필요하다는 의미이다.

⑧ 나어너어는 자기변화이다

갈등을 중재하는 데 있어서 눈에 가장 띄는 게 자기변화이다. 갈등이 이미 발생한 상황에서 그 갈등 사건을 해결하는 건 사실상 무의미하다. 그 갈등이 처음일 때는 갈등 사건만 다루는 것으로 중재가 가능할 수도 있겠으나 여러 차례 반복된 갈등인 경우, 똑같은 사건을 계속 다루는 데 지치고 만다. 그래서 갈등을 다루는 데 있어서 가장 중요하게 어필해야 할 것은 자기변화이다. 최소한 변화에 대한 신뢰라도 보여야 갈등이 중재된다. 막연한 변화 가능성이나 변화 의지는 사실 큰 역할을 못한다. 사람의 뇌는 아직 보지 않은 것에 대해서 믿기 어렵다. 증거가 있어야 믿는 경향이 있다. 그래서 해당 갈등이 다시 반복되지 않거나 점점 완화될 것이라는 증거가 있어야 중재가 가능해진다.

이 부분에서 나와야 하는 중요한 요소가 소구점 분석이다. 소구점은 갈등과 관련한 대상자의 핵심 욕구이다. 갈등의 원인이 집착과 사생활 침해였는데 중재를 위해 제시한 해결책이 다이어트나 선물주기라면 갈등은 해결되지 않는다. 갈등이 발생했을 때 제일 많이 제시하는 해결책 중에 하나가 사과하기이지만, 사과는 소구점을 찾고자 하는 노력을 하지 않고 문제를 대충 무마하려고 할 때 제시하는 해결책이다. 괴롭힘을 당하던 학생이 있었다고 가정하자. 이때, 선생님이 제시한 해결책이 사과하기라면 가장 안일한 대처이다. 괴롭힘을 당한 학생은 재발 방지를 위한 조치가 소구점일 수도 있고, 반을 옮기는 게 소구점일 수도 있다. 혹은 받은 대로 돌려주는 게 소구점일 수도 있다. 소구점이 무엇인가에 따라 선생님의 대처가 달라질 것이다. 재발 방지나 반을 옮기는 것이 소구점이라면 선생님 재량에서 그 소구점을 들어줄 수 있을 것이고 받은 대로 돌려주는 것이 소구점이라면 2차 윤리 문제가 거론될 수 있기 때문에 대안을 제시하거나 찾을 수 있을 것이다. 사과하기는 이러한 노력들을 모두 하지 않아도 되는 가장 해결할 게 없는 해결책이다.

소구점을 분석했으면 그 소구점에 맞춰서 변화를 만들어야 한다. 갈등을 유발한 원인이 완전히 제거되는 변화이면 더욱 좋겠지만 대부분은 단번에 변화를 만들어 내기 어렵다. 이런 경우, 소구점에 따른 변화에 대한 신뢰를 줄 수 있는 작은 변화라도 있어야 한다. 그리고 그 변화가 가장 빠르게 그리고 눈에 보이게 나타나는 게 화법이다. 자기 이야기만 하거나 화를 내던 사람이 상대의 감정과 욕구를 읽어주고 또박또박 분명하게 논리적으로 말한다면 그 변화가 분명히 보일 것이다. 그리고 그 변화에 기대서 다른 부분들도 변할 수 있다는 신뢰를 구축할 수 있다.

그래서 나어너어에는 변화를 담는다. 변화에 대한 표현은 나의 문제를 인정하는 것이기도 하고 갈등을 대하는 나의 태도를 보여주는 것이기도 하다. 이 부분이 나어너어가 비폭력 대화를 비롯한 다른 화법들과 내용상에 있어서 차별되는 지점이다. 공감하기의 내용은 다른 화법들과 크게 다르지 않다. 소구점을 분석하는 내용도 조금 더 심화되기는 했지만 비폭력 대화와 감정코칭에서 욕구를 읽어주는 것과 같은 맥락이다. 그러나 자기변화를 담는 것은 나어너어가 갖는 고유한 단계이다. 서로 변화가 없기로 한다면 갈등이 해결될 리 없다. 변화 없이 갈등 사건의 오해를 풀면서 갈등이 중재되는 경우도 있지만, 오해를 푸는 차원에서 해결할 수 있는 갈등은 그리 많지 않고 깊은 갈등도 아니다. 대부분의 갈등은 한번의 사건으로 발생한 오해의 문제가 아니라 여러 차례 지속적으로 반복되어 해결이 안 될 거라고 여기는 문제들이다. 그렇기 때문에 변화의 내용이 담기지 않으면 갈등 중재는 어려움에 봉착한다. 변화는 상호 간에 혹은 상대방의 소구점에 맞춰서 상대가 원하는 부분에 대한 변화이다. 이것이 상대가 가장 듣고 싶어 하는 말일 것이다. 변화에 대한 신뢰는 곧 갈등이 중재될 가능성에 대한 신뢰로 이어진다.

나어너어를 사용하면서 명심해야 하는 것은 나어너어는 만능이 아니라는 것이다. 요술봉도 아니다. 그동안 변화없이 같은 문제가 반복됐다면 나어너어를 말로만 하는 것은 전혀 무의미할 수도 있다. 갈등이 발생했을 때 스트레스가 크다 보니, 문제가 갑자기 "짠" 하고 해결되길 바라지만, 우리는 요술봉을 들고 있지 않다. 현실을 살고 있다. 그저 감정을 풀어주는 정도의 걸음만 걷는 것일 수 있다. 그리고 나어너어를 통해 신뢰를 심어주고 또 문제가 반복된다면 오히려 신뢰가 깨질 수도 있다. 말로 때우는 기술만 늘었다고 생각할 수도 있다. 나어너어는 결국 화법일 뿐이다. 내가 상대의 심리를 모르고, 나는 변하지 않고 화법만 앵무새같이 반복한다면 내 입에서 나간건 아무리 좋은 말도 다 헛소리가 된다. 나어너어를 통해 전달한 내용들은 말에서 끝나지 않고 행동으로 전환해서 변화하는 모습이 있어야 나어너어가 완성된다. 나어너어는 행동을 언어에 담고 행동을 촉구하는 내용도 들어가기 때문에 말로만 끝나면 오히려 신뢰를 잃는다.

⑨ 나어너어는 성장이다

나어너어는 외국어와 같다. 나를 주어로 말을 하는 게 일반적으로 우리 입에 익기 때문이다. 나어너어를 배우고 보면, "간단하네?" 하고 생각할 수 있다. 처음에 나어너어를 배우는 사람들은 대체로 단순하고 쉽다고 생각한다. 그러나 나어너어를 실제로 원고로 작성해오라고 하면 "이거 너무 어려워요."라고 대답한다. 화법 자체의 방법은 쉬워 보여도 막상 쓰려고 하면 사용하기 어렵다. 마치 영어 문법을 다 알지만 당장 외국인을 만나면 말문이 막히거나 나오는 속도가 지나치게 늦는 것과 마찬가지다. 상대의 감정과 상황을 상상하며 말해야 하기 때문에 문장이 구성되기 어렵다. 말문이 막힌다. 그러나 여러번 문장으로 작성하고 대면 시에 사용하다 보면 상대의 마음을 읽고 너어적인 마인드로 나어를 구사하는 게 자연스러워지는 시점이 온다. 이때부터는 화법의 변화만으로도 주변에서 바라보는 시선이 달라진다.

모솔탈출 과정이나 연애유지 과정, 갈등 중재 혹은 이혼 숙려 과정에서의 상담을 단회만 신청하시는 분들이 있다. 물론, 단회를 통해서도 많은 통찰을 얻어간다. 갈등의 원인을 분석 받는 것만으로도 도움을 받았다는 내담자들도 많고 심지어, 단회 상담에서 분석 받은 내용으로 갈등의 원인을 분석하고 나어너어 초안을 작성해서 갈등을 해결하거나 재회에 성공하는 분들, 썸타던 상대에게 고백하고 성공하는 분들도 있다. 그러나 이런 경우, 그 관계가 오래 지속되지 못하고 상담으로 다시 돌아온다. 언어가 바뀌지 않았기 때문이다. 처음에는 나어너어로 문장을 만들어서 톡을 보내서 갈등을 풀거나 마음을 얻는다. 그러나 일상 대화에서는 다시 원래 자기의 언어로 돌아온다. 매력이 떨어지고 반복되던 갈등이 다시 반복된다. 그래서 회사를 시작하던 초기에 상담사들을 교육하는 과정과 여러 내담자들의 상담 과정을 보고 내린 결론은 나어너어는 한번 배우고 끝나는 획기적인 한방이 아니라 꾸준히 성장해야 하는 언어다. 나어너어를 적절하게 자기 상황에 맞게 구사하려면 내담자와 주변 사람들에 대한 심리분석과 더불어 평소에 내담자가 사용하는 언어와 카톡 내용 분석 등을 통해 수정해야 할 언어패턴도 확인해야 한다. 그리고 타자를 전혀 고려하지 않는 대화 패턴을 갖고 있거나 자기 욕구나 감정을 전혀 드러내지 않는 대화 패턴을 갖고 있다면 가치관부터 나어너어 가치관으로 바꿔야 한다.

내담자들은 자신의 성장보다 한방의 문제해결을 원한다. 그러나 자신의 성장이 가장 중요한 문제해결이다. 그리고 자신의 성장을 가장 눈에 보이게 드러낼 수 있는 게 화법의 성장이다. 일반적으로 갈등을 안고 상담하러 온 사람들에게 화법을 배워야 한다고 말하면 의아해한다. 우리 회사는 자체적인 연구소를 갖고 있고, 연애 및 가정을 중심으로 사람들의 심리와 상담을 연구한다. 그리고 갈등 중재도 심리정서적인 부분에 초점을 두고 상담을 통해 진행한다. 그러나 내담자들이 초기에 원하는 건 "자신과 관계의 성장"이 아니라 "문제해결"이다. 그래서 실제로 다른 상담회사 혹은 업체들의 경우 문제해결에 초점을 맞추는 경우도 있다. 그러나 겉으로 드러난 문제는 결과일 뿐이고 원인은 관계와 감정의 문제가 대부분이었다. 그리고 관계와 감정을 다루는 영역이 바로 대화이다. 갈등 문제가 심각해보여도 대화가 잘 이루어지면 대체로 함께 해결해 나간다. 갈등문제들이 해결되지 않고 갈등으로 지속되는 이유는 그 갈등을 해결해나갈 수 있는 대화가 없기 때문인 경우가 대부분이다. 럽디(주)에서 이혼 숙려기간의 연구참여자 50커플을 대상으로 텍스트마이닝을 통한 이혼 원인을 분석했다. 시부모와의 갈등 문제, 재산 분배 문제, 빚을 진 문제, 자녀 양육 문제 등 다양한 문제로 이혼 서류를 접수했다. 그러나 그 50커플의 대화를 분석한 결과 이혼 원인 1위는 서운함이라는 감정이었고, 서운함을 풀지 못한 원인 1위는 엇나간 대화였다. 대화에 대한 고민 없이 시부모 갈등 문제에 집착하면 해결될 수가 없다. 원인이 외부 즉 시부모에게 있기 때문이다. 외부는 통제 가능한 게 아니기 때문에 해결이 당연히 어렵다. 그러나 대화는 내부에서 해결할 수 있는 실마리를 찾게 해주고, 그 대화가 엇나가지 않고 해주는 게 나어너어이다. 그리고 그 나어너어는 한 시간 상담으로 단번에 만들어지지 않는다. 언어습관을 바꾸고 생각의 구조를 알아야 하기 때문에 긴 시간의 성장이 필요하다.

발달단계에서 사람의 성장을 확인할 수 있는 건 신체와 언어이다. 신체가 몇 살까지 어느 정도 성장해야 하는지, 언어는 몇살까지 어느정도 성장해야 하는지를 구분하는 것이 발달단계에서 눈으로 확인 가능한 영역이다. 사람의 보이지 않는 심리 내적인 변화는 언어를 통해 확인하기 마련이다. 사람은 언어가 성장하면 어른스러워졌다고 생각한다. 실제로 많은 부분이 성장했어도 언어가 그대로이면 그 성장을 느끼기 어렵다. 그러나 실제로는 많이 성장하지 않았어도 언어가 성장하면 그만큼 많이 성장했다고 생각한다. 그래서 앞으로의 성장 가능성에 가장 강력한 영향을 행사하는 것이 언어의 성장이다.

내담자마다 상담에 임하는 자세들이 다르다. 그리고 그 자세에 따라 갈등을 해결하는 수준도 성장의 속도도 달라진다. 바람을 피우거나 데이트 폭력이 일어나는 등의 혐오 반응이 있는 경우처럼 화법 외의 다른 문제를 해결해야 하는 예외 상황들도 있지만, 대체로 나어너어를 성실하게 배워서 성장하는 사람들과 문제해결만 원하고 성장하지 않은 사람들의 갈등 중재 정도는 당연히 차이가 난다. 화법을 배우기 이전과 이후의 변화를 주변 사람들과 갈등 대상이 비교할 수 있기 때문이다. 갈등 당사자 두 명 중에 한 명의 화법이 바뀌면 다른 한쪽도 화법을 바꿀 수밖에 없다. 대화란 상호 역동이기 때문이다. 한쪽이 웃으면서 친절하게 상대의 마음을 공감하며 말하는데, 다른 한쪽에서 계속 욕을 할 수는 없다. 화법은 감염성을 갖는다. 화법이 만들어 내는 말의 공명은 감정을 바꾸고 관계를 바꾼다. 이렇게 두 사람의 대화가 바뀌면 스스로 성장할 수밖에 없다. 상담 초기에 이 내용을 내담자들에게 말해도 내담자들은 급한 마음에 빠르게 문제를 해결하길 원하고 나중에 갈등이 심화되면 그제야 돌아와서 화법을 제대로 배우기 시작한다. 그래서 처음부터 차근차근 나어너어를 배우길 권하지만 일반적으로 내담자들은 마음이 급해서 오히려 돌아가는 길을 선택한다.

적은 노력으로 최고의 결과를 얻으려는 마음은 당연하고 자연스럽다. 그러나 성장하지 않고 문제만 해결하려고 하면 결과는 원하는 대로 나올 수가 없다. 상담사들은 마술사가 아니다. 불안을 케어하고 갈등을 중재하기 위한 방법들을 알려주고 안내해주는 역할까지는 상담사가 할 수 있지만 '뿅'하고 마법처럼 문제가 이미 해결되어 있는 상황으로 만들어줄 수는 없다. 나를 성장시키는 과정이 없이는 갈등을 중재하기 어렵다.

⑩ 나어너어는 치료의 언어이다

심리학계에 내담자 치료를 위한 4개의 입장이 있다. 행동주의적 입장, 인지주의적 입장, 정서중심적 입장, 정신분석적 입장이다. 치료적 요인에 대해서 정신분석적 입장은 무의식을, 행동주의적 입장은 행동을, 인지주의적 입장은 인지의 단위를, 정서중심적 입장은 정서를 바꾸는 것이 치료적 작용이라고 보는 것이다. 각 분야의 입장을 고수하는 학자들도 있지만 현대 심리학은 각 입장을 통합적으로 적용 및 해석해야 한다고 보는 것이 보편적이다. 나어너어는 갈등을 중재하기 위해 만들어졌지만 언어 안에 이 네 입장의 주장을 다 담고 있어서 제대로 배우고 사용하면 치료적 작용에도 도움을 준다.

공감적 작용은 공감을 받는 타자에게만 있는 것이 아니다. 공감적 작용은 공감어를 사용하는 사용자에게도 있다. 공감을 받는 사람은 누군가 자기를 알아준다는 연결감으로 인해 행복감을 누린다. 그리고 공감어를 사용하는 사람은 사랑을 주고싶어 하는 양육욕구를 충족하며 행복감을 누린다. 인간에게는 사랑을 주고 싶어하는 양육욕구가 생각보다 크다. 사람마다 양적 차이는 있더라도 통제욕구와 양육욕구는 앞서거니 뒷서거니 하는 거의 비슷한 수준의 기본욕구에 속한다. 그래서 사랑을 받기만 하고 주는 경험을 못해본 사람은 심각한 결핍감을 느끼는데 그게 사랑을 주는 경험이 약하기 때문이다. 사랑을 주면 손해라는 발상에서 사랑을 아끼는 사람들은 양육욕구에 결핍이 오고 심리적 병이 되곤 한다. 양육욕구의 결핍은 사랑을 받지 못한 결과로 오는 결핍 만큼이나 사람을 병들게 한다. 그래서 공감어의 사용자와 수용자 모두에게

치료적이다. 특히나 공격과 지적, 비방과 비난이 온라인과 오프라인 모두에서 난무하는 현대 사회에서 공감어를 사용하는 건 희소할 뿐만 아니라 감동을 준다. 별거 아닌 것 같은 한마디가 좌절스런 내 마음에 활력을 넣어주기도 한다.

나어너어는 상대의 욕구를 발견하고 그 욕구를 위해 내가 해줄 수 있는 부분들을 해주거나 그 욕구대로 나를 변화시켜내는 과정을 갖는데 이 과정은 행동주의와 인지주의, 정신분석에서 요구하는 치료적 활동을 한다. 나어너어의 실제 부분에서 자세히 다루겠지만 상대의 욕구를 내가 충족시켜주는 과정에는 행동의 변화와 표상의 변화를 통해 충족시키는 두 방향의 과정이 있다. 둘 다 할 수도 있고 둘 중에 하나만 할 수도 있다. 행동의 변화는 표현을 못하던 게 갈등의 원인이 되었던 사람이 표현 연습을 통해 표현 잘하는 사람이 되어서 갈등을 해결하는 것이고, 표상의 변화는 상대에게 내가 표현을 잘하는 사람이라는 나에 대한 표상을 갖게 함으로 갈등을 해결하는 방식이다. 이것은 심리치료에서도 그대로 활용된다. 행동주의에서는 우울증으로 힘들어하는 사람에게 매일 무엇이든 작은 것이라도 행동하도록 과제를 주어서 행동의 변화를 통해 우울을 극복하게 하고, 인지주의나 정신분석에서는 자기를 부정적으로 인식해서 못난 자기 표상을 갖고 있던 사람에게 그동안 얼마나 잘해왔는지를 증거로 찾아서 자기 표상을 긍정적인 사람으로 바꿔주는 방식으로 우울을 극복하게 한다.

나어너어의 열매는 자기가 원하는 욕구를 상대에게 요구하여 갈등의 대책을 제안하거나 바로 대책을 제안하기 어려운 경우 대책으로 가는 첫걸음이라고 볼 수 있는 '넛지'라는 간단한 요구를 제시하는 부분이다. 과도하게 자기의 욕구를 요구하던 사람은 나어너어를 통해 상대를 배려하면서 요구하는 과정을 갖도록 만들고, 자기의 욕구를 요구하지 못하던 사람에게는 상대를 배려하는 자세를 가지면서도 자기의 욕구를 요구하는 훈련을 시킨다. 이렇게 자기 안에 하지 못했던 자기 표현을 할 수 있도록 연습함으로 자아를 강화하고 주체성을 기른다. 자아 강화와 주체성 함양을 심리치료의 목적으로 삼는 심리상담의 과정을 나어너어에 적절히 담아내고 있다.

나어너어를 배우고 사용하다 보면 나어너어를 듣는 상대도 울고 말하는 사용자도 우는 현장을 자주 목격한다. 감정과 행동과 인지와 표상의 변화 그리고 주체성과 상호성의 함양은 심리상담에서 사용하는 방식들이 잘 녹아 있어서 갈등 중재를 위해 화법을 배우는 과정에서 심리상담을 받은 것처럼 마음을 안정시키고 주체성을 기르기도 한다. 나어너어를 배우다가 포기하는 사람들은 자존감이 오히려 낮아지고 자책하게 된다고 하는 경우들이 있다. 그러나 그런 결과를 초래하는 이유는 끝까지 배우고 연습해서 사용해보지 않았기 때문이다. 정작 나어너어를 배워서 사용해보면 자기가 마음 깊은 곳에서 얼마나 원했던 언어인지, 상대가 얼마나 듣고싶었던 언어인지 확인할 수 있다. 그리고 둘의 갈등이 중재되고 화해의 장으로 가는 데서 끝나지 않고 사용자의 마음에 치유적 반응을 경험한다. 나어너어는 치료의 언어로 자기돌봄의 방법이기도 하다.

이 10개의 나어너어 가치관이 자연스럽고 익숙하다면 굳이 나어너어 화법을 체계적으로 배우지 않아도 된다. 그 사람은 이미 삶에서 나어너어를 사용하고 있을 것이다. 만약 이 10개의 나어너어 가치관이 익숙하지 않다면 혹은 익숙해도 나어너어를 체계적으로 배워보고 싶다면 이제 실전편으로 넘어가 보자.

타자-되기의 연애로 자아 찾기

　앞장에서 나어너어의 가치관 중 하나로 '타자성'에 대해서 정리했는데 '타자-되기의 연애로 자아 찾기'를 다시 기술하는 이유는 내담자들 중에 "너무 상대에게 맞추기만 하는 것 아닌가요?"라고 물어보는 사람들이 많기 때문이다. 나어너어를 쓰다 보면 상대에게 맞춘다는 생각이 들 수 있다. 그러나 나어너어가 익숙해질 즈음에는 오히려 원하는 바를 실현하고 있는 나를 발견하게 된다.

　심리학의 역사를 5세대로 구분하는 학자들도 있고 7세대로 구분하는 학자들도 있다. 타자성과 주체성을 중심으로 구분하자면 3세대로 구분할 수 있다. 프로이드 전후로 구분하는 1세대 심리학은 보편화의 심리학이었다. 보편에서 벗어난 개인의 심리를 보편으로 수정하는 방식으로 진행하는 심리학이었다. 인간의 심리를 보편과 개인으로 나누고 보편에서 벗어나는 개인 심리를 비정상으로 보았다. 1세대 심리학은 개인의 독특성을 억압해서 소수자들의 심리를 분석할 수 없다는 한계를 만들었다. 2세대 심리학은 보편을 타자로 보고 타자로부터 진짜 나를 찾는 방식의 심리를 연구했다. 그래서 주체성 혹은 각자성, 고유성 등의 용어들이 중요해졌고, 타자가 뭐라고 하든 "난 단지 나일 뿐"이라는 자세를 취하는 것이 건강하다고 생각하는 심리학이었다. 2세대 심리학은 타자와 나를 계속 분리하게 만들어서 개인주의 혹은 이기주의 사회를 만들고 사회성이 부족해지거나 공존과 상생이 사라지는 시대를 초래했다. 심리적으로 개인을 더 외롭게 만들고 관계에 실패하지만 왜 실패하는지 모르는 사람들이 양산되었다. 3세대 심리학은 타자성 혹은 상호성의 심리학이다. 타자를 받아들이고 타자와 함께 한다는 것은 1세대가 보편을 중심으로 억압적 구조로 만들었던 타자가 아니라, 개인적 타자, 소수적 타자를 의미하며 그 개인적 타자를 지향하고 타자—되기를 통해 오히려 자아를 확장한다는 개념의 심리학이다. 3세대 심리학은 현재 활발하게 연구되고 있으며 이질적인 타자와의 만남을 통해 타자가 됨으로 오히려 나를 찾는 여정이다.

나어너어는 3세대 심리학에 토대를 두고 있다고 본다. 나어너어를 쓰다 보면 마치 나는 없어지고 상대에게 모든 것을 맞추는 것 아닌가 하는 생각이 들 수 있다. 종종 내담자들은 "너무 을이 되는 것 같아요."라고 말하기도 한다. 그러나 상대를 알고 나를 아는 것은 갑을 관계 기준으로 보자면 나어너어를 사용하는 사람이 오히려 갑의 위치를 차지한다. 목소리를 크게 낸다 할지라도 원하는 것을 얻지 못한다면 그걸 갑이라고 할 수 있을까? 말투나 목소리는 진 것처럼 보이지만 사실은 원하는 것을 취한다면 그게 갑 아닐까? 잘 생각해 보면 내가 을처럼 보여야지 하나라도 더 주장할 수 있다. 갑은 더 베풀어야 한다고 생각하기 때문에 상대를 갑처럼 만들어줬을 때 내가 얻는 게 더 많아질 가능성이 높다. 인정, 칭찬, 부탁을 잘하는 '을처럼 보이는 사람'이 '갑처럼 보이는 사람'보다 결국 얻는 게 더 많다. "네가 원하는 걸 들어주기 위해서 난 이게 필요해."라고 말하는 것이 나어너어의 핵심이다. 이렇게 대화를 이끌어가기 위해서는 나의 감정과 욕구도 정확하게 관찰해야 하고 상대의 감정과 욕구도 정확하게 관찰해야 한다. 그래야 상대의 욕구를 채워주면서 내 욕구를 요구할 수 있다. 나어너어를 처음에 연습하는 사람들이 "을이 되는 것 같다."는 표현을 해서 갑과 을을 재정리하며 설명했지만 사실 나어너어에는 갑과 을의 개념이 없다. 나와 너가 있을 뿐이고 우리가 있을 뿐이다.

타자—되기는 그동안 몰랐던 [나]를 발견함으로, 나를 한층 성장시키는 중요한 계기가 된다. 프랑스 시인 아르튀르 랭보(Arthur Rimbaud, 1854~1891)는 "나는 타자다."라는 유명한 말을 남기며 그 이후의 학자들에게 [자아가 되는 타자]에 대한 연구의 실마리를 던져주었다. 애초에 '나'는 내가 만난 타자들로 이루어졌다. 새로운 타자를 만나면 낯설고 이질감이 들지만 그만큼 또 나는 확장된다. 나이가 들수록 이질적인 타자를 만나는 게 어렵지만 나를 확장하고자 하는 자아의 욕심은 나와 동일한 사람보다 나와 다른 사람에게 더 매료되며, 나와 다른 사람을 더 사랑하게 만든다. 이질적인 타자를 만났을 때 나를 지키기 위해 타자를 거부하고 나를 주장하고 숨으려 하기보다 적극적으로 타자-되기를 통해 타자 안으로 들어가서 그 타자의 감정과 욕구를 탐색하고 그것에 나를 실어 보면 나도 몰랐던 나를 찾고 나를 성장시킨다. 그래서 타자-되기를 시도하는 연애는 오히려 자아를 찾게 하고 자아를 강화하고 자아를 성장하게 만든다.

나-너어를 배우고 연습하는 사람들은 타자의 감정과 욕구를 찾는 데 능숙해진다. 그리고 거기서 끝나지 않고 그 타자의 욕구를 활용해 표현하고자 하는 나의 욕구를 찾는 데도 능숙해진다. 그래서 서로의 욕구가 만족 되는 지점을 찾는 연습을 한다. 그렇게 서로의 욕구가 만족 되는 경험은 관계의 지경을 넓혀주고 타자지향적 언어와 행동이 가져다 주는, '나를 확장시키는 선물'을 받는다. 이러한 주장은 나-너어에만 담겨 있는 것이 아니라, 과거의 많은 학자들이 주장했던 내용들이다. 훨씬 더 많은 학자들이 타자-되기에 관한 주장을 했지만 이번 장에서는 인간의 정신을 연구하고 정신현상학을 쓴 헤겔, 타자와 주체의 관계를 연구한 라캉, 모레노의 심리극을 발전시켜 역할이론을 완성한 로버트 랜디, '되기' 이론을 만든 들뢰즈와 가타리의 타자-되기에 대해서 설명하고자 한다.

① 헤겔의 '정신현상학'에서 보는 타자-되기

헤겔에 의하면 사람은 타자를 자기 안으로 받아들여서 자아를 만든다. 헤겔은 타자가 없으면 자아가 없다고 보았다. 모든 사람은 타자를 받아들이기 위하여 '감각-지각-깨달음(오성)-자기의식'의 과정을 거친다. 현대 뇌과학은 칸트에서 시작하여 헤겔이 정리한 인간의 인식론의 과정이 실제로 뇌에서 작용하고 있음을 증명하고 있다.

감각은 타자를 자기에게로 받아들이기 위한 첫 번째 단계이다. 시각, 청각, 후각, 촉각, 미각을 통해 외부가 자기에게로 들어온다. 감각이 없으면 자기는 오직 홀로 있다. 감각이 없으면 타자가 존재해도 그것을 확인할 수 있는 방법이 없다. 그렇다면 홀로 있는 것은 존재하는 것일까? 아무것도 없었다면 자기가 존재하는 것을 확인할 방법도 없다. 감각이 없다면 타자는 자기에게로 도래할 수 없고 타자가 자기에게로 도래할 수 없다면 자기는 자기가 무엇인지 모른다. 태어날 때부터 청각도, 시각도, 촉각도, 미각도, 후각도 없었다면 그는 어떤 외부도 느낄 수 없고 결국 자기를 느낄 수도 없다. 사람은 타자와의 관계 속에서만 자기를 확인할 수 있고, 타자와의 관계 속에서만 존재할 수 있다. 감각을 통해 들어온 타자는 자기와의 차이를 통해 타자와 자기를 알아간다. 어둠이 없으면 빛을 알지 못하고 악이 없으면 선을 알지 못하는 것처럼 나에 대해 무엇인가를 알려면 타자와 차이가 발생해야 한다. 이렇게 타자와의 차이를 확인할 수 있는 것이 지각이다. 타자와의 차이를 확인하게 되면 그 타자를 구분할 수 있게 되는데 이것이 깨달음이다. 헤겔은 사람은 각 사람들의 차이를 통해 사람을 인식한다고 보았다.

이렇게 각 사람들의 차이를 구별하면 그제야 자기의 관심은 타자에서 자기에게로 온다. 자기에게 관심을 갖고 나중에 타자를 보는 것이 아니라 구별을 통해 타자를 먼저 알고 나중에야 자기의식을 구성한다. 아기를 생각해 보면 아기는 자기를 인식하기 전에 엄마를 먼저 인식한다. 엄마를 인식하고 나서야 엄마와 다른 손과 발을 갖고 있는 자기를 인식한다. 인간은 이렇듯 자기의식을 구성하기 위해 타자가 필요하다. 그래서 인간은 타자를 향하다가 그 타자로부터 영향을 받아 자기를 구성하고, 그렇게 구성한 자기로 다시 타자 앞에 서고, 그 타자로부터 영향을 받아 또 자기를 구성하고, 그렇게 성장한 자기로 다시 타자 앞에 서기를 반복하며 자기를 확장하고 성장해 나간다. 이렇게 자아는 타자를 통해 다음 단계로 변하고, 다시 타자를 통해 또 다음 단계로 변하며 [정-반-합]의 과정을 반복한다. 이것을 헤겔 후대의 학자들이 변증법이라고 불렀다. 즉 타자-되기가 곧 자기-되기가 된다. 타자-되기에 실패하면 자기-되기가 미흡해진다.

② 라캉의 '정신분석'에서 보는 타자-되기

라캉은 "인간은 타자의 욕망을 욕망한다."라는 말을 남긴 것으로 유명하다. 라캉은 타자를 소타자와 대타자로 구분했다. 소타자는 개인적인 타자라고 보면 되고 대타자는 사회적인 합의에 의해 모델화된 타자, 타자들이 집합체라고 보면 된다. 이번 장에서는 라캉의 이론 중 소타자에 대해서만 언급하도록 하자. 사람이 타자로부터 아무런 영향도 없는데 욕망을 구성하는 것은 불가능에 가깝다. 가만히 생각해보면 모든 인간은 욕망을 갖기 위해 해당 욕망을 갖고 있는 누군가를 보거나 경험한다. 혹은 그 욕망을 갖도록 요구받기도 한다. 부모님이 자녀에게 의사가 되기를 원해서 의사가 되고자 하는 욕망을 갖는다. 화가가 되고 싶었다고 해도 화가라는 모델이 있어야 화가라는 욕망을 인지할 수 있다. 그게 무엇이든 타자로부터 영향받지 않는 욕망은 없다. 자기가 스스로 만들어 낸 욕망이라고 착각할 수 있지만 결국 거슬러 올라가 보면 누군가의 욕망이었다. 누군가 이미 했던 무엇을 욕망하거나 누군가 이미 했던 그 무엇을 조금 변형시킨 것을 욕망한다.

라캉의 거울이론에 의하면, 처음에 아기가 거울을 볼 때는 자기인 줄 모른다. 그러다가 자기가 팔을 움직일 때 거울 속의 아기도 팔을 움직이고 자기가 일어나면 거울 속의 아기도 일어나는 걸 보고 거울에 비친 게 자기라는 것을 인식한다. 거울 속의 자기와 동일화 함으로 자기를 알아챘다. 이와 같은 방식으로 타자를 거울 삼아 자기를 만들어 가기도 한다. 엄마가 하는 대로 따라 하면서 혹은 아빠가 하는 대로 따라 하면서 세상에 적응할 수 있는 자아를 만든다. 혹은 반대로, 헤겔의 이론처럼 다른 사람이 하는 것과 내가 하는 것이 다르다는 것을 인식하며 자아를 만든다. 이런 과정을 생각해 보면 타자가 자아를 만든다고 해도 과언이 아니다. 헤겔의 타자 개념과 라캉의 거울이론을 기준으로 생각해 보면 자아는 타자로 인해 형성되었다. 그렇기 때문에 타자는 또 다른 자아이다. 이렇게 타자와 나의 동일화와 타자와 나의 차이를 발견하며 자아가 형성된다. 이것이 정체성이다.

라캉은 정체성의 단계를 세 단계로 구분했다. 첫 번째 단계의 정체성은 동일시의 단계이다. 프로이드는 이것을 "됨"이라고 표현했다. 타자를 보고 타자가 됨으로 첫 번째 정체성을 확보한다. 라캉도 첫 번째 단계의 정체성에 있어서 프로이드와 큰 이견을 갖지 않는다. 다만 라캉은 이 "됨"의 정체성에 대하여 중요한 특징을 서술하는데 그것이 자신에 대한 사랑이다. 자기가 동일시의 방법으로 타자가 되고자 하는 것은 자기를 사랑하는 방식이다. 이것은 거울이론과도 연결되는 지점을 갖는다. 거울을 통해서만 자기를 인식할 수 있는 아기처럼 오직 타자를 통해서만 자기를 찾는다. 여기서만 머물면 집착이 심해지고 통제하고자 하는 욕구가 강해진다.

두 번째 단계의 정체성은 스스로 결핍을 경험하고 부족한 결핍 부분을 채우기 위해 타자의 '어떤 부분'을 동일시하여 대체를 연쇄시킨다. 첫 번째 정체성이 온전히 동일시였다면 두 번째 정체성은 내가 갖지 않은 것을 타자가 갖고 있을 때 그것을 동일시하여 내 것으로 만드는 정체성이다. 즉 타자와의 차이를 발견하고 그 차이에서 발생한 결핍을 타자를 통해 채우는 정체성이다. 프로이드는 두 번째 정체성을 '가짐'이라고 표현했다. 타자를 통해 자기 결핍을 채우는 두번째 정체화는 살아가면서 지속적으로 반복된다. 이 반복은 무의식적이고 자동적으로 나타난다. 이렇게 타자와의 차이를 확인하는 반복 과정에서 가장 중요한 작용이 결핍의 발견이다. 결핍은 나에게 없기 때문에 타자와의 동일시를 통해서 채워야만 한다.

세 번째 단계의 정체성은 타자와의 동일시로도 채울 수 없는 결핍과 공백이 있다는 것을 발견하고 그 공백과 결핍을 채울 수 있는 것은 자신뿐이라는 것을 깨달으며 만들어진다. 이 부분이 바로 독보적인 개인의 특성이 될 수 있다. 이런 독보적인 개인의 특성이 발견되면 타자가 필요 없어지는 것이 아니라 이 독보적인 개인의 특성을 타자에게 보여주고 싶어진다. 이렇게 자기 결핍을 타자로부터 채우면서 타자가 채우지 못하는 결핍을 스스로 채우도록 연습하는 과정에서 상호성이라는 개념이 생긴다. 이런 세 번째 정체화의 과정은 사랑의 과정과 동일하다. 사랑은 결핍으로 인해 발생하기 때문에 타자로부터 그 결핍을 채우길 원하고 동시에 자기를 보존하려는 속성이 생긴다. 결핍을 채우기 위해 상대의 영향을 받아들이고자 하는 마음과 자기를 보존하고자 하는 마음이 서로 충돌하며 새로운 관계를 만들어 간다. 이러한 역동에서 상호성이 발생하고 그것이 성숙한 사랑의 과정이 된다.

③ 로버트 랜디의 '역할이론'에서 보는 타자-되기

역할이론을 초기에 만든 건 심리극을 창안한 모레노였다. 후대에 로버트 랜디가 모레노의 역할이론을 발전시켰고, 역할이론은 연극치료의 가장 핵심적인 이론이 되었다.

로버트 랜디의 역할이론에 따르면, 모든 인간은 자기가 살아가면서 수행하는 몇 개의 역할이 있고, 그 역할에 부여된 특성에 따라 살아간다. 사장은 사장의 역할 대로 행동하고 신입사원은 신입사원에게 부여된 역할대로 행동한다. 만약에 신입사원이 사장의 역할을 수행하려고 하면 조직 내에서 신입사원의 역할마저 박탈당할 수 있다. 학교에서 교장의 역할을 수행하는 사람이 집에서도 교장의 역할을 지속하려고 하면 충돌할 수밖에 없다. 집에서는 아버지의 역할을 해야지 교장의 역할을 해서는 안 되는데 역할을 오해하면 많은 문제가 생긴다.

사람이 이런 각각의 역할을 취득하는 것을 역할취득이라고 한다. 역할취득 단계가 있어야 해당역할을 감당할 수 있다. 역할취득을 하는 방법은 먼저 그 역할을 수행한 타자를 통해서이다. 각각의 역할을 수행하는 타자가 없으면 해당 역할을 취득하여 수행할 수가 없다. 먼저 그 역할을 수행한 타자가 있어야 나도 해당 역할을 취득할 수 있다. 물론, 세상에 존재하지 않던 역할을 새롭게 만들 수도 있다. 그러나 그러한 역할창조도 결국 타자로부터 받은 영향들을 조합하고 융합하여 만들어 내기 때문에 있는 역할을 취득하든, 없던 역할을 창조하든 타자−되기의 과정이 있어야만 가능하다.

이는 직업적인 역할에 한정된 것이 아니다. 아버지에게 요구할 것이 있을 때는 어떻게 해야 하는지, 친구들과 싸울 때는 어떻게 해야 하는지, 공부할 때는 어떻게 해야 하는지 등 무슨 행동을 하든 그 행동을 수행하기 위해서는 그동안 내가 만나고 보았던 사람들의 말과 행동들을 토대로 따라 하거나 내 입장에서 재구성하여 수행한다.

역할취득의 과정에 타자−되기가 발생한다. 타자−되기를 의식하지 않더라도 모든 사람은 타자−되기를 통하지 않으면 역할을 취득할 수 없다. 이 원리를 역할극에도 활용한다. 부부 갈등 중재 과정에서 아내는 남편과 갈등이 있을 때 바로바로 그 갈등을 해결하기 원하고 남편은 아내와의 갈등 해결보다 회사에 쌓인 일이 더 급해서 갈등 해결을 미루고 싶다고 가정할 때, 두 사람의 의견을 조율하기 위해 두 사람의 역할을 교대해 본다. 아내는 남편이 되고, 남편은 아내가 되어서 입장을 바꿔서 이야기 하도록 한다. 바로 '타자−되기'를 직접 시연해보는 것이다. 이 과정에서 대부분의 부부들은 초기에 취득한 새 역할에 충실하기보다 원래 자기 역할의 주장을 계속 펼친다. 그러나 시간이 흐름에 따라 타자−되기가 가능해지고 서로 상대의 역할을 이해하기 시작한다. 그러면서 자기의 주장이 조율되는 지점이 생긴다. 이러한 조율의 과정을 통해 갈등을 해결할 수 있는 상호 거리를 확보하게 되는데 이것을 '미적거리'라고 한다. 미적거리는 두 역할의 '타자-되기'를 통해 원래의 자기 역할이 변하여 만든 화해의 거리이다. 여기까지 도달하면 갈등은 대체로 중재된다. 이렇게 역할변경을 통해 타자-되기를 하고 미적거리를 경험해 본 사람은 그 이전의 자아로 돌아갈 수 없다. 이미 성장했고, 새로운 자기가 생성됐기 때문이다.

④ 들뢰즈와 가타리의 '되기 이론'에서 보는 타자-되기

철학자 들뢰즈와 정신과의사 가타리는 함께 '되기' 이론을 만들었다. '되기'란 반복적이고 전형적인 삶이 나와 맞지 않거나 나를 힘들게 할 때, '지각 불가능하게 되기'를 통해 새로운 삶을 만들어 나갈 수 있다는 이론이다. 여기서 '지각 불가능하게 되기'란 반복적이고 규칙적인 내 삶에 낯선 것, 새로운 것을 끌어들이는 것이다. 이질적인 것과의 만남은 창의성을 만들고, 내 안에 드러나지 않았던 잠재된 나를 드러내서 새로운 사람이 될 수 있다는 이론이다. '지각 불가능하게 되기'란 전형적으로 규정했던 나를 새로운 나로 변화시키는 것, 나 외의 낯선 것이 되는 것, 즉 '타자-되기'이다. 나의 문제는 늘 반복하던 내 삶의 결과물이기 때문에 내 삶에서 해결책을 찾기는 어렵다. 그래서 타자-되기를 통해 나의 문제를 바라볼 용기가 필요하다. 그래서 타자-되기는 관용이나 자비가 아니라 자아를 찾기 위한 방법이다.

타자-되기는 오직 하나의 나다운 나를 찾아야 한다는 2세대 심리학의 주체 개념과 대립 된다. 유일한 '나다운 나'로 살아야 한다고 주장했던 2세대 심리학은 나다운 나가 누구인지 몰라서 또 '나를 찾는 여행을 떠난다'는 서로 어울리지 않는 말을 한다. 2세대 심리학은 '나다운 나'가 유일하게 하나라고 주장하지만 들뢰즈와 가타리는 진짜 '나다운 나'란 언제든 무엇이든 내가 원하는 사람으로 변할 수 있는 유동적 존재라고 주장한다.

이렇게 나다운 나가 되는 데 있어서 가장 중요한 두 요소는 정서와 욕망이다. 정서는 '감정을 느끼는 방식'이며, 욕망은 '그 사람이 행동하는 동력'을 의미한다. 타자-되기란 내가 타자가 되어보는 것이며 이때 가장 중요한 변화가 정서의 변화와 욕망의 변화이다. 내가 불안할 때 상대는 분노할 수 있고 내가 사랑하길 원할 때 상대는 이별하길 원할 수 있다. 불안하고 사랑하길 원하는 나로부터 화가 나고 헤어지길 원하는 상대로 변화되어 보지 않으면 내 감정과 욕망을 상대에게 전달할 수 없다. 오히려 내가 타자-되기를 통하여 불안과 분노를, 사랑의 욕망과 이별의 욕망을 모두 경험한다면 나의 자아는 훨씬 더 확장되고 갈등을 능동적으로 대처할 수 있다.

이런 '되기'의 원리로 들뢰즈와 가타리는 커플 정동이라는 말을 만들어 냈는데, 커플 안에서만 존재하는, 세상에 없던 감정이 있다는 의미이다. 서로가 '되기'를 통해 자아를 확장함과 더불어 둘이 고유한 하나의 감정을 만든다. 개인이 갖고 있던 감정이 고유하듯이 커플이 만들어 낸 감정은 그 자체로 고유하다. 커플이 아닌 사람이 개입하기 어려운 커플 고유의 감정이 존재한다. 커플 정동에 개입하기 위해서는 커플의 각각의 서사와 두 사람의 서사가 한 서사로 만나는 과정, 그리고 두 서사가 어떻게 한 서사로 융합되고 발전하고 변형되는가를 탐색하며 둘 사이에서 만들어지는 독특한 감정을 발견한다. 이렇게 커플 정동을 형성했다는 것은 서로가 상호-되기를 했다는 의미이다. 이렇게 커플 정동을 형성한 관계를 커플 이중체라고 한다. 커플은 나눠져 있는 두 주체이지만 한 몸이라는 의미에서 이중체라고 부른다. 커플 이중체는 두 사람의 감정이 공명하여 서로에게 이끌리고 빠져드는 방식으로 동일화를 발생시킨다. 그렇기 때문에 외부의 판단에 의해서 정리될 수 없고, 커플 내에서만 정리될 수 있다. 따라서 호명할 때도 누구와 누구라고 부르지 않고 '걔네'처럼 둘을 묶어서 부른다. 개인에 있어서는 생각이 감정을 만들 수 있어도 커플은 감정이 우선이고 감정을 토대로 생각이 만들어진다.

사랑의 이중체는 둘의 감정의 공명을 통해 만들어진다. 공명의 최대값은 두 사람이 완전하게 일치하는 것이고, 이는 아무리 사랑하고 오래 만나온 사이라고 해도 불가능한 것이다. 공명의 최대값은 이상적인 그림이고 실현 가능한 개념은 아니다. 둘 사이에는 아무리 공명이 있어도 채울 수 없는 간극이 있다. 이러한 간극으로 인해 커플은 커플갈등 내지 부부싸움을 만든다. 커플갈등이나 부부싸움은 언제나 두 사람의 두 사람만의 관계에서만 설명 가능하다. 객관적으로 증명하는 것은 어렵다. 커플 정동은 두 사람의 감정의 공명의 정도에도 차이가 있고 종류에도 차이가 있다.

이렇게 두 사람 사이에 만들어지는 차이는 나쁜 것이 아니다. 아내와 남편은 둘 사이에 있는 간극을 알게 되고, 두 공명을 비교하게 되고, 이 간극에서 또 하나의 감정

혹은 공명이 만들어진다. 독신자 시절의 자기 의식이 이제는 서로 마주 보며 공명하는 커플의 교유한 감정이 되기 때문이다. 정면으로 화가를 보며 그려진 얼굴이나 카메라를 보고 찍은 사진은 그 한 사람의 감정이나 표정만을 보지만, 서로 마주 보고 있는 그림 간에는 둘 사이의 끌어당김과 끌려감을 본다. 차이가 없으면 끌어당김도 없고 끌려감도 없다. 차이가 없으면 흐르지 않는다. 흐르지 않으면 공명이 없고 공명이 없으면 성장도 없고, 변화도 없다. 차이가 있어야 공명이 존재한다. 공명이 있어야 변화가 있고 변화가 있어야 상호 간에 바라봄이 유지된다. 타자-되기는 이 차이를 받아들이고 인정하고 이 차이의 반대편으로 가서 타자의 입장에서 자기를 느끼는 것이다. 자기를 느끼는 것은 타자가 되어야만 가능하다. 자기로서는 자기를 느낄 수 없다. 타자가 되어야만 타자를 느낄 수 있다.

이렇게 두 사람의 타자-되기의 공명을 통해서 만들어지는 두 사람만의 고유한 감정은 두 사람만이 빠져드는 블랙홀을 만든다. 이 블랙홀은 둘 사이의 반복되는 문제를 만드는 구멍일 수도 있고, 함께 문제를 해결하는 구멍일 수도 있고, 외부를 함께 해석하는 구멍일 수도 있다. 이때 타자-되기를 하는 사람이 커플 정동의 공명을 주도한다. 타자-되기를 하지 않고 자기 감정만을 주장할수록 공명에 있어서는 수동적이 된다. 자기 감정만을 주장하는 사람은 적극적으로 상대의 감정과 욕구를 읽고 타자-되기를 시도하는 사람에게 오히려 더 자기 감정을 호소하기 위해 의지한다. 그렇기 때문에 상호적으로 타자-되기를 시도해서 상호-되기가 가능할 때 균형잡힌 커플 정동이 구성된다. 이렇게 상대에게 관심을 갖는 만큼 사랑의 주도자가 되는 것이 사랑의 여정이다.

커플이 만드는 정동과 의식은 이전에 없던 것이 새롭게 형성되는 것으로 또 하나의 사회이기 때문에 개인이 갖고 있는 정동에 비해 사회에 미치는 영향이 크다. 커플 정동을 중심으로 가정을 이룰 경우, 커플 정동은 확장되며 사회에 미치는 영향은 더 커지게 마련이다. 그런 의미에서, 커플 정동은 커플 내에서만 다뤄야 하는 문제는 아니다. 커플 내에서 발생하는 감정은 외부가 간섭하기 어렵지만 외부에 영향을 미치기 때문에 결국 외부를 향하는 감정이 된다. 결국 커플 정동은 사회에 영향을 주고 변화를 주는 역할을 한다.

인간은 누구나, 사랑하지 않을 수 없다. 그리고 사랑은 머리 속에서만 벌어지는 일이 아니라 현실이며 행동이고 실천이다. 철학이나 문학이 아니라 실재이다. 그리고 반드시 누구나 하게 된다. 그러기 위해서는 자기의 감정이나 욕구만을 주장할 수 없다. 자기 감정과 자기 욕구로부터 원점으로 돌렸다가 타자—되기를 통해 상대가 되었다가 하나가 된 두 감정을 함께 만들어 가는 것이 사랑이다. 사랑은 원래 있는 것이 아니라 둘이 만나면서 새로 태어나는 것이다. 이건 그냥 추상적인 개념이 아니라 실천이다. 그래서 사랑은 반드시 행동이어야 한다. 타자—되기는 마음으로만 하는 것이 아니라 실천이고 행동이다. 말을 해야 가능하고 행동해야 가능하다.

사람은 누구나 자기가 걸어온 길과 말에 홈을 만들어 왔다. 사랑을 위해서는 그것을 평평하게 하고 상대의 홈을 받아들여야 한다. 그렇게 사랑은 새롭게 생성되는 것이다. 사랑이 함께 만든 생성이라는 것을 놓치고 자기가 살아온 것을 토대로만 사랑하는 것은 자기의 홈패인 것 안에 두 사람의 사랑을 맞추려는 것이다. 그건 이기적으로 상대의 감정과 욕구를 갉아먹는 행동이다. 각자가 그동안 살아온 홈 파인 공간이 있을 텐데, 그 홈은 서로 다르다. 그래서 두 사람이 만나서 사랑을 하려면 그 홈을 평탄하고 매끈한 것으로 만들어야 한다. 그렇게 매끈한 것에서 새로운 홈을 함께 파가는 것이 사랑이다. 그래서 사랑은 제2의 인생이 된다. 그동안 살아온 인생에 하나가 추가되는 것이 아니라 새로운 삶이 시작되는 것이다. 이것이 타자—되기가 낳는 결과물이다.

⑤ 타자-되기와 나어너어

나어너어는 상대의 감정을 공감하는 것으로 시작해서 상대의 욕구와 욕망대로 내가 변하는 모습을 보여주는 방식을 취한다. 그렇다 보니 나는 없어지고 상대만 남는 것처럼 느껴진다. 그러나 상대의 욕구와 욕망을 내가 실천하는 것과 동시에 내 욕구를 제안하는 것이기 때문에 결과적으로 상호적인 욕구를 만들어 가는 구조이다. 그러나 마지막 대책이나 넛지가 내가 원하는 큰 그림의 일부이기 때문에, 그 큰 그림으로 들어가는 첫 걸음을 걷는 것이고, 나어너어를 통해 지속적으로 소통하며 끝에 가보면, 큰 그림에서는 내가 원하는 대로 끌고 가는 경향이 더 강하다.

사람은 자기의 욕구를 관철 시키기 위해 요구한다. 자기 욕구와 부딪히는 의견을 접하면 스트레스를 받고 그 스트레스를 처리하기 위해 자기를 비난하거나 상대를 비난한다. 자기를 비난하는 습관이 반복되면 우울증으로 빠지고 상대를 비난하는 습관이 반복되면 편집증에 빠진다. 둘 다 병리적인 반응이지만 사람은 자주 이 두 반응 중 하나를 택한다.

이 두 병리적인 반응에 빠지지 않고, 부딪히는 서로의 욕구를 관철 시키려면 상대의 욕구를 들어주며 그것을 토대로 내 욕구를 요구하는 것이다. 그래서 "네가 원하는 대로 하기 위해 내가 원하는 것을 하는 것이 좋다."는 결론에 상대도 도달하도록 대화를 이끌어가는 것이다. 아직은 부딪히는 서로의 욕구를 어떻게 이렇게 만들 수 있을지 의문이겠지만 방법은 제2부 '실제편'에서 이 부분을 상세히 다룰 것이다. 이게 가능하려면 상대의 욕구를 정확하고 자세히 관찰해야하고 내 욕구에도 잘 귀 기울여서 나의 욕구도 잘 관찰해야 한다. 그래서 각자의 욕구 중에서도 갈등을 빚은 것으로 보이는 핵심 욕구 즉 소구점을 찾아내고 내 욕구를 관철 시키기 위해 상대의 욕구를 어떻게 수용할지를 고민해야 한다.

비폭력 대화나 감정코칭에서는 나의 욕구와 상대의 욕구를 관찰하고 서로 확인하고 그것을 반영하며 서로의 차이를 알고 수용해 준다. 그러나 여기에 정면으로 부딪히는 욕구를 해결할 방안은 없다. 서로의 역동에 맡기는 수밖에 없다. 나어너어는 이렇게 정면으로 부딪히는 욕구를 해결하기 위한 화법이다. 거기에 타자−되기가 필요한 것이다. 잘 경청해서 상대의 욕구를 듣고 관찰해서 발견하고 반영한다. 그러나 이게 가능한 사이는 이미 깨지지 않는 좋은 관계이다. 완전히 끝날 수도 있는 극명한 차이를 드러내는, 아니 오히려 대립 되는 욕구의 충돌에 비폭력 대화를 사용하기는 어렵다. 그래서 타자−되기를 통해 상대를 우선 완전히 수용하는 입장에 서봐야 한다. 그때부터는 오히려 상대를 알고 나를 아는 경지에 이른다.

나어너어는 단지 몇 단계의 화법을 익히는 것으로 완성되거나 사용할 줄 안다고 하기 어렵다. 럽디의 상담사들은 매일 8시간씩, 빠른 사람은 2주, 늦은 사람은 몇 개월에 걸쳐서 나어너어를 연습하고 실습하며 익힌다. 그래도 활용하기 어려워서 정규직이 된 후에도 수퍼비전을 지속적으로 받으며 나어너어를 원활하게 활용하는 연습을 한다. 수련 과정에서 상담사들이 배우는 것은 화법을 만드는 기술이 아니라 타자−되기의 연습이다. 내담자가 되어보는 연습, 내담자와 갈등을 빚는 상대방이 되어보는 연습이다. 내담자들이 상담사들과 상담하며 가장 많이 하는 말 중 하나가 "어떻게 아셨어요?"이다. 내담자 자신의 마음도 그렇고 상대방의 마음에 있어서도 그렇다. 내담자 자신의 마음을 알아주는 입장에서도 이렇게 말하지만, 내담자와 갈등을 빚은 상대방에게 상담사가 해준 말을 해주면 상대방이 그제야 마음을 열었다는 말을 많이 한다. 그게 가능한게 바로 타자—되기의 연습이 상담사들에게 충분히 되었기 때문이다. 나어너어를 배우는 것은 그런 의미에서 화법 연습을 넘어 타자—되기의 연습이다.

2부

실제편

관계를 바꾸는
치트키,
나어너어

나어너어의 기본 사용법

　실제편은 기본형편과 유형편으로 나눴다. 기본 구조를 익히고 유형에 따라 어떻게 변형해야 하는지를 살펴보기 위함이다. 기본형편에서 1~4단계까지 단계를 나눈 것은 대체로 이렇게 진행하는 것이 좋기 때문이지, 이 4단계가 늘 동일하게 적용되는 것도 아니다. 상대의 감정과 상황, 나의 감정과 상황, 그리고 각자의 욕구가 다 다르기 때문이다. 상황에 따라서는 1~2단계 공감으로 끝나야 할 때도 있고, 혹은 빠르게 3~4단계의 욕구를 중심으로 문제 해결을 해야 할 때도 있다. 그래서 나어너어를 이와 같이 모델화해서 '기본형'으로 형식화하는 게 위험할 수도 있다. 그대로만 하면 된다고 생각하기 때문이다. 그래서 이론 편에서 나어너어는 가치관이라고 장황하게 강조한 것이다. 그럼에도 불구하고, 모델이 없다면 아예 시도조차 못하는 경우들이 있어서 기본형과 유형별 모델을 제공한다. 그러나 여기서 제시한 모델이 전부라고 생각하고 이 문장들을 그대로 쓰면 안 되고 원리를 이해하고 자기와 상대의 상황에 맞게 문장을 재구성해야 한다. 그래서 예시를 들기에 앞서 사례를 정리해서 사례에 따라 예시 나어너어가 어떻게 나타나는지를 살펴봐야 한다. 사례를 건너서 바로 예시만 보면 사례 상황이 어떻게 예시로 전환되었는지 알 수 없다. 반드시 사례가 어떻게 예시로 전환되는지를 관찰하며 읽어야 한다.

갈등 난이도가 낮은 상황에서는 공감해주는 표현만으로도 갈등이 해결되기도 한다. 그러나 갈등해결 의지나 대화의지가 없는 사람, 갈등해결의 가능성을 믿지 않는 사람, 이별을 결심했거나 이별한 사람에게는 공감만으로 대화하거나 해결책만 제시하는 것은 큰 의미가 없다. 감정이 풀린다고 해도 같은 문제가 반복될 거라는 생각이 있다면 갈등 중재는 어렵다. 반대로 갈등 상황 자체는 해결이 됐지만 감정이 여전히 부정적이어도 갈등 중재는 어렵다. 이러한 경우 공감만으로 해결될 수는 없고, 욕구 혹은 욕망, 가치 단위의 중재가 들어가야 한다.

연인이나 부부 사이에서 반복되는 갈등이 중재되지 않으면 결국 별거하거나 별거와 같은 상태로 살아가거나 이별하거나 이혼에 이른다. 그러나 이별하거나 이혼했다고 해도, 갈등이 종료된 게 아니다. 여전히 갈등이 있는 상황에서 이별하고 이혼 상황에 들어간다. 이별이나 이혼은 갈등을 해결한 게 아니라 해결하지 못한 상태라는 의미이다. 이때, 갈등상황을 긍정적으로 전환하면 이별과 이혼도 재고할 가능성이 생긴다. 이별과 이혼이 그 갈등으로부터 왔기 때문이다.

이별이나 이혼이 한 번의 대화나 톡으로 해결되는 건 쉽지 않다. 대부분의 경우, 처음 접촉한 나어너어는 내가 대화 가능한 사람이라는 것을 보여주고 대화의 장을 여는 목적을 갖는다. 그 이후에 관계를 지속해서 일상에서도 매순간 나어너어를 활용할 수 있는 수준의 화법 연습과 더불어 상대방의 소구점을 파악하고 '내가' 그 소구점을 채울 수 있는 사람 혹은 이전에 만들었던 문제를 더이상 만들지 않을 사람이라는 것을 보여줘야 갈등을 중재할 수 있다. 즉, 나어너어 안에는 화법만 담기는 것이 아니라 상대에 대한 분석, 나의 변화과정이 모두 담겨야 한다. 공감과 해결책이 모두 필요하다.

실제편에서 나어너어를 배워가다 보면 단지 말을 하기 위해 내 삶을 바꿔야 하는 상황들이 생긴다. 어떤 사람은 "나 변했어."라는 말을 하기 위해 1년 동안 자격증을 따고 취업해서 증거를 만들기도 한다. 그러면서 실제로 삶이 변한다. 나어너어에 담을 말을 만들기 위해 삶을 바꾸는 것이다. 이게 나어너어가 다른 화법들과 가장 다른 지점이고 가장 어려운 지점이다. 그렇다면 이걸 화법이라고 할 수 있을까? 화법은 원래 삶과 일치해야 한다. 삶과 화법이 일치하지 않으면 그건 속임수이고 사기가 된다. 언행일치는 나어너어의 실제에 있어서 기본 개념이다.

화법으로 문제를 해결한다고 하면 말만 잘하면 문제를 해결할 수 있는 것이라고 생각한다. 문제를 빠르게 해결하길 원하는 사람들이 "정말 화법만 배우면 이혼하지 않을 수 있나요?"라고 묻는다. 물론 그럴수도 있고, 그렇지 않을 수도 있다. 갈등의 경중에 따라, 원인에 따라 다른 일이다. 대부분은 갈등을 빠르게 해결하고자 하는 사람들은 같은 문제로 갈등을 반복한다.

갈등 중재 과정에서 문제를 빠르게 해결하고자 하는 사람이 자주 사용하는 방법 중의 하나가 빠르게 사과하고 상대의 요구를 무조건적으로 수용해 주는 것이다.

"미안해, 내가 잘할게. 한 번만 기회를 줘. 우리 다시 잘해보자."

그러나 무조건적 사과는 마음에 와 닿지 않는다. 특히 갈등 상황을 해결하고자 하는 의지가 없는 상대라면 이제 사과에조차 관심이 없다. 갈등이 심화되면 그 상황 자체를 벗어나고 싶어서 무슨 생각을 하는지, 무슨 감정을 느끼고 있는지, 앞으로의 계획이 어떻게 되는지 알고 싶지 않다. 이미 갈등해결의 가능성을 믿지 않는 사람은 사과를 입에 발린 말이라고 생각한다. 특히나 같은 문제가 반복되었다면 더더욱 그렇다. 아무리 사과해도,

"미안한데 어쩌라고? 난 더이상 잘하고 싶은 생각 전혀 없어."

라고 생각한다. 단지 내 마음을 전달하는 일방적인 사과는 문제를 해결하는 방법도 아니고 상대의 마음을 공감해준 것도 아니다. 그저 나의 마음 상태를 전달한 것뿐이다. 서로 갈등을 해결하고자 하는 의지가 있는 경우에는 일방적인 사과라 할지라도 의미가 있지만 갈등 심화 상태에서는 일방적인 사과는 큰 힘이 없다. 내 말을 들을 생각이 없는 상대에게 내 말이 조금이라도 들리게 하려면 내 마음을 전달하는 것으로 마무리하는 대화가 아니라, 상대의 마음을 알아주고 문제를 해결하는 방안을 제시해야 한다.

사과를 하더라도 일방적으로 내 마음을 전달하는 방식이 아니라, 상대의 입장을 이해하면서 사과하는 방법이 좋다.

"그동안 많이 속상했지? 네가 그렇게까지 힘들고 아파하고 있었구나. 네 입장에서 생각해보니 난 내 입장에서만 생각하고 행동했더라. 너는 좀 더 네 마음을 알아주고 이야기를 들어주길 원했던 거겠지? 지금까지 얼마나 아팠어. 내가 널 사랑한다고 하고서 그렇게 느끼게 하면 안 됐는데, 정말 미안하다."

처음에 했던 사과는 내 입장만 전달한 사과이다. 내가 미안하고 내가 잘할 예정이고 내가 다시 기회를 가졌으면 좋겠고 난 너와 잘해보고 싶다는 의사전달이다. 상대방은 내 생각에 관심이 없기 때문에 저렇게 말해도 그냥 흘려듣는다.

그러나 뒤에 "그동안 많이 속상했지? …"로 시작한 사과는 상대방이 지금까지 해왔던 생각을 읽어주었다. 아무리 말해도 통하지 않고 절대 이해하지 못할 거라고 생각했던 생각을, 다른 사람 입에서 듣게 되면 '대화의 가능성'이 생긴다. 대화의 가능성만 생겨도 다시 귀를 열 수 있다. 공감이 문제를 해결하는 것은 아니다. 그러나 대화를 다시 시작하게 만들 수는 있다. 여기서부터 깨진 관계에 중재가 시작된다.

여기서 내가 공감했다고 해서, 공감을 쌍방으로 의무화해서는 안 된다. "나도 너를 공감했으니 너도 나를 공감해야 해."라는 입장에서는 한걸음 걸어간 걸 다시 뒤로 무르게 만든다. 나는 내 입장에서 수용하고 공감할 수 있는 걸 한 것이고, 상대도 나에게 공감할지는 상대가 결정할 일이다. 거래적 조건으로 공감을 하면 감정을 움직이지 못한다.

이렇게 공감적인 가치관을 토대로 구성하는 나어너어는 총 4단계로 이루어져 있다. 나전달법, 적극적 의사소통, 비폭력 대화 등 관계의 증진이나 회복 그리고 갈등 중재를 위한 화법들은 대체로 4단계로 구성되어 있다. 감정코칭이 5단계로 되어 있지만 감정과 욕구를 분리해서 5단계로 구성되었고, 다른 화법처럼 감정과 욕구를 하나의 단계로 보면 감정코칭도 4단계 구조와 다르지 않다.

나어너어의 4단계 중 1단계와 2단계는 공감표현을 중심으로 구성되었고, 3단계는 행동이해와 대안찾기를 중심으로, 4단계는 부탁이나 추후 지도그리기로 구성되었다. 구조로 보면 적극적 의사소통과 감정코칭 그리고 비폭력 대화의 단계들이 적절하게 융합된 것처럼 보인다. 단계상으로 보면 그렇지만 화법을 구성하는 원리는 조금씩 다르다. 이는 목적이 다르기 때문이다. 적극적 의사소통과 감정코칭은 자녀교육을 위해서 만들어졌고, 비폭력 대화는 함께 평화적으로 갈등을 해결하기 위해 만들어졌다. 나어너어는 자녀교육과 쌍방이 갈등 중재를 원하는 상황에서도 활용 가능하지만 어느 한쪽이 갈등 중재를 원하지 않는 상황, 더 나아가서 관계가 완전히 깨진 후에도 회복 가능한 상황까지 염두에 두고 만들어졌다. 상담 현장으로 찾아오는 대부분의 내담자들은 갈등을 안고 있는 두 사람이 함께 오기보다 갈등 해결을 어느 한쪽이 원하는 상황에서 찾아오기 때문이다.

대화를 하다보면 단계를 완전히 지키기 어려울 때도 있고, 단계의 순서를 바꿔야 할 때도 있으나 본 장에서는 응용해야 하는 상황을 염두에 두지 않고 기본 단계에 대한 이해를 중심으로 서술하고자 한다. 나어너어의 기본 사용을 위해서는 1단계부터 4단계까지 순서를 지켜서 얘기한다. 앞서 설명한 대로 1단계와 2단계는 공감하는 부분으로 이루어져 있고, 3단계와 4단계는 내가 어떻게 하고 싶은지, 해결책에 대해서 이야기를 하는 부분으로 되어 있다. 즉, 1단계와 2단계는 너어로, 3단계와 4단계는 나어로 구성된다. 3단계와 4단계가 나어로 구성된다고 해서 대화 상대에 대한 공감적 이해를 안 하는 것은 아니다. '나'를 주어로 나의 이야기를 하되, 너어적인 마인드로 이야기한다.

① 1단계, 간단한 공감

1단계는 간단한 공감으로 시작한다. 감정이 닫히면 나머지 말들도 자동으로 닫힌다. 그래서 상대의 감정을 이해하고 있다고 상대의 입장에서 감정을 알아주는 과정이 필요하다. 테오도어 립스가 '타자 마음의 문제'를 해결하기 위해 제시한 '감정적 투사'를 나어너어 1단계에서 활용한다. 1단계는 립스의 말처럼 '내 마음이 상대방의 마음을 모방하여 타자에게로 들어가서 느끼고 경험하는 과정'이다. 이때, 잡다한 해설이나 인사 등을 동반하지 않고 간단하게 상대의 감정을 예측하고 공감하기만 하는 것이 좋다. 예를 들어, 더운 날씨에 "덥죠?"라고 말하는 것도 일종의 공감이다. 상대가 화났을 때, "화나겠다."라고 상대의 감정을 알아주는 것이다. 종종 첫 시작에서 상황 설명 등을 길게 깔거나 인사말을 길게 하는 경우가 있는데, 대화 상대는 긴 설명이 진행되는 동안 마음이 이미 뜬다. 안부를 보내는 건 갈등이 없는 상황에서 큰 사건이 없어서 그저 안부만이 궁금한 사람들이 소통하는 방식이다. 깊은 갈등이 있는데 안부를 묻는다고 거기에 응답하고 싶어지지도 않고 그 갈등을 뒤로하고 안부를 묻는 게 가식적으로 보일 수도 있다. 평범한 안부로 시작하면 흥미를 잃는다. 특히 말이 아니라 문자나 톡으로 보낼 때는 미리보기에서 읽히기 때문에 첫 문장이 중요하다. 안부만 보고 내용은 안 보고 넘겨버릴 수도 있다. 이런 심리는 톡이 아니라 대화에서도 마찬가지다. 첫 문장이 식상하고 뻔하면 뒷 내용은 들리지 않는다. 애초에 나어너어는 상대방을 배려하는 언어이고 상대방이 들었을 때, 듣고 싶게 만들고 궁금증을 유발시켜야 한다. 아무리 아래의 내용이 좋더라도 듣지 않고 읽지 않으면 소용이 없다. 그래서 상대가 듣고 싶어 할 만한 핵심적인 짧은 문장으로 시작해야 한다. 그게 바로 감정 읽어주기이다. 그러나 상대가 어떤 감정이었을지를 아는 게 쉬운 일은 아니다. 그리고 그 감정이 지나치게 부정적이어도 지양하는 것이 좋다. 공감해준다는 게 오히려 당시의 안 좋은 감정마저 수면으로 끌어올릴 우려가 있다. 그래서 "서운했지? 속상했지? 답답했지? 고생 많았지?" 정도의 일반적으로 어려움을 표현하는 감정 단어가 좋다. 감정을 발견하고 읽어주는 게 어려우면, "넌 참 고마운 사람이었어." 정도의 칭찬하는 말도 좋다.

그리고 1단계에서는 공감 이외에 구구절절 다른 말을 붙이는 것보다 간단히 감정만 확인하는 것이다. 그럼, 왜 간단해야 될까? 우선, 나어너어는 일상에서도 쓸 수 있지만 1차적인 목적은 갈등 해결이고, 갈등 상황에서 설명을 길게 하면 상대는 자기의 말을 준비하며 긴 설명에 귀 기울이지 않기 때문이다. 그러나 상대의 감정을 바로 읽어주면 "어, 내 감정을 아네?"라고 생각하며 귀 기울이게 된다. 그리고 감정만 간단히 읽어주면, 오히려 말이 다 끝난 게 아닌 것 같기 때문에, 뭔가 그 뒷얘기가 있을 것 같아서 귀 기울이게 된다. 내 말이라면 다 튕겨낼 준비를 하고서 듣는 사람이라고 해도 "속상했지?"라고 공감하면 "내 마음을 아네? 근데 내가 뭐가 속상한 건지 쟤가 어떻게 알지?"라고 생각하며 귀를 기울이게 된다.

② 2단계, 본격적인 공감

이 궁금증을 해결하기 위해 감정을 이야기와 연결시키는데, 이 부분이 2단계 본격적인 공감이다. 1단계에서 상대에게 궁금증을 만들어줬기 때문에 이 궁금증을 채워주면서 감동을 같이 주는 구간이다. 나어너어 2단계는 적극적 의사소통의 2단계인 '감정과 이야기 연결시키기'와 비슷하다. 1단계에서 간단히 공감한 감정이 왜 발생했는지 이야기를 통해 들려줌으로써 그냥 감정만 알아주는 게 아니라 상황까지 정리해준다. 이때 이야기를 연결시키는 순서는 '너의 상황 + 나의 행동 + 너의 감정'이다. 상대의 상황과 나의 행동을 말하되 나의 입장이 아니라 상대의 입장에서 말해준다. 사람은 나의 입장을 말하고 싶은 욕구가 자연스럽지만 먼저, 상대의 입장을 알아주면 나의 입장을 말할 때, 내 입장도 더 자연스럽게 받아들여진다. 이야기로 구성할 내용을 만드는 게 중요한데, 상대의 상황을 바로 알지 못하면 적절한 이야기가 만들어지지 않는다. 그래서 상대에 대해서 잘 경청하고 잘 관찰하지 않으면 본격적인 공감이 엇나갈 수 있다. 만약에 구체적이고 섬세하게 상대의 상황을 알지 못한다면 일반적으로 어려운 상황을 이야기로 구성한다.

예를 들어, 지민이라는 여성이 영민이라는 남성과 연애 중이라고 가정해 보자. 약속일 전날에 영민이가 업무로 인해 데이트를 취소했다. 지민이 입장에서는 일주일 내내 기다린 데이트여서 영민이가 못 볼 것 같다고 할 때, 서운한 마음에 핑계 같기도 하고 사랑이 식었다는 생각도 든다. 이 생각이 커지면 "진짜 사랑하면 얼굴이라도 보러 올 텐데."라며 상대의 진실성을 의심하기에 이르기도 한다. 이때 영민은 어떤 말로 지민의 마음을 풀어줄 수 있을까? 설명으로 들으면 쉬운 것 같은데 막상 실제로 사용하려고 하면 이 상황에 상대의 상황을 알아주고 나의 행동을 이야기하고 상대의 감정까지 읽어주는 게 쉽지 않다. 첫 번째로 말해줘야 하는 게 상대의 상황이다. 영민이가 볼 때 상대의 상황은 '일주일 내내 데이트를 기다린 것'이다. 이 상황을 얘기해줄 때 그냥 "약속 깨서 미안해." 정도로 끝내서는 안 된다. 약속을 깬 건 '나'이기 때문에 너의 상황의 이야기가 아니다. 약속을 깬 것보다 중요한 건 상대가 일주일 내내 기다린 것이다. 이때 상대의 노력을 더 깊게 이해하기 위해서 시간적인 단위도 같이 고려해 주는 게 좋다. '데이트를 기다렸다'와 '일주일 내내 기다렸다'는 다른 이야기이다. 두 번째 요소는 나에게 일어난 일이다. 이때 말해야 하는 '나에게 일어난 일'은 '직장에서 급한 일이 생긴 것'이 아니다. 이건 내 입장에서의 일이다. 공감의 대상은 지민이이기 때문에 지민이 입장에서 영민에게 일어난 일을 말해줘야 한다. 지민이 입장에서 보는 영민의 행동은 뭘까? '데이트에 나오지 않은 것'이다. 마지막 세 번째 요소는 그로 인해 너가 느낀 감정이나 생각 혹은 취하게 된 행동을 넣어주면 된다. 지민의 감정은 어땠을까? 화가 나거나 속상했을 것이다. 이걸 이어보면 "너는 일주일 내내 데이트를 기다렸을 텐데, 내가 데이트에 나오지 못하게 돼서 네가 속상했겠다." 이다. 이렇게 상대가 말하고 싶지만 쉽게 하지 못하는 말을 정리해서 해주면 여기서 이미 갈등을 유발할 만한 감정이 감소한다. 혹시 "상대의 감정과 상황을 잘못 말할 수도 있지 않을까?" 하는 생각이 들 수도 있다. 물론 매우 가능한 일이다. 그러나 설사 잘못 말하더라도 말하지 않는 것보다 말하는 것이 좋다. 틀렸더라도 말을 해야 상대가 '아니'라고 수정해줄 수 있고 그 기회를 통해 상대의 진짜 마음과 상황을 알 수 있다.

이렇게 1~2단계만 써도 상대 입장에서는 공감받은 느낌이 든다. 상대가 지금 어떤 감정인지, 그전에 상대가 어떤 상황이었는지, 무슨 일을 겪었는지, 내가 어떻게 행동했는지, 그래서 결과적으로 이 사람이 어떤 감정인지. 생각하지 않으면 모른 채 지나갈 정보들이지만 조금만 신경을 쓰면 쉽게 알 수 있는 정보들이다. 이 정보들을 잘 조합해서 말로만 내뱉으면 강력한 힘을 발휘한다.

단, 이별 등 감정이 진짜 격한 상황일 때 유의해야 하는 점이 있다. 공감이라는 게 어떻게 보면 단단하게 쌓아 올린 감정의 벽을 건드리는 행위이기도 하다. 그러다 보니 마치 지뢰를 건드리면 폭발하듯이, 꼭꼭 상처를 묻어놨을 수 있는데 건드려서 오히려 터질 수가 있다. 그래서 갑자기 크게 화를 내거나 울 수도 있다. 그럴 땐 어떻게 하면 좋을까? 감정이 격해지면, 한차례 더 깊게 감정을 풀어주고 녹여준다. 상대가 격한 감정을 보여주었다는 건 꺼내고 싶지 않았던 것을 나에게 꺼냈다는 의미이다. 그래서 그 감정 자체를 다시 한번 읽어주고 다독여주면 그만큼 감정의 벽이 더 빠르게 허물어진다.

화법에 단계가 정해져 있다고 해도 결국 대화란 상호작용이기 때문에 예상하지 못한 상황이 있을 수 있다. 너어적인 마인드만 잘 갖추고 있으면 이런 예상하지 못한 상황들도 잘 대처할 수 있지만 상대의 마음에 반응하는 것도 훈련이 필요해서, 평소에 너어적인 마인드를 갖추지 않은 사람들의 경우, 대처가 쉽지 않다.

그렇다면 울면서 화를 내면 어떻게 해야 될까? 다시 1단계로 돌아간다. "마음이 아프겠다.", "속상하겠다.", "화나겠다." 등 상황에 맞는 표현들로 읽어줄 수 있다. "그래, 아팠지. 너는 그냥 차분히 가만히 있고 싶었을 텐데, 묻어뒀던 이야기 꺼내려고 하다 보니까 힘들 수 있어. 괜찮아, 화를 내서 네가 풀리는 거면 그냥 지금 화를 내. 내가 다 들어줄게. 그때 얘기를 나 말고 누가 들어주겠어. 화가 나면 화를 계속 내도 돼. 괜찮아."라고 다독거리다 보면 쌓인 감정들을 토해내기도 하고 다 토해내고 나면 진정되기 시작한다. 이걸 카타르시스라고 한다. 카타르시스는 공감에 나타나는 한 반응일 뿐이다. 카타르시스 자체는 갈등을 해결하지 않는다. 종종 "미해결된 감정을 다 해소했는데, 왜 아직 내 마음은 해결이 안 되는 걸까요?"라고 말하는 내담자가 있다. 카타르시스가 모든 감정을 해결하지 않는다. 카타르시스는 한 과정일 뿐이다. 화법 연습 과정에서 이와 같이 감정을 토해내는 내담자들도 있고, 역할극을 통해 나어너어를 적용하다가 감정을 토해내는 내담자들도 있다. 이혼 숙려기간에 있던 내담자 부부가 이렇게 감정을 토해냈다고 해서 다시 사이가 좋아질 것이라고 기대한다면 오산이다. 결국 문제는 반복되기 때문이다. 갈등은 공감에서 시작하되 변화를 만들어야 중재가 된다.

③ 3단계, 대안과 변화

1~2단계를 하는 이유는 결국 3~4단계에 있는 이야기를 하기 위해서이다. 1~2단계는 상대의 마음을 읽어주고 공감을 통해 상대의 마음을 여는 단계라면 3~4단계는 나의 이야기를 하는 단계, 해결책을 제시하는 단계이다. 나어너어를 사용하는 '나'의 입장에서는 3~4단계가 본론이다. 1~2단계도 그 자체로 상대의 감정을 풀어주는 효과가 있지만 내 입장에서는 3~4단계를 말하기 위해 상대의 귀를 여는 과정이다. 그렇다고 1~2단계의 중요성이 떨어지는 건 아니다. 1~2단계가 없으면 3~4단계도 들리지 않는다. 3~4단계가 나의 이야기를 하는 단계라고 해서 내 입장에서 말하는 건 아니다. 나의 이야기를 하되 상대의 입장에서 말하는 것이다. 내 목적을 말하더라도

공감적인 마인드, 너어적인 마인드로 말한다.

그렇다면 너어적인 마인드로 내 이야기를 한다는 건 무슨 의미일까? 3단계는 변화와 대안을 찾는 단계로 내가 할 말을 상대방이 듣고 싶어 할만한 말로 바꿔서 전달하는 과정이다. 3단계에서 중요한 건 지금 상황을 반전시킬 만한 대안을 찾되 상대가 듣고 싶어 하는 대안을 찾는 것이다. 즉, '상대가 원하는 것 중 내가 들어주거나 나를 변화시킬 수 있는 것이 무엇인가?'를 생각해야 한다. 3단계의 대안은 내가 최종적으로 제시하고자 하는 대책과는 다르다. 대책이 갈등 해결을 위한 나의 요구라면 대안은 상대의 욕구를 내가 들어줌으로 대책으로 가기 위해 분위기를 전환시키는 과정이다. 분위기를 전환시키기 위해서는 상대가 듣고 싶어 할만한 말을 생각하는 게 중요한데 여기에서 상대의 욕구 혹은 소구점을 파악하는 게 중요하다. 이 부분은 감정코칭의 3단계 "욕구 이해"와 비폭력 대화의 '공감으로 듣기'에서의 "욕구·가치"에 해당한다. 상대의 욕구와 소구점을 확인하고 "내가 너의 욕구에 맞는 사람이야."라는 걸 보여준다.

나어너어의 3단계가 감정코칭의 "욕구 이해"나 비폭력 대화의 "욕구·가치"와 다른 부분이 있다면, 상대와 내가 역할을 교대한 상황을 가정하고 상대의 입장에서 상대의 욕구와 가치를 진술한다. 이 방법은 심리극을 창안한 모레노의 심리극 방법론을 기반으로 연극치료전문가 로버트 랜디가 만든 역할극의 방법론이다. 그리고 상대의 욕구와 소구점 중에서 내가 수용할 수 있거나 내가 변화할 수 있다는 것 혹은 상대가 원하는 모습이 이미 나에게 있다는 것을 확인시키는 것이다. 감정코칭과 비폭력 대화에서의 방법은 아직 깨지지 않은 관계, 혹은 깨질 수 없는 관계에서의 갈등을 다룬다. 감정코칭과 비폭력 대화에서 활용하는 방법은 각자의 욕구를 이해해 주는 것만으로도 감정을 완화시키고 서로 한걸음씩 다가올 수 있도록 도와주었지만, 남녀간의 이별이나 이혼 등 완전히 깨진 관계를 회복하는 데는 유효하지 않을 때가 많았다. 그래서 "어떻게 하면 완전히 깨진 관계까지 회복시킬 수 있을까?"를 고민하던 과정에서 타자 입장이 되어서 생각하고 타자의 욕구를 실현하는 과정을 통해 내가 실체로서 변하니까 갈등이 해결되고 깨진 관계가 회복되는 것을 확인했다. 이렇게 타자의 입장이 되어서 생각하고 타자의 욕구를 실현하는 것을 로버트 랜디는 역할취득이라고 불렀고, 들뢰즈와 가타리는 '타자와의 접속' 혹은 '되기'라고 불렀다. 들뢰즈와 가타리에 의하면 이러한 '타자와의 접속'은 타자와 나의 차이를 발견하게 할 뿐 아니라 지금까지 꺼내지 않았으나 내 안에 있는 나의 잠재성을 드러내는 효과를 발생시키기도 한다. 타자와 같은 감정과 같은 욕구를 가져봄으로써 오히려 나를 발견하게 될 수도 있다는 의미이다. 이러한 과정은 갈등을 중재할 뿐 아니라 자아의 경계를 확대 시키기도 한다. 이것이 이론편에서 설명한 '타자-되기'를 통해 '자아찾기'를 가능하게 하고 나아가 '자아확장'을 가져오기도 하는 과정이다.

3단계는 약속이나 명제만 전달하는 것보다 에피소드나 이야기 방식으로 말해주는 게 좋다. 예를 들어, 아내가 일상 수다를 통한 상호소통을 원하는데 남편이 해결 중심 언어나 지시적 언어로만 대화해서 갈등이 만들어졌을 때, "맞아, 일주일 전에 우리 명절 때문에 고향에 가면서 몇 시간이고 이야기 나눴었잖아. 그때 나도 얼마나 행복했는지 몰라. 꼭 연애했을 때처럼 말이야."라고 남편이 함께 수다 떨었던 사례를 들려주는 게 "앞으로 잘할게."보다 낫다.

나어너어 3단계의 목적은 변화를 만들고 대안을 찾는 과정이기 때문에 꼭 말일 필요는 없다. 분위기만 반전이 된다면 행동이나 상황으로 3단계를 대체할 수도 있다. 예를 들어, 여자친구가 달달한 걸 좋아한다면, 평소에 초콜릿 같은 걸 챙겨서 조금씩 가지고 다니다가, 갈등이 만들어지는 상황에서 1~2단계의 공감을 해주고 초콜릿을 하나 입에 넣어준다면, 그것도 훌륭한 3단계 과정이 될 수 있다. 상대가 좋아하는 선물을 주는 것이나, 상대가 고민하고 있는 문제를 해결해 주는 것도 3단계에 해당한다. 4단계에서 제시하는 요구 혹은 제안을 받아들일 준비를 만들어 낼 수 있다면 그 자체로 훌륭한 3단계이다. 3단계의 행동 사례는 둘만의 갈등만이 아니라 회의 등 여러 상황에서도 찾아볼 수 있다.

나는 실제로 회의에서 나타나는 갈등 상황에서 나어너어를 적절히 사용한다. 민감한 문제로 회의를 진행하고 있었다. 두 개의 의견이 갈렸고 첨예하게 대립했다. 직원들은 이 문제로 인해서 감정적으로도 좋지 않은 상황이 되었다. 말투도 거칠어지기 시작했다. 나는 양쪽 의견에 대해서 1~2단계의 공감을 해주고 단 음식을 제공했다. 분위기는 서서히 반전되었고, 서로의 제안을 받아들이기 시작했다. 단 음식이 훌륭한 3단계의 역할을 한 것이다. 나는 실험을 한 번에서 끝내지 않고 여러 차례 시도했다. 이건 나에게도 적용된다. 나는 고기를 좋아하고 내 아내는 이것을 잘 알고 있다. 갈등 상황에 들어가서 내 감정이 힘들어질 때, 아내가 나어너어 1~2단계를 시전하면서 근처 고깃집으로 끌고 갔다. 그리고 나는 어느 순간 고기를 한 점 입에 물고 우물우물거리고 있었다. 그러다 보니 기분이 풀리는 걸 넘어서 아내의 제안을 받아들였다.

1~2단계를 통해서 잘 공감해 주고 상대의 부정적인 감정을 어느 정도 풀어줬다고 해도 갈등을 만든 근본적인 문제를 해결한 건 아니다. 그래서 문제 해결을 위해 변화를 만들어 내는 게 3단계이다. 그래서 3단계에서 제일 중요한 게 대화 상대의 욕구에 반응하는 것인데, 상황에 따라서는 상대의 욕구가 나의 목적과 반대 된다 할지라도 그 욕구에 귀를 기울이고 인정하고 시작해야 하는 경우도 있다. '나어너어 가치관'에서 설명했듯이 나어너어는 상호성에 기반하기 때문에 계속 나의 욕구만을 주장하지 않고 상대의 욕구를 수용한 후에 나의 욕구를 만들어 가는 과정을 갖는 상황도 있다. 모든 상황이 이러하지는 않지만 큰 그림에서 보면 상대의 욕구를 수용해 주는 것이 오히려 내 욕구를 수용하게 만드는 과정이 되기도 한다.

만약에 상대가 이별을 제안한 상황이고, 나는 이별을 수용할 수 없다면, 이별할 수 없는 이유를 제시하는 게 일반적인 반응일 것이다. 그러나 상대가 이별을 제시할 때 내가 이별하지 않기 위해서 버틸수록 상대는 이별하기 위한 발언을 계속 이어갈 것이다. 그리고 그 이별에 대한 마음을 강화할 것이다. 이별을 원하는 입장에서는 상대가 이별을 받아들이고 있지 못한 상황 자체가 스트레스가 된다. 이 과정이 반복되면 상대 입장에서 나는 대화 불가능한 사람이다. 대화 불가능한 사람으로 인식되고 변화가 없을 것이라고 판단되면, 그리고 스트레스가 커지면 동굴로 들어가거나 차단하거나 잠수타는 결과를 초래한다. 이런 상황이 되기 전에, 오히려 이별을 인정해 준다면, 대립 구도였던 대화가 순구도로 바뀐다. 그리고 상대는 나를 대화 가능한 사람으로 인식한다. 이것만으로도 대안과 변화를 보여주는 3단계의 효과가 성립된다. 실제 이혼 중재 과정에서 한쪽만 이혼을 원하고 다른 쪽은 이혼을 원하지 않을 때 두 사람을 대화 테이블로 부르는 게 쉽지 않다. 이혼을 원하지 않는 사람이 같은 말만 반복한다고 생각하기 때문이다. 이때 이혼할 것이라는 걸 인정하기만 해도 대부분의 단호함이 풀린다. 이혼이든 재회든, 서로 정반대 상황에서 입씨름할 상황이 아니면 상대도 단호할 필요가 없다. 내가 이혼을 받아들이겠다고 하면 그때부터는 이혼 자체에 대해서는 반박하기 어렵다. 이별을 하자고 하는 건 상대의 의견이기 때문에 그 의견을 수용하겠다는데 더이상 반박할 수는 없다. 이때부터는 대화가 주장하고자 하는 '무엇'에서 "어떻게"로 전환된다. 일단 "어떻게"로 전환하면 같은 목적을 갖고 이야기를 진행할 수밖에 없다.

3단계에서 상대가 원하는 사람으로 나를 변화시킬 수도 있지만 상대가 갖고 있는 나에 대한 표상을 바꿀 수도 있다. 표상이란 '무엇에 대한 인식 혹은 이미지'이다. 만약에 상대에게 내가 자기를 사랑하지 않는 사람이라는 표상을 갖고 있어서 헤어지자고 했다고 가정하자. 그러면 상대가 생각하는 사랑이 무엇인지를 확인하고 그걸 잘하는 사람으로 바뀌는 방법도 있지만 내가 상대를 얼마나 사랑했는지를 과거의 사례로 보여줌으로써 상대가 나에 대해 갖고 있는 표상을 바꿔주는 것도 훌륭한 3단계이다. 다음의 대화를 살펴보자.

> 남자: 우리는 여기까지인 거 같아. 이젠 좀 지쳐. 늘 나만 너 좋아하는 거 같고 너는 날 안 좋아하는 거 같아.
>
> 여자: 왜 그렇게 생각해?
>
> 남자: 너는 내가 손만 잡으려고 해도 뿌리치고, 내가 졸라야 겨우 한 번 안아주고, 사랑한다는 말도 안 하고. 도대체 네가 나하고 왜 사귀는지 모르겠어. 나는 늘 사랑을 거절당하는 거 같아.
>
> 여자: (1단계) 아, 오빠가 거절감이 들어서 힘들었겠네. (2단계) 내가 뿌리칠 때마다 거절당했다고 생각했구나. 그렇게 느껴졌으면 내가 미안해. (3단계) 난 싫어서이거나 사랑하지 않아서가 아니었어. 난 오빠가 나 안아줄 때 오빠 심장 소리 들으면서 나도 심장이 터질 거 같아서, 그게 너무 창피해서 들키고 싶지 않아서 그랬어. 손만 잡아도 떨리는데. 싫어서 밀어낸 게 아니라 너무 좋아서, 부끄럽고 떨려서 그런 거야.

여기서 여자는 행동을 바꾸지 않았다. 그러나 남자가 알고 있던 여자에 대한 표상이 바뀌었다. '싫어서 나를 밀어낸 사람'이라는 표상에서 '내가 너무 좋아서 부끄러워하는 사람'이라는 표상으로 바꾼 것이다.

3단계는 이렇듯 행동을 변화시키든지 표상을 변화시키든지 갈등을 만들었던 원인을 0(Zero)으로 만드는 것이다. 원인이 제거되면 감정만 남는데, 상대의 마음을 공감해주면서 감정도 어느 정도 풀어진 상황이다. 그러면 이제 4단계에서 감정을 완전히 해소하고 어떻게 다시 문제가 발생하지 않도록 할지 대책을 제시한다.

④ 4단계, 대책 혹은 넛지

이렇게 갈등 구조 상황을 반전시켜 4단계에서 내 요구 사항을 이야기한다. 3단계가 내가 하고 싶은 말을 상대가 듣고 싶어 하는 방식으로 대안이나 변화를 전달하는 것이라면 4단계는 나의 요구를 담은 대책을 바로 제안하는 것이다. 1－2－3단계는 4단계를 위한 빌드업이라고 볼 수 있다. 4단계에서 중요한 건, 2~3 단계에서 얘기했던 내용 때문에 4단계를 해야 한다거나 혹은 할 수 있다는 논리를 구성하는 것이다. 즉 "네가 원하는 것을 위해 내 주장대로 하자."는 논리가 들어가도록 만든다. 내 주장을 담은 대책을 정확하게 모두 표현하기도 하고, 상황에 따라서는 상대가 행복해할 만하고 승낙할 만한 가볍고 작은 제안을 먼저 하기도 한다. 이렇게 가볍고 작은 제안을 할 때는 "쿡 찔러본다."는 의미로 넛지라고 표현한다.

방 정리를 잘 안 하는 아들이 있다고 가정하자. 그래서 방 정리를 하라고 얘기 해야 한다. 바로 "방 치워!"라고 하면 듣지 않는다. 그러면 아들과 대립구도로 들어간다. 또, 흔히 쓰는 방법 중에 거래적 방법을 취하기도 한다. 예를 들어, "방을 치우면 게임 한 시간 하게 해줄께."와 같은 것이다. 거래적 방법을 쓰는 것도 상황에 따라 효과적일 수 있지만 서로 대등한 관계이면서 갈등을 예방하는 차원에서 효과적이다. 갈등이 이미 발생했고, 부모와 자녀처럼 힘의 균형이 갖춰지지 않은 상황에서는 거래적 방법은 부정적인 영향이 더 크다. 교류분석의 창시자 에릭번은 관계를 맺는 방식에 있어서 인정 자극을 스트로크라고 불렀다. 스트로크에는 조건적 스트로크와 무조건적 스트로크가 있는데, 자녀를 양육하는 과정에서는 조건적 스트로크보다 무조건적 스트로크가 효과적이다. "네가 A를 하면 내가 B를 해줄게."와 같은 거래적 방법은 조건적 스트로크로 인정과 애정을 조건 안에 두기 때문에 둘 관계의 신뢰를 오히려 무너트릴 수 있다. "방을 치우면 게임 한 시간 하게 해줄게."와 같은 거래는 관계의 거리를 조건 안에 가둔다. 그래서 방을 치우는 게 자녀를 위한 게 아니라 엄마를 위한 것이라는 잘못된 관계의 규칙을 만든다. 이때 나어너어의 방식이 훨씬 더 효과적인데, 상대의 욕구를 충족시켜 주면서 나의 대책을 제시하기 때문이다.

나어너어의 3~4단계로 한다면 이렇게 말한다.

"아들, 이 사진에 있는 곳이 네가 좋아하는 OO씨 방이야. 지난 번에 네가 가보고 품격 있다면서 이런 방에서 살고 싶다고 했잖아? 네 방도 이런 방처럼 만들어볼까? 이 방을 보니까 바닥에 아무것도 없이 정리가 잘 되어 있고 책도 책장에 잘 정돈되어 있네? 오늘은 우리 아들 방도 품격 있으라고 내가 바닥에 있던 아들 양말은 치웠어. 이제 책만 책장에 잘 정리하면 이 방하고 비슷해지겠는데, 어때?"

아들의 욕구를 이끌어 내서, "방을 치웠으면 좋겠어."라는 엄마의 욕구를 제시했다. 물론, 아이 상태에 따라서 이 제안을 들을 수도 있고 안 들을 수도 있다. 효과적인 방법으로 제안한다고 모든 사람이 다 수용하는 것은 아니다. 상대의 상태에 따라서 거절할 수도 있다. 또 다른 대립구도를 억지로 만들 수도 있다. 이렇게 거절반응을 보일 경우 어떻게 대처하는지는 뒤에서 다시 다루기로 하고, 우선 이번 장에서는 나어너어의 기본 구조를 정리하자. 나어너어의 4단계는 이 예시에서 "네 방도 이 방처럼 만들어 볼까? …(중략)… 책만 책장에 잘 정리하면 이 방하고 비슷해지겠는데 어때?"까지이다.

4단계는 나의 대책을 제안하는 것이지만 내가 갖고 있는 대책을 한 번에 모두 말하면 상대가 압도되거나 숨 막히는 상황들도 있다. 그래서 내가 갖고 있는 대책 중에 상대가 응할만한 것부터 하나씩 하나씩 제안해야 하는 경우가 있는데 이때 넛지를 사용한다. 내가 원하는 걸 모두 주장을 하는 게 아니라 그 대책들 혹은 나의 욕구나 요구를 잘게 잘게 나눠서 그중에 당장 실현 가능한 딱 한 조각만 요구하는 방식이다. 상대가 전체적인 나의 대책에 대해서 응해주기는 어려워도 어느 정도는 들어줄 수 있다고 생각할 수 있는 수준까지가 넛지로 적절하다. 집 전체 청소가 어렵다면 방 정리, 방 정리 전체가 어렵다면 책장 정도를 제안하는 것이다. 이혼 숙려 기간 동안 재결합하고자 한다면, 처음부터 "재결합하자."고 제안하는 게 아니라, "숙려 기간 동안 신혼 때처럼 일주일에 한 번 정도 산책만 해볼까?" 혹은 "저녁 식사 정도 함께 하는 건 어떨까?"에서 시작하는 것이다. 치약메이커 덴티스테의 광고 '30일의 약속'은 이혼을 30일 앞둔 부부에 관한 이야기이다. 남편이 이혼하자고 제안하자 아내가 이혼 제안을 들어주는 대신 매일 한 번씩 안아달라고 제안한다. 남편은 이혼을 위해 아내의 제안을 들어준다. 그러다가 깊게 사랑하던 때를 떠올리고 다시 재결합하는 이야기이다. 이런 사례는 이혼 중재 과정에 실제로 많이 일어난다. 이 광고의 과정이 나어너어의 3~4단계 요약판이다. 상대가 제안한 이혼을 수용하는 것이 3단계이다. 그리고 매일 안아달라고 제안하는 것이 4단계의 넛지이다. 아내의 최종 대책은 재결합이었으나, 최종 대책을 만들어 가기 위해 처음으로 제안한 것은 전체 대책 중의 첫걸음, 안아주기였다. 이것이 '넛지'이다. 사람에 따라서 상대가 기꺼이 나한테 해줄 수 있는 목록도 다를 것이다. 그래서 4단계 같은 경우는 사람마다 상황마다 다르기 때문에 두 사람의 분석이 필요하다. 처음부터 최종 대책을 제안하는 게 좋은지 넛지를 쓴다면 어느 정도 수준에서 어떤 욕구에 맞춰서 사용할 것인지를 고민해야 한다.

⑤ 나어너어 기본형 정리

지금까지 살펴본 나어너어 4단계를 요약하면 다음과 같다.

1단계. [읽게 하는 공감] 상대방 감정부터 간단한 문장으로 읽어주기

2단계. [본격적인 공감] 상대방 감정이 어떤 상황에서 비롯된건지 상대방 입장에서 상대방 언어로 자세히 풀어서 얘기해주기(너의 상황+나의행동+너의감정)

3단계. [대안 혹은 변화] 내가 할 말을 상대방이 듣고 싶어 할만한 말로 바꿔서 전달하기. 상대가 원하는 것 중 내가 들어주거나 변화시켜야 할 것은 무엇인가? 서로 다른 '무엇'의 대립을 함께 '어떻게' 해결할지로 전환하기

4단계. [대책 혹은 넛지] 현 상황에서의 흔들린 감정을 토대로 서로에게 좋은 결과를 만들기 위해 상대가 승락 할만한 가벼운 제안하기. 내가 원하는 재회 혹은 갈등 중재를 위해 지금 이 시점에서 상대가 해줄 수 있는 것은 무엇일까?

실제편의 도입부에서도 언급했지만 사례마다 갈등의 이유와 서로의 서사를 분석하고 상황에 맞게 나어너어를 사용해야 하며 여기서 제시하는 예시가 모델이 되어서는

안 된다. 모든 나어너어는 반드시 상황과 사례에 따라 감정과 욕구에 대한 반응으로 나와야 한다. 이후에 등장하는 모든 사례는 연구 동의를 받은 내담자의 사례를 토대로 하였지만, 내담자의 개인 정보 보호를 위해 AI를 통해 배경과 성별, 이름, 상황 등을 변형시켰다. 이상의 나어너어 기본형 1-2-3-4단계를 이해하기 위해, 나어너어의 예를 들어 연결해 보자면 다음과 같다.

첫 번째 사례

첫 번째 사례 내담자들은 과거에 이혼 위기에서 재회한 경험이 있다. 상담 목적은 결혼 일상에서 반복되는 갈등 상황을 해결하기 위한 것이었다.

| 부부 프로필 |

남편

37세 / 개발자 / 결혼 2년차 / 내향적이며 원가족은 부모님 별거 중이고 무소식이 희소식인 다소 각자의 생활을 존중해 주는 가족 분위기 / 친구가 거의 없으며 각각 타지역에 있는 친구들과 1년에 한두 번 만나는 정도 / 칭찬과 인정은 거의 없고 기계적이고 해결 중심적으로 대화하는 편 / 다른 사람들에게는 자신의 입장에서 이해되지 않더라도 다소 기계적으로라도 "그럴 수도 있지."라고 습관적으로 말하는 편 / 유독 아내에게만 반박과 지적이 많음 / 카톡 프로필 사진을 단 한번도 해본 적이 없음 / 옷을 멋있게 입고 갔을 때 타인에게 집중되거나 관심의 대상이 되는 것이 부담스러워 패션을 포기하고 생활함

아내

32세 / 가정주부 / 결혼 전에는 사회복지사 / 결혼 2년차 / 결혼 전에는 주 100시간을 일한 적도 있을 정도로 열정적으로 일했지만 결혼 후 가정일에 집중함 / 가정 일도 매우 열심히 하며 이웃들 모임에도 나가는 등 활발하게 활동함 / 활발하고 밝아 보이나 매우 여림 / 가족관계 원만하고 교류 잦음 / 친구들이 많고 자주 만남 / 대외적으로 인기가 있어 보이나 옅은 관계를 선호 / 분위기를 띄우기 위한 대화를 주로 많이 하는 편 / 관심받는 것 좋아함 / 칭찬과 인정을 많이 하고 갈등을 유발하는 대화는 피하는 편 / 패션에 관심 많고 쇼핑을 좋아함 / 자녀를 많이 낳고 싶지만 자녀가 없음

(갈등 내용)

상담 접수 6개월 전에 남편이 아내에게 애도 없는데 하는 일이 뭐냐며 핀잔을 주자 싸움이 커져서 이혼을 하기로 결정한 적이 있었다. 그때는 상담 없이 이혼 위기의 문제가 아이가 없는 것이라고 생각했었기 때문에 "아이를 갖기로 좀 더 노력해 보자."며 재회했다. 그러나 갈등이 반복되자 원인을 잘못 찾았다고 생각하고 상담을 위해 방문했다.

초기 접수 상담을 통해 발견한 부부의 문제는 화법의 문제였다. 남편은 해결 중심적 대화를 했고 아내는 정서중심적 대화를 했다. 개발자인 남편은 회사 일을 집에까지 들고 왔다. 바쁘게 일해야 하는 상황에서 아내는 남편에게 하루에 있었던 일들에 대해서 수다를 떨었다. 남편은 요점 없이 수다만 떠는 아내가 못마땅했다. 바쁜 와중에 방해가 되었다. 그래서 청소 지적을 하는 등 아내에게 다른 일거리를 주었다. 아내가 남편과 이야기 하고 싶어서 사랑스럽게 말을 걸어도 남편은 늘 짜증만 내고 지적질만 한다고 화를 냈다. 이런 일이 늘 반복되었다.

(남편과의 개인 인터뷰)

남편도 아내와 함께 하는 수다가 싫지 않다. 마음이 편할 때는 제법 재미있게 서로 수다를 떨기도 했다. 특히 함께 여행갈 때나 외식할 때는 즐겁게 수다를 떨기도 한다. 그런데 평일에 일이 많을 때 옆에서 수다 떨기 시작하면 소음으로 느껴진다. "일을 방해하려는 건가? 일까지 질투하나?" 이런 생각도 들고, 애가 없고 일도 없으니까 할 일 없이 남편을 기다리다가 수다 떠는 거라는 생각이 들어서 계속 집안 일을 둘러보고 할 일을 만들어 준다.

(아내와의 개인 인터뷰)

아내는 남편의 일을 방해하고 싶지 않다. 아내는 남편이 경제적으로 안정되어 있어서 자기가 일을 하지 않아도 되기 때문에 그 부분에 대해서 남편에게 고마워한다. 그러나 매일 집에까지 일을 가져오는 것이 못 마땅하다. 돈이 조금 줄더라도 일은 회사에서 마무리하고 집은 쉬는 공간이 되길 바란다. 남편은 연애할 때는 다정하고 대화하길 좋아하는 사람이었다. 그때도 개발자였고, 하는 일이 같았지만, 그때는 다정하게 대화하고 지금은 대화를 싫어하는 걸 보면 사랑이 식었다는 생각밖에 안 든다.

(상담 내용)

남편은 공감의 중요성을 전혀 몰랐고, 아내는 남편이 일을 가정에 가져올 수밖에 없는 일의 특성을 이해하지 못했다. 남편과 아내의 개인 인터뷰를 통해 먼저 각자가 갖고 있는 '다른 생각'들을 분석하고 남편이 먼저 나어너어를 통해 화해의 제스처를 보냈다. 남편은 일을 집으로 아예 가져오지 않을 수는 없고, 다만, 일과 수다를 구분할 수 있는 전환점을 만든다면 아내의 수다에 참여할 수 있다고 했다. 그래서 남편은 일하고 있을 때 아내가 '수다타임'이라고 말해주면 잠시 일을 멈추고 생각을 전환해서 수다에 참여하는 것부터 시작해보겠다고 했다. 이 내용을 담아서 남편이 먼저 다음과 같이 나어너어를 작성했다.

나어너어 기본형 예시 1 - 남편의 나어너어	
1단계: 간단한 공감	네가 속상했겠다.
2단계: 본격적인 공감	너는 나하고 하루의 일과를 나누고 싶었던 것뿐이었는데 + 내가 회사 일을 집까지 가져오고, 함께 대화하지 않고 지시적으로 말을 끊어버려서 + 네가 속상했겠어.
3단계: 변화와 대안	돌이켜보면 우리가 연애할 때, 서로의 문제를 해결해주지 못하더라도 서로 속상했던 일을 주저리주저리 나누는 것만으로도 행복했는데, 내가 우리 행복을 잊었던 것 같네. 사실 나도 당신과의 수다가 즐거워.
3단계: 에피소드나 이야기	두 달 전에 우리 명절 때문에 고향에 가면서 몇 시간이고 이야기 나눴었잖아. 그때 나도 얼마나 행복했는지 몰라. 꼭 연애했을 때처럼 말이야. 이렇게 함께 즐겁게 이야기할 수 있는데 너무 가까이 있다 보니 우선순위로 생각하지 못했던 것 같아.
4단계: 대책	우리 수다가 필요하다고 생각될 때 내가 생각을 전환할 수 있게 '수다타임'이라고 말하고 수다 떨기로 해볼까?

1단계와 2단계는 공감으로 아내가 좋아하는 정서 중심 대화를 시도하고, 3단계는 아내가 기대하는 남편의 모습을 보여줄 수 있는 에피소드나 사례를 말해주었다. 그리

고 4단계에서 문제를 해결하는 대책으로 가기 위한 첫 걸음으로 '수다타임'이라고 말해서 남편의 생각을 전환시켜달라는 가벼운 넛지를 추가했다.

남편도 아내에 대한 사랑이 있었고 아내의 사랑 표현과 수다가 좋았지만 사랑을 표현하기보다 오히려 마음과 달리 상대의 문제를 지적하는 대화를 더 많이 했다. 부모님과의 관계에서부터 반복되던 화법이었고, 이런 화법이 사업을 하거나 일 처리할 때는 문제를 빠르게 발견하고 대처할 수 있어서 유용했지만 부부관계에서는 갈등을 만드는 원인이 되었다.

남편이 나어너어를 보낸 뒤, 아내가 남편의 제안을 수용하고 나어너어를 통해 서로의 마음을 표현하고 요구하는 연습을 시작했다. 부부에게 나어너어를 비롯한 화법을 연습시키고 부부가 함께 역할을 교대하며 서로를 이해하는 과정을 통해 관계가 증진되었다. 완전히 깨진 관계가 아니라 이렇게 서로 중재의 의사가 있는 경우에는 나어너어뿐 아니라 비폭력 대화나 감정코칭도 효과적이다. 관계 증진에 결정적 역할을 했던 것이 위에 예시를 든 남편의 나어너어 톡이었다. 개인 정보 등을 감추기 위해 상당히 변형했지만 나어너어가 갖고 있는 핵심요소들은 그대로 유지했다.

결혼한 부부이든, 결혼하지 않은 커플이든 가장 빈번하게 중재를 위해 상담하러 오는 사례 중 하나가 남자와 여자의 대화 형식의 차이이다. 남자들은 대체로 해결 중심 대화를 시도하고 여자들은 대체로 정서 중심 대화를 시도한다. 대체로 그렇기 때문에 남자들의 화법을 해결 중심 대화라고 하고 여자들의 화법을 정서 중심 대화라고 했지만 반드시 그런 것은 아니다. 남자 중에 정서 중심 대화를 잘하는 사람도 있고, 여자 중에 해결 중심 대화를 잘하는 사람도 있다. 남자이든 여자이든 이 두 화법이 어느 정도씩 절충되지 않고 한 쪽으로 치우친 언어를 쓰는 두 사람이 만나면, 이 두 대화는 지속적으로 엇나간다. 나어너어는 해결중심화법과 정서중심화법을 모두 사용하도록 구성했다. 그래서 나어너어를 평소의 화법으로 연습하면 이런 충돌은 잘 발생하지 않는다.

두 번째 사례

첫 번째 사례와 같이 가벼운 상황에서도 사용할 수 있지만 이별이나 이혼 같이 완전히 끝난 것 같은 관계에서도 사용할 수 있다. 앞서 예를 들었던 덴티스테 광고의 경우 상황은 등장하지 않고 아내가 남편에게 대면해서 말을 하지만 이것에 상황을 가상으로 부여하고 가상으로 나어너어 예시를 만들어 보았다. 가상으로 부여한 상황과 예시는 다음과 같다.

남편

35세 / 은행 IT 계열 근무 / 결혼 2년차 / 내향적이며 자기 일에 충실한 회피형 / 친구가 거의 없으며 직장동료들과는 좋은 유대를 갖고 직장 내 평가도 좋음 / 일에서는 성취 지향적이고 가정에서는 안정형 / 어머니 눈치를 많이 보고 자랐음 / 어머니는 내담자를 많이 통제했음. 통금시간 7시 등 / 외동아들이고, 아버지는 평범한 직장인으로 집에서 힘이 없는 편 / 어머니와 일주일에 한두 번 통화함 / 싸우면 맛있는 음식을 배달시켜 주는 등의 방법으로 화해함 / 말을 안 함. 대화 시도하는 데 시간이 오래 걸림 / 생활패턴이 똑부러지고 성실함 / 예약 미리 잘해놓고, 저축 잘하고 미래지향적 / 사람을 잘 못 믿음 / 가족에겐 다정다감해 보일 순 있으나 본인만의 선을 넘으면 오래 기억하는 편 / 남들에게 의지 절대 안 함

아내

33세 / 가정주부 / 결혼 전에는 서비스직 / 결혼 2년차 / 겉으로는 명랑하지만 내면에 불안함이 있음 / 아빠는 편안함 / 엄마는 너무 걱정이 심하고 감정적이라 스트레스 받음 / 외동 / 친구 많음 / 눈치껏 할 말 하면서 상대방을 헤아리는 편 / 인생 만족도가 낮고 무엇을 잘하는지 모르겠음 / 남 눈치 잘봄 / 친구들은 다 자기 인생 돌보며 성장하는데 자신은 가정주부로 시간 낭비하는 거 같아서 힘듦 / 현재 자기 인생에 대한 만족도는 굉장히 낮음 / 남편과 맞추어나가며 아이를 낳고 화목하게 키우고 싶었음 / 어떠한 고난과 역경이 오더라도 함께 이겨낼 수 있겠다 생각함 / 많은 걸 원하지 않고 그냥 서로 사랑한다는 확인만 되면 괜찮음

(갈등 내용)

남편은 직장생활로 지쳐있고, 인정욕구가 강하다. 아내는 남편이 집안을 돌보지 않고 사랑표현을 해주지 않아서 남편에게 서운해했지만 남편은 아내가 서운해할수록

점점 더 무뚝뚝해졌고 아내는 지쳐갔다. 아내가 서운함을 자주 표현하고 남편을 인정해 주는 말을 잘 하지 않아 남편도 지쳤다. 이런 상황에서 다툼이 반복되다가 어느 날 남편이 "우린 더이상 사랑하지 않으니까 그만 이혼하자."라고 말했다. 아내는 조금만 더 생각해 보자고 하고 이혼하지 않을 방법이 있는지 알고 싶어서 혼자 상담을 신청했다.

(상담 내용)

아내는 남편의 이혼 제안이 너무 갑작스럽다. 우선, 남편이 왜 이혼하자고 제안했는지부터 의아하다. 아내는 변한 게 없고 남편이 변했다. 아내는 결혼 전에도 후에도 한결같이 늘 애교 많고 행복한 가정을 만들어가고 싶었다. 그런데 남편은 결혼 후에 변했다. 무뚝뚝해졌고, 대답이 없었다. 차라리 부정적인 반응이 더 나았다. 무반응은 견디기 어려웠다. 그래서 피하고 반응이 없는 남편에게 지속적으로 서운함을 표현했다. 그러면 그럴수록 남편은 점점 더 말이 없어졌고 집에 들어오는 횟수는 줄었다.

상담사는 내담한 아내에게 이혼할 만한 큰 사건이 없어도 헤어지는 사례가 많다고 설명했다. 아내는 성격 차이냐고 물었지만 상담사는 "이걸 성격차이라고 이해하면 안 된다. 성격차이가 많이 나도 행복하게 사는 부부가 많이 있다. 문제는 공감과 상호이해 그리고 가장 중요한 건 화법의 문제"라고 말해주었다. 그리고 아내에게 남편 입장에서의 갈등을 어떻게 바라볼 수 있는지 역할 교대 일기를 쓰도록 과제를 내 주었다. 아내는 남편의 입장에서 싸운 날들에 대한 일기를 써 보았다. 아내의 입장에서 생각하면 남편이 서운하게 행동한 게 많지만 남편 입장에서 생각해보니 남편이 서운한 게 많았다. 아내가 요구한 것들을 해주지는 못했지만 남편은 나름대로 자기의 방법으로 가정을 잘 만들어가고 싶었던 부분들이 보였다. 아내가 남편의 입장을 이해하고 나서 나어너어를 배웠다. 남편이 제안한 것이 이혼이었기 때문에 이혼을 일단 수용하자고 하자 아내는 반대했다. 그러나 이혼을 하지 않기 위해 버틸수록 남편은 또 벽에 부딪히는 느낌이 들 것이기 때문에 남편의 요구를 들어주되 이혼을 바꿀 수 있는 제안을 하는 것이 좋다는 상담사의 말을 신뢰하기로 했다. 남편이 서운해서 질러보는 의미로 이혼을 말하는 사람은 아니었다. 남편이 이혼을 말할 때는 그만큼 진지하고 진중하게 고민한 결과였을 것이다. 그렇다면 이혼 안하겠다고 우기고 버티기보다 '대화 가능한 사람'으로 남편 앞에 서서 '좋았던 기억'들을 돌이키고, '관계를 바꿀수 있다'는 것을 보여주는 것이 더 좋겠다는 상담사의 말을 수용했다. 그리고 다음과 같이 나어너어를 토대로 남편의 마음을 공감해주면서 이혼을 수용하고 작은 제안을 했다.

나어너어 기본형 예시 2	
1단계: 간단한 공감	오빠가 속상했겠네.
2단계: 본격적인 공감	회사 일도 바빠서 집에 오면 녹초가 됐을 텐데, 내가 그걸 알아주지도 않고 서운해하니까 속상했겠어.
3단계: 변화와 대안	오빠 입장에서 생각해보니까 힘을 얻을 데가 없었을 거 같아. 이혼까지 생각했으니까 지금까지 얼마나 마음 고생했을까. 오빠도 단란하고 행복한 가정을 원했을 텐데, 한동안 우리 사이에 그런 표현이 없었던 거 같아. 이혼을 고민할 만 했어. 내가 반대한다고 오빠가 결정한 걸 돌이킬 거 같지도 않고, 오빠 마음도 이해 되고, 힘들긴 하지만 오빠 제안은 받아들일게.
4단계: 대책과 넛지	그 대신 30일 동안 오빠가 원하던 모습대로 행복한 가정처럼, 해보자. 나는 오빠에게 수고했어. 고마워 하고 격려해 주고 회사 갈 때 배웅해 주고, 오빠는 회사 다녀와서 나 안아 주고 자기 전에 뽀뽀해 주고. 어때?

1단계와 2단계에서는 어떤 부분을 공감해줄지 잘 관찰하고 적절한 정서와 상황에 대해 공감해 주었다. 그리고 3단계에서는 남편의 욕구, 남편이 원했던 것을 들어준다. 여기서 내담자들이 가장 많이 의아해한다. 이혼을 제안했는데 그걸 거절해야 하는 것 아닌가? 정말로 이혼으로 가면 어쩌나? 이 질문에 대한 답은 이미 나어너어 기본형 설명에서 했지만 다시한번 예를 중심으로 설명하자면, 남편이 이혼을 제안했는데 그 제안을 받아들이지 않겠다고 하면 또 의견대립이 만들어진다. 그러면 본질적인 문제는 온데간데 없어지고 의견대립 상황 자체로 두번째 대립이 또 만들어진다. 일단 상대의 의견을 수용하고 그 안에서 대안과 대책을 만들어가는 게 더 효과적이다. 물론, 오히려 잡아달라고 이혼이라는 '수'를 던지며 심리게임을 하는 사람들이 있다. 이런 경우는 항의행동을 하는 것인데, 해당 상황에 등장한 남편은 이혼하고 싶지 않으면서 이혼하자고 '수'를 던지는 심리게임을 하는 사람이 아니다. 그런 사람은 이렇게

진중하게 "이혼하자, 우리 행복하지 않잖아."라고 하지 않고 감정을 드러내고 아내가 자기를 다독여줄 수 있도록 고통을 표현한다.

매일 안아주자는 등의 이런 미시적이고 작은 제안이 효과가 있을까 싶겠지만, 실제 상담 사례에서 매우 많이 등장한다. 그리고 이러한 가벼운 넛지를 사용해서 실제로 이혼하지 않고 재결합하는 사례들이 많이 있다. 심지어 완전히 헤어지고 이별 혹은 이혼한 지 수일 혹은 수개월이 흘렀어도 이런 가벼운 넛지로 갈등을 중재하고 재회하는 사례들도 많다. 이별한지 오래된 경우는 3단계에서 상대를 이해하는 공감적 변화 정도가 아니라 삶 자체가 변화된 모습을 보여주는 것이 관건이 된다. 직업이 없어서 헤어진 경우, 직업을 얻고, 청소가 안 돼서 헤어진 경우, 청소 잘하는 사람이 된 모습을 3단계에서 보여준다. 이런 경우, 헤어진 원인과 애착 유형 및 갈등유형들에 따라 변화된 모습을 다루는 방식이 다르다. 이런 심화 된 갈등 중재 및 재회를 위한 나어너어의 경우는 '유형별 나어너어' 부분에서 다시 다루기로 하자.

⑥ 나어너어에 쓰면 안 되는 말들

1) 자책과 자기비하

나어너어에 쓰면 안 되는 자책은 나의 문제를 인정하는 것을 넘어선 자기비하적 자책을 의미한다. 자책은 일종의 방어기제로 나오기도 하고 반복된 언어 패턴으로 형성되기도 한다. 갈등을 심화하기보다 자책하고 빨리 갈등을 마무리하는 게 좋다는 생각에서 많이 나오는 반응이다. 자기 희생적인 좋은 마음에서 드러내는 반응이지만 자책은 갈등을 해결하기보다 심화하는 경향성을 띤다. 왜 자책은 갈등을 심화할까?

먼저, 상대방에게 다시 만나지 말아야 할 이유를 상기시키는 결과를 초래할 수 있다. 갈등 상황에서는 정보를 적절하게 통합하는 게 쉽지 않다. 정보들을 적절하게 통합하기 위해 논리적이고 정서적인 반응들을 잘 종합해 가야 하는데, 자책을 반복하면 나의 문제에 더 집중하게 만드는 결과를 초래한다. 결국 내가 잘못한 것으로 귀결짓고 이번 갈등을 끝낼 수는 있어도 해당 갈등은 다시 발생한다. 더불어 갈등 중재에서 쉽게 간과하는 것 중에 하나가 갈등 중재에 결정적 영향을 주는 게 갈등 대상자라는 것이다. 갈등을 중재하다보면 사람마다 갈등 사건이나 상황에만 집중하는 경향이 있다. 그러나 그 갈등 대상자에 대한 신뢰와 매력, 호감도도 갈등 중재에 중요한 역할을 한다. 그런데 자책과 자기비하가 반복된다면 갈등 상대는 그 사람에 대한 신뢰와 호감을 잃는다.

자책의 위험성은 자책 후에 나 스스로를 무너뜨릴 수 있다는 데 있다. 물론, 미안하단 말 한 번이면 끝낼 수 있는 문제가 있을 때가 있다. 잘못을 인정하고 사과하는 것과 자책하는 것은 구분할 필요가 있다. 자책을 위험하다고 하는 이유는 인정하고 사과하는 것을 넘어서서 자기비하적인 상태가 되는 것, 과도하게 오해를 만들 정도로 모든 잘못을 떠 안는 것이다. 심리적인 과도는 반작용적인 기대를 발동시킨다. 내가 과도하게 자책한다는 건 그 결괏값으로 뭔가를 기대하는 마음을 만든다. 내가 먼저 자책하게 되었을 때, "상대방도 자신의 잘못을 얘기해줬으면 좋겠다."라는 심리가 자책하는 사람에게 내포되어서 상대의 반응을 기대한다. 그러나 내가 자책한다고 같이 자기의 잘못을 자책하는 상대는 많지 않다. 상대가 예상과 달리 자기 잘못을 같이 드러내지 않고 오히려 "그래, 네가 잘못했어."라고 반응한다면 나의 마음이 무너진다. 혹시, 내가 원하는 대로 상대도 같이 자책해도 문제가 있다. 결국 문제는 해결되지 않고 갈등이 끝나기 때문에 다음에 같은 문제가 다시 반복될 가능성이 높다. 갈등을 넓은 의미에서는 문제를 해결할 수 있는 기회가 되기도 한다. 그러나 상호 자책은 그 기회를 날려버리는 결과를 초래한다. 자책은 원하는 결괏값을 만들기가 어렵다.

자책보다 효과적인 게 공감과 격려 그리고 지지이다. "나 때문이야."보다 "네가 힘들었겠다.", "정말 감동이야."가 훨씬 더 효과적이다. 이렇게 지지하고 인정해줄 때는 두루뭉술하게 말하는 것보다 상황 하나를 얘기해 주는 게 좋다. 상대방의 배려와 노력, 상대의 가치를 하나하나 짚어주는 것, 지지자의 역할을 하는 것이다. 사과를 하더라도 이렇게 상대를 지지하고 인정하고 나서 하는 게 좋다. 상대가 내 말을 듣고 먼저 마음이 풀린 상황에서 내 잘못을 인정한다면 수용되기 더 쉬워진다. "내가 잘못했어. 나 때문에 데이트를 망쳤어."라고 말하는 것보다, "네가 속상했겠다. 너는 나를 위해 이렇게 데이트 준비를 잘 해주었는데, 나는 이 소중한 약속에 늦었어."라고 말하는 게 수용성이 높다.

2) 매달리기와 강한 방어

갈등상황이 발생했을 때, 갈등 사건과 상관없이 관점이 '버려질 것에 대한 두려움'과 '무조건적 방어'에 몰입되는 심리는 정 반대 모습처럼 보이지만 똑같은 원인으로 발생한다. 모두 양육과정에서의 애착관계에 문제가 형성되어 나타나는 현상이다. 둘 다 핵심감정은 불안이다.

매달리는 것과 자책하는 것이 같이 갈 때도 있지만 둘을 구분할 필요가 있다. 자책의 핵심감정은 불안이기보다 우울이다. 문제의 원인을 통제 가능한 자기에게 돌림으로 스스로를 희생양 삼는 방식이다. 자책은 자기 파괴적이다. 매달리기는 원인을 중요하게 생각하지 않는다. 문제의 원인이나 문제의 해결이 중요한 게 아니라 그 문제로 인해 상대가 떠나거나 심리적 거리가 멀어지는 게 두려워 나타나는 현상이다. 그래서 일단 매달리고 본다. 상대는 문제를 해결하려고 하는데 나는 매달리니까 상대 입장에서는 '대화 안 되는 사람'으로 나를 규정한다. 한두 번 정도 매달리기로 갈등을 지나칠 수 있다. 그러나 이 방법은 장기적으로 갈 수 있는 방법은 아니다. 갈등 원인은 해결되지 않고 반복되어서 결국 상대는 지치고 만다. 매달리는 사람은 "내가 이만큼 너를 사랑하는 거야."라고 말하며 사랑이 모든 것을 해결할 것이라는 사랑이상주의를 주장한다. 상대도 사랑하기 때문에 문제 해결은 뒤로 하고 매달리는 현상 자체를 한 두차례 받아주기도 한다. 그러나 반복되는 문제는 실제로 그 문제가 갖고 있는 크기보다 훨씬 더 크게 다가온다. 매달리기는 사랑의 표현이라고 주장하기 쉽지만 상대의 감정은 전혀 고려하지 않고 나의 감정에만 집중한 결과이기 때문에 오히려 이기적인 반응이다. 매달리는 사람과 헤어진 연인들이 하는 공통적인 대답이 "넌 이기적이야."이고 매달리던 사람이 대체로 하는 주장은 "나는 너를 사랑했어."이다. 자기의 감정에만 집중한 결과이고 두 사람의 말이 모두 맞다. 매달린 사람은 상대를 사랑했고, 상대가 보기에 자기 감정을 배려하지 않는 연인은 이기적이다. 매달린 사람은 나를 사랑하지 않는 상대가 야속하고 '사랑하지 않는 것이 가장 큰 문제'라고 말한다. 상대는 그 문제를 제거하기 위해 이별을 선택한다. 결국 매달리기는 이별로 속히 가는 방법이다.

나어너어는 공감을 핵심으로 하는 화법이다. 상대가 내게 품은 결정이나 마음도 인정하는 것이 진짜 공감이다. 상대가 헤어지기로 결정했다면 그것도 인정하고 시작해야 대화가 가능하다. 역설적이지만, 헤어짐을 공감적으로 받아들이는 게 오히려 헤어지지 않는 방법이 된다. 헤어짐을 받아들이되 공감적으로 받아들이지 않고 공격적으로 대응하는 경우는 다른 경우이다. "네가 나와 헤어진다고? 그래 나도 너하고 헤어지는 게 낫지."라고 반응하는 것과 "그래, 네가 헤어지고 싶은 마음 이해해. 네 입장에서 생각해보면 그럴 수 있겠더라."라며 헤어짐을 받아들이는 게 같을 수는 없다. 전자는 뒤가 없고, 후자는 뒤에 연결감을 만든다. 물론 모든 상황이 그런 것은 아니다. 잡아주길 바라는 사람도 있고, 홧김에 던진 말도 있다. 상대가 공격적으로 나와도 이렇게 공감적인 수용을 하면 상대방이 "어, 내 실수인가. 이렇게 좋은 사람인데 내가 잘못 생각하고 성급히 이별을 말한 건가?"라는 생각이 들게 마련이다. 재회와 갈등 중재를 위해 찾아온 내담자 중에 "오히려 진짜 마음이 떠난 줄 알고 완전히 헤어져 버리는 거 아니냐."라고 불안해하는 분들이 있다. 그러나 비난하거나 매달리는 것과 상대방을 이해해 주는 것 중에서 어떤 쪽이 더 성숙해 보일지를 생각해 보면 어떤 행동이 앞으로의 중재 과정에 도움이 될지 결정할 수 있다. 누구나 화난 사람이나 철없는 사람과 함께하기보다 날 이해해 주고 공감해 주는 사람과 함께하길 원한다. 상대의 결정을 받아들였다고 다시 못 볼 사이가 되는 건 아니다. 그러나 끝까지 싸우거나 헤어지지 않기 위해 매달리면 정말 다시는 못 볼 사이가 될 수도 있다. 대화를 넘어 상대의 마음을 움직이게 할 수 있는 자세가 필요하다. 그래서 나어너어는 화법 자체이기보다 마인드이고 가치관이다.

무조건적 방어도 심리적인 원리는 같지만 결과만 다르게 나타난다. 무조건적 방어를 하는 사람도 불안이 핵심감정이며 자기에게서 문제가 발견되면 상대가 떠날 것이라는 공포에서 방어의 빈틈을 주지 않는다. 빈틈이 보이는 순간, 그 틈은 곧 이별이라고 생각한다. 그래서 그 틈이 열리면, '끝났다'라고 생각하며 좌절한다. 무조건적 방어가 강화되면 공격 혹은 지적으로 발전한다. 나의 문제를 덮기 위해 상대의 문제를 들춰낸다. 그것이 갈등을 해결할 것이라고 생각해서 하는 행동이지, 관계를 끝내려고 하는 행동은 아니다. 그러나 관계를 유지하기 위해 하는 과도한 방어적 행동과 공격적 행동이 관계를 끝내는 결과를 초래한다.

3) 부정접속사

부정접속사를 자주 사용하는 사람들은 아무리 예쁘게 말하고 핵심을 잘 짚어도 상대의 기분을 상하게 한다. 미국의 텍사스 대학의 심리학과 교수인 페니베이커의 연구에 의하면 사람들은 의미가 담긴 언어보다 조사나 전치사 등의 토시어에 영향을 더 많이 받을 때가 있다. 특히 부정접속사는 스트레스를 유발하는 경향이 있다. 교류분석의 창시자인 에릭번의 연구에 의하면 부정접속사를 자주 사용하는 사람은 자기의 마음을 숨기거나 왜곡해서 드러내는 심리게임을 통해 언어를 사용하거나 관계를 맺는다. 그래서 자기 자신도 자기의 속마음에 직면하지 못하고 다른 사람에게도 자기의 속마음을 숨기고 싶어한다. 부정접속사를 자주 사용하는 사람과의 대화는 흐름을 깨고 상호보완적인 대화를 만들어 가기가 어렵다.

갈등 중재 과정에서 부정접속사를 제거해 주는 훈련만으로도 대화가 상당히 자연스럽게 흘러간다. "아니, 그게 아니라, 아니 근데, 근데, 그런데, 하지만"과 같은 부정접속사들을 습관적으로 쓰는 사람들이 있다. 상대가 무슨 말을 하든지 습관적으로 "그게 아니라"라는 부정 접속사를 먼저 말한다. 그러면 일단 상대는 기분 나쁜 상태에서 그 이후의 이야기를 듣는다. 물론 부정접속사들이 필요할 때가 있다. 문제는 습관적으로 부정접속사가 나오는 것이다.

> 여자: 오빠, 이번에 오빠 어머니에게 추석 선물을 드리려고 하는데, 뭐가 좋을까?
> 남자: 근데 넌 엄마한테 인사도 안 했는데 무슨 선물을 해?
> 여자: 선물을 꼭 인사를 해야 드리나? 선물 먼저 드릴 수도 있지.
> 남자: 그게 아니라, 만난 적도 없는데 선물하면 당황스러울까 봐.

이 대화는 실제 사례이다. 위 대화 예시에서 남자는 습관적으로 부정접속사를 사용한다. 여자는 계속 기분이 나쁜데 왜 나쁜지 모른다. 여자는 짜증이 나고 왜 짜증이 나는지 모르는 상황에서 남자는 "너 짜증내냐?"며 화를 내고 갈등이 시작된다. 부정접속사는 자기 욕구를 정확하게 표현하기 어려울 때 자주 활용된다. 앞서 들은 말과 자기 욕구가 대치되면 나도 모르게 부정접속사가 튀어나온다. 여자가 어머니에게 선물을 드리자고 할 때 남자의 욕구는 뭐였을까? 선물을 주고 싶지 않았던 걸까? 남자는 엄마에게 인사드리자는 말을 꺼낸 걸 보면 여자를 엄마에게 인사시키고 싶은 욕구가 있다. 그리고 여자친구가 괜히 돈쓰는 게 안타까운 마음도 있다. 그래서 "근데, 넌 엄마한테 인사도 안 했는데 무슨 선물을 해?"라는 말이 나왔다. 이럴 때 부정접속사를 쓰게 된 심리를 분석하고 욕구와 감정에 충실하게 상호보완적으로 말을 한다면 다음과 같이 진행할 수 있다.

> 여자: 오빠, 이번에 오빠 어머니에게 추석 선물을 드리려고 하는데, 뭐가 좋을까?
> 남자: 오, 우리 엄마한테까지 선물 생각해 줘서 고맙네. 선물 드리는 김에 인사
>   도 드릴까? 우리 엄마는 선물보다 네 얼굴 보는 걸 더 좋아할 걸? 너 요즘
>   일도 없는데 괜히 부담가질 필요도 없고. 얼굴 뵙고 인사드리는 건 어때?
> 여자: 인사까지는 아직 좀 부담스러운데. 선물만 드리면 안 돼? 부담 안 되는 선
>   에서 선물하면 되지.
> 남자: 그래. 우리 엄마가 아직 좀 무서운가 보네. 우리 엄마 안 무서워. 이번에는
>   선물 드려서 이미지 좋게 만들어 놓고 너 마음 편해질 때 한번 같이 보자.

감정과 욕구만 잘 파악하면 부정접속사 사용 없이 얼마든지 대화를 구성할 수 있다. 필요에 의해서 부정접속사를 쓴다기보다 부정접속사가 익숙해서 부정접속사에 나의 의식과 말을 맡긴다. "그게 아니라"라고 말을 던졌지만 듣고 보면 결국 상대가 하는 말과 큰 차이가 없다. 처음부터 부정접속사를 쓰지는 않지만 긍정하는 말로 시작은 하되 자주 부정접속사로 전환하는 경우도 부정적인 감정을 만들기는 마찬가지다.

유형별 나어너어

　나어너어는 상대의 유형에 따라 다른 화법을 만들도록 구성됐다. 상대의 욕구를 파악하는 건 감정코칭, 적극적 의사소통, 비폭력 대화 모두에서 중요하게 여긴다. 나어너어가 다른 화법들과 차별화되는 지점은 욕구가 유형화된다고 보는 것이다. 모든 사람에게 동일한 언어를 구사하면 아무리 좋은 언어여도 무의미해질 수 있다. 스킨십을 싫어하는 사람에게 사랑표현으로 스킨십을 계속 해준다고 사랑을 깊이 있게 느끼기는 어려운 것처럼, 상대에 따라서 공감해줘야 하는 수위나 방식이 다르기 때문에 욕구에 따른 유형을 통해 상대를 파악하고 나어너어를 활용할 때 더 효과적으로 갈등을 중재할 수 있다.

　감정코칭이든 비폭력 대화이든 경청이나 관찰이 매우 중요하다. 가장 많은 시간을 관찰과 경청에 할애한다. 그 이유는 나와 상대의 욕구와 감정을 관찰해야 적절하게 표현할 수 있고, 적절하게 표현해야 갈등을 중재할 수 있기 때문이다. 그런데 대화 상대의 욕구를 관찰을 통해 확인하는 과정에서 오류가 많이 발생하기 때문에 화법을 배우는 데 많은 시간을 할애한다. 그러나 대화 상대를 유형화할 수 있다면 각 유형에 따른 욕구를 분석하기 때문에 훨씬 더 쉽고 정확하게 중재를 시작할 수 있다.

　욕구에 따른 유형은 크게 세 가지가 있다. 애착 유형, 갈등해결 유형, 조절초점 유형이다. 이보다 더 많은 성격 유형들이 있으나 갈등을 중재하는 데 유용한 대표적인 유형으로 이 세가지를 가장 많이 활용한다.

① 애착 유형

제2차 세계대전 직후에 사람들이 사회적 관계에 어려움을 겪자 UN에서 심리치료사인 존 볼비(John Bowlby)에게 사회적 관계에 대한 연구를 부탁했다. 해당 연구를 진행하던 존 볼비는 사람의 애착문제가 사회적 관계에 영향을 끼친다는 것을 알게 되었고, 이후에 애착이론을 만들었다. 존 볼비는 진화생물학, 대상관계이론, 인지심리학을 융합하여 불안 정동을 중심으로 한 애착관계 이론을 만들었고, 그 결과물로 1969년 『애착과 상실(Attachment and Loss)』을 출간했다. 첫번째 애착과 상실을 출간한 뒤로도 연구를 계속하여 1982년까지 3권의 애착과 상실을 출간했다.

존 볼비가 애착이론을 발표한 직후에 발달심리학자인 에인스워스(Mary Ainsworth)는 존 볼비의 애착이론에 자신이 연구결과인 "안전기지(safe base)" 개념을 추가하여 애착관계를 유형화했다. 사람은 애착 대상을 안전기지로 느끼기 때문에 애착대상에게 접근하지 못하거나 애착대상이 애착반응을 보이지 않는 경우, 애착행동을 더욱 강하게 나타낸다. 이때 나타나는 애착행동은 집착이나 회피 등 다양한 방식으로 나타나는데 이런 반응에 따라 애착 유형을 만들었다. 존 볼비는 안전기지가 불안을 다루는 역할 정도라고 봤지만 에인스워스는 안전기지를 하나의 유형으로 발전시켜 안정 애착 유형을 만들었다. 초기에는 안정 애착(secure attachment), 불안정-회피(insecure-avoidant) 애착, 불안정-양가(insecure-ambivalent)의 애착 3가지로 구분했으나 차후에 혼돈(disorganized) 애착을 추가하면서 안정형, 불안형, 회피형, 혼란형으로 최종 정리되었다.

존 볼비가 처음에 기준을 잡은 것은 애착의 중심에 불안이 있다는 것이었다. 모든 사람은 애착 대상을 갖는다. 애착대상에게 애착행동(attachment behaviour) 혹은 접근 대상 탐색(proximity seeking) 현상을 보인다. 존 볼비는 어린 시절에 나타나는 현상으로 이해했지만 현대에 들어오면서 학자들은 성인들에게서도 애착행동과 접근 대상 탐색 현상이 나타난다고 본다. 애착 대상과 애착에 문제가 생기면 애착 단절 및 분리에 대한 불안이 작동한다. 그리고 분리에 대한 불안이 장기화되면 분노와 슬픔, 절망을 느끼거나 표현하기도 한다. 심지어 안전에 대한 위협을 느끼기도 한다. 존 볼비는 애인스워스의 연구와 달리 안정형이 존재한다고 보지 않았다. 기본적으로 모든 인간은 애착 대상을 상실할 것에 대한 불안을 안고 살아간다. 생각해 보면 만약에 애착대상과 헤어졌는데도 안정감을 느낀다면 그것이 더 이상한 현상이다.

라캉도 애착에 대해서 정리하면서 안정은 지향할 뿐이지 가능하지 않다고 보았다. 라캉에 의하면 불안이 애착의 중심에 있으며 안정은 정도에 도달할 뿐 유형화할 수 있는 것은 아니다. 라캉에게는 회피도 불안의 또 다른 모습일 뿐이다. 애착대상과의 관계에서 가장 주요한 정동이 불안이며 다른 정동은 불안의 변형일 뿐이라고 말한다. 불안은 애착대상과의 유대를 중심으로 확장되기도 하고 안정되기도 한다. 그래서 애착대상과의 관계는 정서조절, 생존력, 적응력에 영향을 미친다. 애착대상과의 관계가 무너지면 정서조절도 안 되고, 생존력도 적응력도 약화된다. 그러다 보니 애착대상과의 관계가 원활하지 못하고 쉽게 무너진 경험을 많이 한 경우, 혼자되기가 익숙해진다. 애착대상으로 인해 불안에 빠져드느니 혼자가 되고 마는 것이다. 이런 경우 자기능력을 개발하고, 애착대상 외의 관계들을 오히려 안정적으로 유지하며, 자기를 증명할 방법으로서 일에 더욱 집중한다. 이렇게 불안으로부터 급격히 도피하는 사람들이 회피형이다. 그러니까 회피형도 불안이 없는 것이 아니라 불안으로부터 도피한 것이다. 그렇기 때문에 회피형들이 애착대상과의 문제에 있어서 극단으로 몰릴 경우, 도저히 회피나 포기가 안 될 경우, 애착대상만이 마지막 남은 종착역일 경우, 불안형의 불안보다 훨씬 더 극단적으로 불안이 나타나기도 한다. 혼란형 혹은 공포회피라고 불리는 유형도 결국 불안이나 회피를 교차하는 상황에 처한다. 어떤 순간을 기준으로 본다면 혼란형도 불안이나 회피 둘 중의 어느 하나로 기울어진다는 의미이다. 심각한 갈등상황에서 안정이 오히려 이상현상이고 혼란형도 동시 반응이 어렵고 둘 중 한 반응을 교차하는 것이라면, 갈등 상황에서 대화를 해야 하는 순간에는 회피형이거나 불안형만 남는다. 그래서 갈등을 중재하기 위해 만든 나어너어는 혼란형이나 안정형을 위한 내용보다 불안형과 회피형을 위한 내용을 연구하고 개발하는 데 더 많이 투자했다. 이번 장에서는 불안형과 회피형의 나어너어를 살펴본다.

1) 불안형을 위한 나어너어

〈불안형의 특징〉

불안형은 애착대상과의 친밀감으로 존재확인을 하기 때문에 과도한 친밀감을 보인다. 인정받기를 원하며 의존적인 경향도 강하다. 감정표현을 잘하고 충동성이 있다. 좋을 때는 매우 낭만적이고 인정하고 칭찬하는 말을 잘해주지만 갈등 상황에서는 공격적인 언어가 많이 나오고 애착 대상에 대한 믿음이 적다. 자기를 과도하게 포장하거나 상대를 과도하게 칭찬하거나 과도하게 집착하거나 과도하게 지적한다. 불안형 애착의 가장 큰 특징은 감정이 매우 풍부하다는 것이다. 그래서 로맨틱한 연애를 꿈꾸는 사람들이 많기 때문이다. 연인과 늘 함께하고 싶어 하고 바쁜 와중에도 연락하는 게 중요하다. 그래서 항상 연결 되어 있는 느낌을 받고 싶어 한다.

불안형은 자존감이 낮은 경우가 많다. 다른 사람이 나에게 매력적이라고 하는 말도 예의상 하는 말이라고 생각하고 스스로를 평가절하한다. 그래서 자신을 별로 좋아하지 않는 경우가 많다. 왜냐하면 불안형은 자신의 삶의 중심에 자기보다 애착대상을 두는 경향이 많기 때문이다. 따라서 불안형은 애착대상을 통해서 자존감도 회복하고 존재가치를 인정받고 살아갈 의미를 찾는다.

이렇듯 불안형 입장에서는 상대방이 내 삶을 지탱해 주는 사람이고 자신의 삶의 의미를 주는 존재이기 때문에 그 사람이 떠날지도 모른다는 불안에 항상 시달린다. 상대방에게 버림받기 싫다는 생각이 강해서, 심지어 버림받기 전에 먼저 관계를 끊으려고 시도하기도 한다. 불안형이 할 수 있는 최악에서의 선택이 내가 버림받지 않기 위해 내가 널 버린다는 것이다. 불안형은 상대방에게 꾸준히 사랑받다가 갑자기 사랑을 못 받는다고 느낀다거나 혹은 그 사람이 원하는 것만큼 사랑을 충족시키는 연애가 아닐 때 연인에게 방치되고 있다고 느낀다. 그래서 상대방이 나를 버리는 게 아니고 헤어질 생각도 없는데 버림받기 싫다는 생각이 먼저 들기도 한다. 어렸을 때 방치된 가정환경에서 자랐거나 과거에 연인이나 친구들, 인간관계에서 불안한 관계를 많이 형성했던 경우 이런 성향을 보인다. 불안이 심하지 않더라도 그저 옆에 있는 사람과 떨어지기 싫은 심리가 있다.

이런 성향을 가진 사람들은 자기 자신에 대해서 잘 알고 있다. 그래서 불안형은 기본적으로 자기 자신과 비슷한 성향을 가진 사람들을 연인으로서 좋아하지 않는다. 자기 자신의 불안한 모습을 보는 것을 별로 안 좋아하기 때문에 사랑하는 사람까지 그런 모습을 보이면 매력을 못 느끼기 때문이다.

그래서 불안형은 딜레마를 안고 사랑한다. "나는 너를 (내 방식대로) 사랑하고 널 (내 기준에서) 행복하게 해 줄거야. 그러니까 당신도 나를 (내 방식대로) 사랑해 주고 날 (내 기준에서) 행복하게 해줘."라고 생각한다. 다른 성향의 연애스타일(안정형이나 회피형)을 가진 사람들이 자기의 기준에 따라오지 못하면 사랑하지 않는다고 단정 지어 버린다.

불안형은 이상적인 사랑을 하고 싶어 하고 그래서 로맨틱하지만 무조건적이고 헌신하는 사랑을 꿈꾸기 때문에 상대가 그 로맨스에 부응하지 못하면 불만족스럽다. 그리고 이런 이상을 중심으로 상대방의 사랑을 평가한다. 나에게 확신을 주는지, 이 사람이 혹시 나를 버리지 않을지, 일거수일투족 관찰하면서 상대방을 계산하고 테스트한다. 사실은 헤어지고 싶지 않으면서 이별을 말하고 상대방의 반응을 보면서 나를 사랑하는지 확인하려고 시도한다. 그래서 의존이나 집착이 많다. 심한 경우에는 상대방이 바람을 피우는 건 아닌지 의심하기도 한다. 연애가 인생에서 가장 중요한 일이라고 생각하기 때문에 이별에 대한 두려움을 늘 안고 있다. 그래서 인생의 중심이 사랑이라고 생각한다. 직업에 대한 사명감과 성취감이 상대적으로 적다. 사랑하는 사람과 시간 보내는 게 중요해서 경제활동을 한다. 연애가 인생의 목적 중에 하나다. 그래서 연애를 위해 자기 직업을 버리거나 이직을 하는 경우가 많다.

〈불안형이 나어너어 쓸 때 조심할 점〉

불안형들은 자책을 많이 하거나 자기의 자존감 낮은 모습을 감추기 위해 역으로 상대를 공격하는 언어들을 사용한다. 그렇기 때문에 갈등 상대 입장에서는 불안형의 언어로 인해 스트레스를 받을 가능성이 높다. 불안형이 갈등을 중재하는 과정에서 사용해야 하는 언어는 신뢰를 줄 수 있는 일관성과 안정적인 정서를 보여줄 수 있는 언어이다. 갈등 상황에서 불안을 자주 드러냈을 가능성이 높기 때문에 상대 입장에서는 대화가 어렵다고 생각할 가능성이 높다. 그래서 감정적 소모 없이도 대화 가능한 사람이라는 것을 보여주는 것이 중요하다. 대화 가능한 사람이라는 것을 보여주기 위해서는 안정된 톤이나 목소리, 신체반응도 중요하지만 자책이나 공격을 멈추고 인정과 지지를 보내고 경청할 수 있는 자세가 더 중요하다.

〈불안형에게 나어너어를 쓰는 법〉

유형별로 나어너어를 구분해서 쓰는 이유는 유형별로 욕구가 다르기 때문이다. 불안형과의 갈등을 해결하려면 불안형이 무엇을 원하는가를 생각해 봐야 한다. 욕구 중에서도 갈등을 만든 주요 욕구를 소구점이라고 부른다. 불안형의 소구점은 헤어지지 않는 애착대상이 되는 것이기 때문에 상대방이 나에게 대체될 수 없는 특별한 존재라고 명확히 말해주는 게 중요하다. "너는 나한테 대체 될 수 없는 존재다. 네가 가장 중요하다."라는 메시지를 전달하는 게 가장 좋다. 더불어 불안형의 가치를 부여해 줄 필요가 있다. 불안형은 자존감이 낮은 경향이 있기 때문에 자기 가치를 잘 인지하지 못한다. 그래서 스스로를 믿을 수 있도록 상대의 가치를 알려주는 언어가 나어너어에 담기면 다른 갈등들은 중요하지 않게 여겨지기도 한다. "너는 나에게 대체될 수 없는 소중한 존재야." 그리고 "너는 '이러저러'한 면에서 가치 있는 사람이야." 이 두 생각만 잘 전달할 수 있다면 다른 갈등요소의 해결이 한층 쉽게 해결된다.

다음은 불안형 대상 나어너어의 예시이다.

커플 프로필

남자

27살 / 대기업 엔지니어 / 4인 가족 중 첫째 / 부모님이 많이 의지함 / 남동생에게 용돈 자주 줌 / 친구가 많음 / 조심스럽고 말을 아낌 / 논리적인 대화는 잘하는데 감정표현에 약함 / 자기계발이 중요함 / 최근에 커리어적 문제로 이직하고 싶어하지만 지금 회사도 좋은 회사여서 고민 중 / 자기 탓 하는 거 싫어함 / 삶의 만족도 최상 / 연애가 인생에 차지하는 비율 30% 정도 / 오래 살고 싶어함 / 자기 삶과 자기에 대한 애착이 강함

여자

27살 / 취준생 / 4인 가족 중 막내 / 부모님과 애착이 깊음 / 친오빠와도 연락 자주함 / 교우관계 좁고 깊음 / 친구들과 거의 매일 연락 / 친구들과 달래주면서 배려심을 표현함 / 분위기 푸는 것을 잘함 / 작고 귀여운 것을 좋아함 / 오락가락하는 성격이 고민 / 유기 불안이 있음 / 취준생이라 사람 만날 일이 없고 조금만 신경 거슬려도 신경 쓰임 / 연애가 삶의 70%를 차지 / 일찍 결혼해서 가정 꾸리는 것이 목표

(갈등 내용)

　해당 사례는 여자친구와 헤어진 남자가 혼자 찾아와 재회한 사례이다. 여자는 확연한 불안형으로 사랑 고백을 수시로 확인하길 원했고, 남자는 사랑고백을 말로 하기 꺼려하는 사람이었다. 여자가 사랑고백을 요구해도 남자가 사랑고백을 꺼려하자 여자는 남자가 회사 MT 간다고 했을 때 믿지 못하고 남자의 친구들의 인스타를 타고 들어가서 인스타 내용을 확인했다. 남자가 이것을 알게 되었고, 여자가 자기를 의심했다는 게 기분 나빠서 싸움이 붉어졌다. 결국 여자가 사랑하지 않는 사람과 사귈 수 없다며 이별을 통보했다. 남자는 이별 직후에는 자존심이 상해서 혼자 잊어보려고 했지만 수개월이 흐른 뒤에 사랑한다는 것을 깨닫고 여자에게 "잘 지내?"라고 연락했지만 여자는 읽고 대답하지 않았다. 그리고 상담을 신청했다.

　먼저, 남자 내담자와의 상담에서 연애 과정 돌아보기를 통해 여자친구로부터 사랑 표현을 받았을 때의 기쁨과 긍정적 결과들에 대해서 확인했다. 내담자 본인은 상대의 사랑 표현을 통해 기쁨을 누렸지만 내담자 자신은 그것을 상대에게 돌려주지 않았다. 마음이 없어서는 아니었고, 감정표현에 익숙하지 않아서 방법을 몰랐던 것이었다. 내담자가 화법 교육에 의지가 있어서 나어너어 교육을 통해 나어너어를 활용한 문자와 대화를 만드는 연습을 진행했다.

　불안형은 상대가 언어를 통해 감정을 지속적으로 확인시키지 않으면 부정적 결과를 예측하는 경우가 많다. 회피형에게 사랑고백은 기쁨을 주는 정도이지만 불안형에게는 사랑고백이 없으면 이별을 생각할 만큼 심각한 문제가 된다. 회피형 입장에서는 불안형이 신뢰하지 못하는 것이라고 여길 수 있는데, 신뢰하기 위해서 하는 반응이라고 보는 것이 좋다.

불안형 대상 사례 나어너어 예시	
1단계: 간단한 공감	네가 서운했겠어.
2단계: 본격적인 공감	넌 늘 나를 가장 소중하게 여겨주고 너의 전부라고 해주었는데, 나는 같은 마음을 갖고 있으면서도 표현하지 못했던 것 같아. 네가 얼마나 서운했을지 이해가 돼.
3단계: 변화와 대안	너와 만날 때는 정말 부족했는데, 요즘은 나도 마음을 표현하고 살아가는 것 같아. 어느덧 주변에서 내 말투가 많이 바뀌었다고 낯설다고 하더라. 친절해지고 속마음을 잘 표현한다면서, 주변에서 나보고 변했다고 할 때마다 너에게 고맙고 네 생각이 많이 나. 내가 평생 살면서 이렇게 내 속마음을 자연스럽게 표현하고 살았던 적이 없었는데, 네가 보여줬던 모습들을 보면서 내가 많이 배웠나 봐. 우린 비록 헤어졌고, 이제 더이상 연인이 아니지만 여전히 너는 나에게 소중한 사람이야.
4단계: 대책과 넛지	우리 서로 소중한 사람이었는데, 갈등이 너무 커져서 불편한 감정만 갖고 헤어진 거 같아. 우리에겐 좋은 기억과 시간들도 많았는데 말야. 좋았던 시간까지도 퇴색된 거 같아서 아쉬워. 안 좋았던 감정들도 털어내고, 네가 어떻게 살아가는지 궁금하기도 하고, 너 여유로운 시간에 잠시라도 얼굴 한번 볼까?

위 사례의 경우 헤어진 지 수개월 후에 찾아왔기 때문에 헤어진 상황을 그대로 받아들이고 다시 시작하는 마음으로 만남을 넛지로 제안하고, 친구로서의 관계를 이어가다가 재회에 성공했다. 그러나 상대가 불안형인 경우, 헤어진 지 얼마 되지 않았다면, 변화에 대한 강한 의지를 보여주고 헤어지지 않고도 다시 잘 맞춰갈 수 있다는 걸 보여주고 바로 재회하는 경우도 있다. 불안형은 서로 맞춰갈 수 있다고 생각하는 경향이 있어서 헤어진 지 얼마 되지 않는 상황에서는 불안감만 제거해 줄 수 있는 신뢰를 보여준다면 바로 재회로 이어지기도 한다. 이렇듯 신뢰를 보여줄 수 있는 화법으로서도 먼저 공감해 주고 변화를 위한 대안과 대책을 제시하는 나어너어가 효과적이다.

2) 회피형을 위한 나어너어

〈회피형의 특징〉

자신을 부정적으로 보고 타인을 긍정적으로 보는 유형이 불안형이라고 하면, 자신을 긍정적으로 보거나 타인을 부정적으로 보는 사람들이 회피형이다. 불안형의 경우, 상대와 멀어질 것에 대한 불안으로 인해 더 집착하고 일체감을 더 느끼려고 한다면 회피형은 오히려 이 불안을 해결하기 위해 깊은 관계보다 가벼운 관계를 넓게 추구한다. 그리고 일이나 자기개발에 더 집중하는 경향을 보인다. 불안형이 서로 맞춰가는 관계를 꿈꾼다면 회피형은 맞춰가는 관계보다 이미 맞는 관계를 찾는 경향이 강하다. 회피형은 타인에 대한 무의식적인 표상에 대해 부정적이기 때문에, 타인이 관계 거리 안으로 한 발 들어오면 회피형은 두 발 멀어지는 대인관계 패턴을 갖는다. 불안형이 사랑을 깊고 진지한 것으로 생각해서 그런 진지함을 점검하기 위해 상대를 불신하는 입장이라면 회피형은 사랑의 무게감을 확 낮추고 가볍게 대하는 경향이 있다. 그래서 회피형들은 연인뿐 아니라 친구, 직장에서의 관계도 깊게 들어가지 않고 자기를 더욱 사랑하려고 하고 타자보다 자기개발에 더 관심을 갖는다.

회피형에게 나타나는 첫 번째 특징은 속마음을 알기 어렵다는 것이다. 회피형 애착인 사람들은 자신의 속 이야기를 잘 이야기하지 않는다. 인간관계에 대해서도 겉으로 보기에는 크게 신경 쓰는 것처럼 보이지는 않아도 사실 속으로 상당한 불안들을 억압하고 있는 유형이다. 사람들은 자기 자신과 다른 사람들에 대해서 마음속에 가지고 있는 표상이 있는데, 회피형들은 자기를 긍정적으로 보지만 타인은 부정적인 존재, 즉 나한테 언제든지 피해를 줄 수 있는 존재로 보기 때문에 타인과 처음부터 가까워지지 않으면 상처도 안 받고 얘기를 할 필요도 없다고 생각해서 다른 사람들에게 의존하지 않는 성향이 있다. 필요와 욕구충족을 위해 가깝게 지낼 수 있지만 마음 깊은 곳에서는 나 아니면 모두 남이라고 생각한다. 대부분 혼자서 해결하려고 하는 성향이 강하고 웬만하면 남에게 의존하려고 하지 않는다. 속마음은 아무에게도 안 보이고 혼자 마음속에 품는 것이 편하나고 생각한다.

두 번째 특징은 도움을 받는 것을 어려워한다. 독립적인 것과 독선적인 것 사이에서 상황이 좋을 때는 독립적이지만 갈등이 깊어지면 독선적이 된다. 어떠한 문제가 생기면 스스로 혼자서 극복해 왔던 패턴을 가지고 있기 때문에 스스로의 방식이 맞다는 확신을 갖는다. 주변으로부터 "혼자서도 잘하네."와 같은 말을 잘 듣는다. 그런 성공 경험과 칭찬들이 이 회피적인 성향을 더욱더 강화시키고 스스로 자주적인 인간이라는 생각을 한다. 그래서 점점 더 자신만을 믿고 갈등이 생길 때마다 타인을 회피하게 된다. 이런 성향이 혼자일 때는 전혀 문제가 되지 않는데, 깊은 관계로 발전하기 어렵기 때문에 연인 관계에서는 문제가 될 수가 있다. 상담 사례들을 보면 안정형 애착이라고 생각했는데 회피형 애착과 사귀어서 상대방에게 집착하는 불안정 몰입형으로 바뀌는 경우가 많다. 회피형과 사귀면 하루하루 외줄을 걷는 기분이라고 표현하는 내담자도 있었다. 회피형과 사귀면 속을 표현하지도 않아서, 가까워지는 것 같다가도 어느 순간에는 멀어지려고 하고 불평불만을 크게 표현하지는 않지만 마음이 서로 멀어지는 게 비언어적으로 느껴진다. 불안형 입장에서는 상대의 속을 알 수 없으니까 점점 더 불안해지면서 집착하게 된다. 이렇게 안정형이었던 사람도 심한 회피형을 만나면 불안정 집착형이 되는데 이 과정 속에서 인내심을 기르며 관계를 유지하거나 불안을 못 견뎌 먼저 헤어지자고 제안하기도 한다.

세 번째 특징은 새로운 인간관계를 어려워한다. 심리학자 로버트 클로닝어(C. R. Cloninger)의 연구에 의하면 회피형 애착을 가진 사람들은 발표나 사교현장 같은 사회적인 상황에서 불안도가 높다. 클로닝어는 기질을 분류하는 각각의 기준 중에 자극(새로움) 추구와 위험 회피라는 항목을 만들었는데, 회피형 애착을 가진 사람들은 위험회피가 높고 자극 추구가 낮다. 자극 추구는 가본 적 없는 식당을 가거나 가지 않던 곳을 여행하는 등 새로운 선택을 시도하는 성향이다. 위험회피는 반대로 자신의 삶에 어떤 영향을 줄 수 있는 새로운 변수를 최대한 줄이려고 하는 성향이다. 위험회피가 높은 사람들은 "새로운 것은 나한테 위험한 것이고. 나한테 익숙한 것이 최고다."와 같은 방식의 사고를 한다. 예를 들면, 여행을 가도 익숙한 호텔에서 묵고 늘 가던 안전한 식당에 가는 성향이다. 회피적 성향을 가진 사람들은 위험 회피 기질이 높고 자극 추구 기질이 낮다 보니까, 새로운 일을 하거나 새로운 사람들을 만나는 것에 있어서는 신중을 기하는 편이고, 적당히 아는 사람들을 만나는 것도 어색해 할 수 있다. 예측 가능한 안전한 틀이 있는 관계나 일상을 추구하면서 불안이나 두려움을 느낄 만한 상황을 최대한 회피하려고 한다. 그러다 보니까, 자신이 완벽하게 통제하기 어려운 환경들로 들어가고 싶어하지 않는다. 통제할 수 있고 예측된 상황을 선호한다는 것은 그 상황에서 자신이 통제감을 얻어야 된다는 의미이다. 통제감을 잃으면 상당한 불안을 느끼기 때문에 회피성 애착이 심한 사람들은 새로운 사람들을 만나기보다 예측 가능한, 오래전부터 교류했었던 몇몇의 친구들과 관계를 유지하는 경향이 있다. 대부분의 인간관계의 위기는 학교가 바뀌거나 환경이 급격하게 바뀔 때 나타난다. 고등학교에서 대학교로 넘어갈 때 그리고 졸업하고 사회에 진출할 때, 기존에 맺은 인간관계에서 떨어져서 새로운 사람들을 만나야 하는데 회피형 애착에게는 큰 스트레스이기 때문이다. 그러나 겉으로 보기에는 회피성 애착이 평온해 보일 수는 있다. 인간관계에 크게 바라는 것이 없는 것처럼 보일 수도 있고 크게 인간관계에 신경쓰지 않는 것처럼 보여질 수도 있다. 그러나 사실 그것은 거절에 대한 두려움에서 발생한 불안의 한 반응이다. 회피형의 잠재되어 있는 불안은 일반인의 보통 수준보다 높을 수도 있다.

네 번째 특징은 겉으로는 OK여도 속으로는 NOT OK일 수 있다. 회피형 애착인 사람들이 은근히 사회적으로는 괜찮은 사람이라는 평판이 있을 수 있다. 자신에 대해서 잘 이야기하지 않는다는 것은 자기 자신의 생각과 주관에 대해서 잘 말하지 않는다는 것과 마찬가지이다. 웬만하면 갈등 자체를 만들려고 하지 않기 때문에, 자기주장을 강하지 않게 하는 예스맨일 확률이 높다. 그래서 표면적으로 보기에는 만사 오케이이고, 괜찮은 사람처럼 보일 수 있다. 하지만 OK라는 표현 뒤에 숨은 불만족이 어느 순간 올라와서 갑자기 관계를 단절하는 현상이 생긴다. 그러면 상대방은 어리둥절하다. 불편한 부분은 지속적으로 커뮤니케이션을 하면서 해결을 해 나가야 되는데 갈등 자체를 싫어하기 때문에 그것을 참고 있다가 한순간에 폭발할 수도 있고 폭발하지 않아도 수동 공격으로 이상하게 신경을 긁는다든지 잠수를 타는 등의 전략을 사용한다. 또한 상대방이 자신을 어떻게 대하는지 시험해보고 이별을 해야겠다고 결정하기도 한다. 나름대로 정한 이별에 대한 싸인이 딱 떨어지면 맺었던 관계를 스마트폰 꺼버리듯이 꺼버릴 수 있다.

다섯 번째 특징은 상대방을 자꾸 밀어낸다. 사람마다 인간관계를 맺는 데 있어서 다른 사람에 대한 경계선이 있는데, 어떤 사람들은 경계선의 울타리가 느슨해서 서로 깊게 침범할 수 있는 반면에 어떤 사람들은 경계선의 울타리가 선명해서 넘어오면 선을 긋는다. 회피형 애착인 경우에는 일반적으로 경계선이 뚜렷해서 경계선을 비집고 들어오려고 할 때 내쫓으려고 하는 성향이 있다. "나는 나고 너는 너야. 나도 네 영역 침해 안 할 테니까. 너도 넘어오지 마."라는 신호를 보낸다. 이런 생각으로 사람을 대하기 때문에 누군가 자기가 정한 이상의 친밀감을 보이거나 경계선 안으로 다가오면 자신의 영역을 침범당하는 느낌을 받는다. 그래서 다가오는 상대가 싫은 것은 아닌데, 자신도 모르게 싫어진 것처럼 행동하고 밀어낼 수 있다. 타인으로부터 상처받는 것을 극도로 두려워하기 때문에 마음을 다 주지 못한다. 그래서 오래 사귀면서 경계심이 많이 풀어지더라도 머릿속에 깊게 박힌 생각으로 인해서 먼저 거리를 둬야겠다고 생각하고 상대방을 밀어낸다.

〈회피형이 나어너어 쓸 때 조심할 점〉

기본적으로 회피형은 나어너어를 잘 쓰지 않는다. 나어너어는 갈등을 해결하기 위해 직면해서 말을 꺼내거나 문장을 만들어 보내야 하는데 회피형은 이런 직면 상황을 싫어하기 때문에 "회피하고 말지." 하며 갈등을 해결하려고 하지 않는다. 회피형이 나어너어를 쓸 때에는 의지가 매우 강하거나 뭔가를 잘못했다고 생각했을 때이다. 그러나 회피형은 여전히 도망가려고 하기 때문에 잘못했다고 바로 말하기보다 문제를 환기시키려고 한다. 이러한 마음의 원리를 스스로 잘 파악하고 문제 주변만 돌고 싶은 마음을 바로 잡고, 상대의 소구점을 찾아서 문제에 직면할 용기를 가져야 한다. 그래서 상대의 감정과 욕구가 어떠했는지 찾고 감정을 읽어주고 상대의 욕구에 내가 얼마나 반응할 수 있는지 파악해서 소통을 시도해야 한다.

〈회피형에게 나어너어를 쓰는 법〉

갈등을 중재하기 위해 너어너어에 담을 내용에 있어서, 회피형에게 감정 호소는 크게 도움되지 않는다. MBTI가 감정형(F)이든 이성형(T)이든 회피형인 사람에게 감정 호소는 오히려 지치게 만든다. MBTI가 이성형이어도 애착 유형이 불안형인 사람은 경계선이 느슨하고 로맨틱한 상황에 반응하기 때문에 감정호소가 통할 수 있다. 그러나 회피형인 사람은 MBTI가 감정형이어도 갈등이 이미 생긴 상황에서는 감정적 거리가 멀어졌기 때문에 감정호소가 효과적이지 않다. 회피형은 자기 영역을 확실하게 존중받길 원하기 때문에 갈등 상황의 맞고 틀리고의 문제에 대해서 이야기하는 것보다 상대의 영역을 침범하지 않는 것이 중요하다. 맞고 틀리고의 문제로 대화를 진행하면 상대의 영역 안에 있는 생각을 내가 판단하기 때문에 맞다고 하든 틀리다고 하든 효과적인 접근이 아니다. 특히, "네가 맞고, 내가 틀리다."라고 말하기 위해 자책하고 자기 문제를 자꾸 들춰내는 게 최악이다. "변할게" 혹은 "바뀔게"도 큰 의미가 없다. 회피형은 사람이 변한다고 생각하지 않기 때문에 자책은 오히려 역효과를 만들고, 맞든 틀리든 영역침범의 이유로 대화를 단절한다. 그래서 맞고 틀리고의 문제로 끌고 가기 보다 상대의 상황에 대해 "그럴만했다."고 이해해주는 것, 상대방이 여태 왜 힘들어했고 사실 무엇을 원했을지에 대한 심층 심리를 이해하는 게 가장 중요하다.

다음은 회피형 대상 나어너어의 예시이다.

커플 프로필

남자

28살 / 산업디자이너 / 감정 변화가 적음 / 가족과의 교류 적음 / 주로 친구들에게 의지 / 혼자 지내는 시간이 많음 / 일이나 금전적인 대화가 많은 편 / 옷이나 차에 지출이 많은 편 / 회사에서 인정받고 업무에서의 인정을 즐기는 편 / 상대방에게 잘 맞춰주고 져주지만 자기 영역을 침범하는 것은 철저히 방어함 / 평소 화나는 걸 잘 참음 / 화가 나는 일이 있으면 화를 거칠게 냄 / 삶에 굴곡이 없이 지내고 싶어함

여자

26살 / 의상디자이너 / 불면증 및 소화장애를 앓고 있음 / 부모님과 함께 거주 / 집에 통금 시간이 있음 / 사교성이 좋은 편 / 옷과 잡화 등에 지출이 많은 편 / 디자인 회사에서 인정 받는 편 / 분위기 메이커 / 사람들을 잘 챙김 / 서운한 게 있으면 못 참고 말함 / 화를 크게 냄 / 안정적인 생활과 성취적인 생활을 모두 원함 / 애착대상과 다툼이 잦음 / 전 연애에서는 연인이 마음대로 안 되면 스트레스를 받아서 오히려 먼저 헤어지자고 했음

(상담 내용)

여자가 연애 내내 하루 수차례 연락해 줄 것을 요구하였고, 남자가 매일 수차례씩 연락을 안 해주자 여자가 불안해하다가 마지막에 욕설 등을 동반하여 크게 싸우고 나서 남자가 이별을 통보한 사례이다. 여자는 불안형, 남자는 전형적인 회피형으로 하루에 한 두번 정기적으로 내담자에게 답톡을 해주었지만 퇴근해서 집에 가기 전까지는 일에 집중하느라 소통이 안 되었다. 여자는 남자가 이렇게 열정적으로 일하는 모습에 반했지만 사귀고 난 후에는 일보다 자기를 우선으로 반응해 주길 원했다. 그러나 남자는 일하는 동안 카톡에 대응하는 등의 동시 작업이 어려운 환경이었고 성격적으로도 동시에 여러 가지 일을 하는 것이 어려웠다. 계속되는 여자의 서운함의 표현으로 남자가 지쳐있던 상황에서 여자가 격노를 터트리자 남자가 이별을 통보한 경우였다.

회피형 남자라는 키워드는 유튜브의 상위 키워드로 자리할 만큼 연애 기피 대상으로 여겨진다. 그러나 유교문화가 여전히 남아 있는 대한민국의 남자들은 불안형보다 회피형이 많고, 막상 결혼하고 나면 회피형 남자들이 안정적이고 편안한 남편으로 자리할 가능성이 높다. 회피형은 고치지 못하는 질병도 아니고 유전적인 기질도 아니다. 오랜 시간 교제와 결혼생활에서 자연히 로맨틱하게 변하기도 하고, 나어너어나 비폭력 대화와 같은 화법 연습모임을 통해 언어가 변하기도 한다. 회피형은 대체로 남자들에게 나타나지만 여자 회피형도 있다. 회피형 여자들은 남자들 사이에서도 자기 커리어를 잘 쌓아가고 연애보다 일에 더 몰두하는 경향이 있다.

회피형 대상 사례 나어너어 예시	
1단계: 간단한 공감	네가 힘들었겠다.
2단계: 본격적인 공감	너는 직장에서의 성장에도 열정적이고 관리해야 하는 여러 모임들도 있는데 나와의 관계도 잘 유지하기 위해 늦은 밤에도 내 안부를 물어주곤 했지. 너는 네 상황에서 최선을 다했는데, 내가 미흡하다고 투덜대기만 했으니 네가 힘들었겠어.

3단계: 변화와 대안	사실 나는 네가 그렇게 많은 일을 해내는 걸 멋있게 생각했어. 바로 그 모습 때문에 좋아했는데, 그 모습 때문에 불만을 표현했으니 너도 당황스러웠겠지. 사람마다 시간 활용이 같을 수가 없는 거고, 매순간을 같이할 수 없는 건데, 내가 너무 내 욕심대로 사랑했나봐. 우리 부모님은 맞 벌이시고, 서로의 시간을 잘 존중하면서 지내시는데, 나는 그걸 보고 자라놓고 너에게는 그렇게 해주지 못했네. 내가 이걸 너무 늦게 깨달았지.
4단계: 대책과 넛지	비록 내가 성숙한 사랑을 못해서 우리가 헤어졌지만, 우리 만나는 동안에는 정말 좋은 추억들도 많았잖아. 헤어지면서 너에게 준 상처도 많아서 사과도 하고 싶고, 우리가 굳이 이렇게 불편한 관계로 있을 필요가 있을까 싶어. 내가 너 있는 곳으로 갈 일이 있는데, 너 괜찮은 시간에 맞춰려고. 잠시라도 만나서 회포나 푸는 건 어때?

위 나어너어 사례의 경우, 내담자의 반복된 부정 표현들로 상대가 지쳐서 이별했기 때문에 상대의 가치를 부여해주고 사랑과 연애에 대한 관점이 바뀐 것을 나어너어에 담아서 '대화 가능한 사람'이라는 걸 보여주며 만남을 제안했다. 오랜만의 만남을 통해 상대가 "너 많이 변했다."는 말을 하고 이 후에도 가끔의 만남을 갖다가 재회했다. 재회 과정에 가장 중요했던 건 연애 이외의 상대의 영역을 존중해 줄 수 있도록 내담자의 여유로움을 기르고, 나어너어 연습을 통해 지적보다 인정을 더 많이 표현해 주고 공감언어와 해결언어를 동시에 쓰는 습관을 기르는 것이었다. 다시 사귀게 된 뒤로는 일상 나어너어 훈련을 통해 내담자가 불안을 키우기 전에 자기가 원하는 바를 적절히 요구할 수 있도록 연습했다.

3) 애착 유형별 만남

〈불안형 + 불안형〉

불안형과 불안형의 만남은 긍정적인 경우, 서로 뜨겁게 사랑하고, 부정적인 경우 서로 뜨겁게 싸우고 헤어진다. 친구로서는 잘 지내지만 연인으로 끌리기는 어렵고, 외모 이외의 성격적인 부분에서 서로에 대한 매력을 잘 못 느끼는 편이다. 그러나 서로에 대해 오랫동안 알아가다가 공통분모를 통해 연인이 되는 경우들이 있다. 이런 경우, 종종 싸우더라도 서로 이해하며 로맨틱한 연애를 만들어 가기도 한다. 불안형과 불안형의 나어너어는 주로 1단계와 2단계의 공감 부분에서 끝난다. 불안형은 대안을 찾고 미래를 그리는 데 능숙하지 않다. 대체로 부정적으로 상황을 해석하기 때문에 나어너어를 제대로 잘 배우지 않으면 3단계와 4단계가 오히려 갈등을 유발하게 되기도 한다.

〈회피형 + 회피형〉

회피형과 회피형의 만남은 긍정적인 경우, 서로 싸움 없이 장기적인 계획을 세우며 평온하게 사랑하고, 부정적인 경우 서로의 관심이 소원해지면서 자연스럽게 헤어진다. 서로 간에 매력을 느껴서 연애를 시작하기보다, 주로 서로 정이 들어서 연애를 시작한다. 서로의 공간을 존중하고 각자의 생활공간을 유지하다가 종종 데이트를 하는 것으로 연애를 이어간다. 많은 경우, 왜 헤어지는지 모른 채로 그저 마음이 식어 헤어진다고 생각한다. 사실은 서로의 바쁜 일상으로 많이 만나지 않아서 헤어지는 경우가 많다. 연애 매칭률이 가장 낮은 유형이다. 회피형과 회피형의 나어너어는 주로 3단계와 4단계 중심으로 이루어져서 공감보다 해결중심 언어를 더 많이 활용한다. 회피형과 회피형이 관계를 오래 지속하기 위해서는 1단계와 2단계의 공감언어를 부단히 연습해야 한다.

〈불안형 + 회피형〉

불안형과 회피형은 서로 안 맞을 것 같지만 가장 많이 매칭되는 커플이다. 불안형은 회피형의 미래지향적이고 성실하게 자기 일을 감당하는 모습에 자주 반하고, 회피형은 불안형의 로맨틱하고 열정적인 모습에 반한다. 그러나 사귀는 과정에서 불안형은 회피형의 독립공간을 침범하려고 하고, 회피형은 불안형의 사랑의 온도를 따라가기 어려워서 헤어지곤 한다. 헤어지지 않고 장기간의 사랑에 성공하면 만족도는 가장 높은 유형이다. 서로 다른 모습을 수용하며 개인적인 인격도 성장하고 배려하는 습관이 들기도 한다. 상호 연애 언어를 배우기도 하며 안정화되지만 어느 한쪽이 변하지 않으려고 하면 관계는 어려워진다. 불안형과 회피형은 평소에 서로 다른 언어를 구사하기 때문에 의도적으로 신경쓰지 않으면 소통이 안 된다는 느낌이 강하게 든다. 나어너어를 1, 2, 3, 4단계 모두 단계에 따라 평소에 잘 사용해주면 가장 안정적으로 큰 갈등 없이 관계를 지속할 수 있다.

② 갈등해결 유형

갈등해결 유형은 미국 하버드 대학 교수 월터 캐넌(Walter Cannon)이 만든 투쟁-도피 반응 이론에 기초해서 발전했다. 월터 캐넌은 생리학자였으나 자율신경계와 감정과의 관계를 연구하였고 이 연구를 기반으로 갈등에 투쟁(Fight)의 방식과 도피(Flight)의 방식으로 대응하는 상황에 따라 신경계가 어떻게 반응하지를 밝혀냈으며 이 연구 결과물은 스트레스 이론에도 큰 영향을 주었다.

스트레스가 닥쳤을 때, 도피하는 사람이 있고 싸우는 사람이 있다. 이는 스트레스가 가장 크게 나타나는 연인 간의 갈등에도 동일하게 나타난다. 투쟁 반응을 보이는 사람이 늘 투쟁 반응을 보이는 것도 아니고 도피 반응을 보이는 사람이 늘 도피 반응을 보이는 것은 아니지만 대체적인 반응의 방향성은 있다.

1) 투쟁(Fight)형을 위한 나어너어

〈투쟁형의 특징〉

투쟁 반응을 보이는 사람은 갈등이 생길 때 호르몬상으로는 아드레날린이 분비되면서 청력이 더 예리해지고 두뇌 회전이 빨라지면서 생각이 많아진다. 신체상으로는 호흡속도가 빨라지고 주변 시야가 확장되어 주변 인지 능력이 좋아지며 고통에 대한 인식이 감소된다. 투쟁 반응이 나타날 때, 갈등을 바로 해결하지 않으면 과각성 상태가 더 심해진다. 그래서 갈등이 바로 해소되지 않으면 잠을 자거나 다른 일을 하기가 어렵다. 뇌활동은 온통 갈등 상황에만 몰입되고 갈등상황을 해결하기 위해 모든 정보들을 동원한다. 갈등 상황에서도 자신의 논리에 확신이 있고, 싸워서 이기면 관계가 다시 회복될 것이라고 생각하는 경향이 있다.

이런 사람들은 자기 소신이 있고, 어떤 일에 있어서 옳고 그름의 명확한 기준이 있으며, 갈등이 생기면 그 자리에서 바로 풀고 해결하는 게 편하다. 상황을 그때그때 바로 풀려고 하고 내 의견대로 상대방을 수렴시키려고 한다. 갈등이 생겼을 때, 대화가 하고 싶다기보다 이기고 싶다는 생각이 강하고 이길 수 있다는 생각이 들 때 오히려 더 적극적으로 대화에 임한다.

투쟁 반응을 강하게 보이던 사람이 갑자기 도피 반응을 보일 때가 있다. 투쟁 유형이 도피 유형으로 전환되는 이유는, 자기가 질 거라고 예상될 때다. 평소에 대화가 원활하게 되던 사람인데 질 수밖에 없는 상황이 오면 지기 싫어서 도피반응을 보인다. 원래 대화가 되던 사람이기 때문에 입을 닫았을 때 답답함이 더욱 크게 작용한다. 의도하든 의도하지 않든 투쟁 유형이 지는 상황에서 보이는 수동적 공격이다.

갈등 유형으로서의 투쟁형은 불안형과 유사하게 느껴질 수 있으나 완전히 다른 개념이다. 불안형은 사람을 대상으로 불안을 해소하거나 관계의 문제에서 나타나는 반응이라면 투쟁형은 갈등 상황에 반응하는 유형이다. 투쟁형 중에 불안형도 있도 회피형도 있다. 불안형은 자존감이 낮은 반면에 투쟁형은 자존감과 상관이 없고, 평소에 자존감이 낮은 사람도 갈등 상황에서는 오히려 자신감을 보인다.

〈투쟁형이 나어너어 쓸 때 조심할 점〉

투쟁형이 자주 나어너어를 쓰면서 하는 실수는 갈등을 해결하기 위해 직접적으로 스스로 생각한 해결 방안을 나열하는 것이다. 투쟁형은 자기 논리가 확고하기 때문에 논리를 잘 전달하면 설득할 수 있다고 생각하는 경향이 강하다. 그러나 갈등 중재에서 논리는 보조적 역할인 경우가 많고 대체로 공감과 욕구 수용을 통해 갈등이 해결된다. 때문에 투쟁형이 나어너어를 쓸 때는 자기의 논리를 주장하고 싶은 마음을 내려놓고 상대의 감정이 어떠하고 욕구가 무엇인지 관찰하고 읽어줄 필요가 있다.

〈투쟁형에게 나어너어를 쓰는 법〉

투쟁형에게 나어너어를 쓸 때는 갈등의 핵심을 정확하게 짚어줄 필요가 있다. 투쟁형은 갈등 상황을 여러차례 생각했기 때문에 나름대로 정리된 갈등의 원인과 해결방안에 대한 내용이 있다. 그래서 투쟁형에게 나어너어를 쓸 때는 갈등 상황에 대한 언급을 회피해서 다른 이야기로 환기하는 방식은 좋지 않다. 투쟁형의 욕구는 갈등문제 해결이다. 그래서 갈등 상황에 대한 반응을 하되 상대가 갈등 원인과 해결 방안을 어떻게 정리했으며 어느 정도까지 수용이 가능한지 무엇을 변화시킬 수 있는지 그리고 차후에 어떤 변화를 만들어 낼 수 있는지 나어너어를 보내는 입장에서 먼저 정리해 줄 필요가 있다. 갈등을 해결하기 위한 이런 제안들이 미안해 혹은 사랑해 보다 훨씬 매력적인, 대화하고 싶은 접근이 된다.

다음은 투쟁형(Fight) 대상 나어너어의 예시이다.

커플 프로필

남자

29살 / 대학병원 의사 / 가족과의 사이 좋음 / 좋고 싫음의 표현이 확실하고 직설적인 편 / 본인과 안 맞는 성향의 사람과의 만남에 스트레스가 많음 / 적극적인 사람 좋아함 / 본인을 좋아하는 사람보다 본인이 좋아하는 사람과의 연애를 선호함 / 활발하고 표현 잘하는 이성을 좋아함 / 감정적이기보다 이성적으로 사람을 대함 / 본인의 생각이 확고하면 남의 말에 잘 흔들리지 않음

여자

29살 / 가족 및 형제자매 관계는 나쁘지 않음 / 겉으로는 밝고 활발하지만 속으로는 걱정이 많음 / 남을 지나치게 배려하려다 보니 스스로 스트레스 받음 / 타인의 말에 공감을 잘 해줌 / 좁고 깊은 친구 관계 / 상대의 눈치를 보며 행동하는 편 / 먹고 싶거나 하고 싶은 것에 대해 상대의 의견을 먼저 물어보고 따름 / 감정이나 생각 등의 표현이 느림

(상담 내용)

남자와 여자는 친구 소개로 만나서 결혼까지 생각했으나, 갈등이 생길 때마다 남자는 갈등을 빠르게 해결하길 원하고 여자는 갈등 상황으로부터 도피하는 행동을 반복해서 남자가 답답함을 못 견디고 이별을 통보한 사례이다. 여자는 혼자서 이별을

인정하지 못해 힘들어하다가 상담을 신청했다.

둘 사이의 갈등이 커서 헤어지는 경우보다 갈등을 해결하는 과정에서 발생하는 2차 갈등으로 헤어지는 사례가 사실상 더 많다. 해결해야 할 것은 문제가 아니라 감정인 경우가 더 많다는 의미이다. 표면적으로 보면 투쟁형은 강하게 밀어붙이기 때문에 가해하는 것처럼 보이고 도피형은 수동적으로 가만히 있으니까 당하는 것처럼 보일 수 있다. 그러나 소통을 단절한다는 의미에서 도피형에게도 수동적인 폭력성이 있다. 투쟁형 입장에서는 상대의 의견이 없으니 무시당한다는 생각도 들고 수치감에 직면하기도 한다. 투쟁형이 꼭 화를 동반하는 건 아니다. 화를 내는 경우에도 처음부터 화를 동반하지 않는 경우가 더 많다. 그러나 소통이 되지 않는 상황에서 화가 올라오는 과정을 거친다. 면밀하게 들어가 보면 도피형의 불통이 투쟁형의 화를 돋우는 장작 역할을 한다.

투쟁형(Fight) 대상 나어너어 예시	
1단계: 간단한 공감	네가 답답했겠다.
2단계: 본격적인 공감	너는 갈등을 해결하고 관계를 좋게 만들려고 계속 노력했는데, 나는 그 갈등이 싫어서 계속 도망다니기만 했으니 네가 답답했겠어.
3단계: 변화와 대안	30년을 넘게 다른 삶을 살아온 우리에게 갈등은 당연한 거였는데, 나는 갈등 자체가 힘들다보니 그걸 직면하고 조율할 생각을 안 하고 계속 도망다닌 거 같아. 얼마 전에 OO이하고 갈등이 있었어. 예전 같으면 또 도망갔을 텐데, 네가 나에게 했던 걸 기억하고 내가 정말 하고 싶은 말을 찾아서 했더니 OO이가 오해했었다면서 갈등이 잘 해결됐어. OO이하고 갈등을 해결하고 나니까 너에게 고맙고, 그동안 네가 정말 답답했겠다는 생각이 들더라.
4단계: 대책과 넛지	시간이 흐르고 보니 내가 말하지 않아서 네가 답답했을 것들이 많은 것 같아. 우리가 헤어졌어도 오랜 친구였잖아. 오히려 사귀었다 헤어져서 서먹한 느낌이 너무 강하고 친구들도 어색해하는 것 같아. 오랜만에 만나서 관계 정리 좀 다시 하자. 내가 자꾸 피해서 네가 하지 못했던 말도 충분히 하고 나도 바보같이 마음에 있으면서도 너에게 전하지 못한 진심도 꽤 있어. 넌 참 괜찮은 사람이었는데, 내가 표현을 못하다 보니 갈등이 있을 때마다 안 좋은 말만 한 것 같아. 이번 주말에 시간 좀 내줄 수 있어?

도피형이 갈등을 피하는 대부분의 이유는 자기의 감정과 욕구를 잘 모르기 때문이다. 위의 사례의 경우, 갈등 심화의 원인이 투쟁형인 상대의 문제만이 아니라 내담자의 자기 관찰과 표현의 부족함도 있었다는 것을 확인하고, 내담자가 자기 욕구와 감정을 관찰하고 발견하는 연습부터 자기 욕구와 감정을 표현하는 훈련까지 진행한 후에 나어너어를 보냈다. 상대는 투쟁형이어서 문제를 해결하고 싶은 욕구가 강하기 때문에 만남에 바로 응했고, 몇 차례의 만남 후에 다시 사귀게 되었다.

2) 도피(Flight)형을 위한 나어너어

〈도피형의 특징〉

도피 반응을 보이는 사람은 갈등이 생길 때 생각이 멈추고 주변 이야기가 잘 들리지 않으며 고통에 대한 인식이 증가한다. 갈등으로부터 도피하고 싶어지고, 아무 생각도 나지 않으며 생각을 하려고 집중하는 게 큰 스트레스가 된다. 일단 지금 상황을 벗어나서 생각을 정리하면 갈등을 해결할 수 있을 것이라고 생각하기 때문에 일단 갈등상황을 벗어나고 본다. 뇌활동은 멈춰서 온통 휴식하고 싶은 생각이 간절해지고, 싸워서 이기고 지는 문제가 갈등 문제를 해결할 것이라고 생각하지 않는다. 오히려 갈등 해결을 위해 싸우면 관계가 깨질 것이라고 생각해서 갈등으로부터 도망가는 게 문제의 해결이라고 생각한다.

투쟁과 반대로 갈등에 대해서 표현하기보다는 "좋은 게 좋다."라고 생각하고 넘어간다. 주로 갈등을 해결하기보다 상황을 해결하고 싶어 해서 그냥 참거나, 갈등 자체를 좋아하지 않거나, 좋게 좋게 넘기거나, 회피한다. 갈등이 생기는 원인이 있더라도 참고, 넘어가는 편이다. 생각을 정리할 시간이 필요해서 말을 아끼다가 갑자기 폭발하곤 한다.

도피형(Flight)은 어감이나 행동의 방향이 애착 유형의 회피형(Avoidance)과 많이 비슷하다고 느끼지만 두 유형은 매우 다르다. 회피가 관계와 사람에 대한 반응이라면 도피는 갈등 상황에 대한 반응이다. 갈등을 해결하는 방식은 애착 유형과 별개이다. 갈등이 생겼을 때, 잠수를 타는 행동이나 연락을 차단하는 행동은 회피형보다는 도피형이자 불안형인 사람들이 더 많이 하는 행동이다. 회피는 갈등상황에서 도피하는 게 아니라 관계 대상을 신경 쓰지 않거나 무시하고 관계를 끊는다. 갈등에 대한 반응이라기보다 관계에 대한 반응이다. 도피(Flight)는 스스로의 통제력을 믿지 않고, 더이상 상처받고 싶지 않아서 갈등상황으로부터 도망가는 반응이다.

〈도피형이 나어너어 쓸 때 조심할 점〉

도피형은 충돌과 직면을 어려워해서 참고 넘어가거나 갈등상황 자체에 대해서 언급하는 것을 싫어한다. 그래서 갈등상황을 우회해서 표현하거나 다른 이야기를 꺼내며 이야기한다. 그러다보니 상대의 소구점과 전혀 다른 이야기를 해서 좋은 말이 난무해도 갈등상황 해결에 별로 도움 되지 않는 말들로만 나어너어를 만들 수 있다. 그러나 상대의 소구점을 직접적으로 다룰 필요가 있고 자기의 욕구와 마음에도 직면하여 표현할 필요가 있다. 우회하는 방식의 대화는 대체로 오해를 낳고 갈등을 해결하기보다 키우기 마련이다.

〈도피형에게 나어너어를 쓰는 법〉

도피형에게 나어너어를 쓰는 데 있어서 가장 중요한 건 정서적 안전기지(Secure base)이다. 안전기지는 심리학자 존 볼비가 애착이론을 정리하며 만들고 에인스워스가 유형으로 발전시킨 개념으로 '믿고 의지할 수 있는 대상'이다. 일반적으로는 [부모 –친구–연인–배우자] 순으로 발전해 가지만 모든 사람이 이 순서로 안전기지를 구축하는 건 아니다. 죽을 때까지 부모로 유지하는 경우도 있고, 결혼을 했는데도 불구하고 친구가 안전기지인 경우도 있다. 그러나 대체로 [부모–친구–연인–배우자] 순으로 형성된다. 도피형이 갈등 상황에서 도피하는 이유는 갈등상황으로 인해 안전기지가 파괴됐다고 생각하기 때문이다. 안전기지로서의 역할을 해야할 연인이나 배우자가 안전기지가 아니라고 판단이 되면 돌아갈 곳이 없어진다. 이때 나어너어에 "내가 너의 안전기지야."라는 신뢰를 심어주고 갈등상황과 내가 안전기지라는 걸 분리시켜서 갈등상황을 따로 다룰 필요가 있다. 갈등 해결 속도를 도피형에게 맞추고, "갈등을 풀자는 거야. 너는 안전해."라는 메시지가 중요하다. 안전기지가 되기 위해서는 공감적 언어와 해결중심 언어가 모두 필요하다. 도피형에게 안전에 대해 불안해하는 감정과 안전을 확보하기 위한 해결이 모두 필요하기 때문이다.

다음은 도피형(Flight) 대상 나어너어의 예시이다.

남자

31세 / 대기업 직원 / 최근에 대학원 입학함 / 내향적이며 타인의 갈등에 같이 엮이는 것을 좋아하지 않음 / 부모님은 별거 중 / 무소식이 희소식이라고 생각 / 각자의 생활을 존중해 주는 가족 분위기 / 친구들과 연 2~3회 만나는 편 / 대화할 때는 자신의 입장에서 이해되지 않더라도 다소 기계적으로라도 "그럴 수도 있지."라고 습관적으로 하는 편임 / 예의가 바른 편 / 칭찬과 경청을 잘함 / 스트레칭을 좋아함 / 다른 사람이 이야기하는 것마다 맞장구 치며 호응하는 패턴이 있음 / 타인에게 집중되거나 관심의 대상이 되는 것을 싫어함

여자

29세 / 프랜차이즈 매장 점주 / 가족관계 원만함 / 분위기를 띄우기 위한 대화를 주로 많이 하는 편 / 취미는 꾸미기, 사진 찍기 / 집중력 높을 때 일을 많이 하고 체력 저하와 함께 집중력 저하가 찾아올 때가 있음 / 최근 몸무게가 많이 늘어서 불편감 있음 / 인생의 만족도 70점 / 자존감이 낮아서 자존감 높이려고 일에 몰두하고 자기계발에 투자함 / 일을 열심히 해서 인정받는 걸 좋아함 / 자녀를 많이 낳고 싶고 좋은 가정을 꾸리는 게 인생의 목표임 / 단점을 극복하고 장점으로 바꾸는 걸 좋아함 / 그러나 지적받는 것을 좋아하지 않고 강하게 방어함

(상담 내용)

해당 사례는 여자의 잦은 서운함과 갈등 야기로 헤어진 경우였다. 모든 투쟁형이 화를 내는 것도 아니고 화를 낸다고 모두 투쟁형인 것도 아니다. 투쟁형 중에도 조근조근 이야기하되 문제를 바로 해결하길 원하는 사람들도 있고 도피형 중에도 계속 참다가 화가 폭발하는 사람들도 있다. 여자는 화를 자주 내서 헤어졌다고 알고 찾아왔지만 초기 면담 과정에서 문제는 화에 앞서서 투쟁형과 도피형의 갈등해결 유형 때문인 것으로 분석했다.

여자가 서운함을 말하거나 화를 내면 남자는 아무 말도 하지 않고 사라졌다. 여자는 남자가 싸우다 말고 사라질 때마다 무시한다는 생각을 했고 수치감이 들기도 했다. 남자는 자기가 여자와 더 있으면 여자가 더 화낼 것이라고 생각했다. 그리고 여자가 화내는 동안은 화해할 수 없다고 생각했다. 여자는 남자가 사라질 때마다 화가 더 커졌다. 남자는 여자가 다시 화내는 어느날 그만 만나자고 말했고 여자는 마지막으로 화를 내고 상담을 신청했다.

도피형의 경우 위의 나어너어와 같은 넛지를 쉽게 받아들이지 않는다. 도피하던 습성이 있기 때문에 첫 번째 나어너어는 거절당했고, 이후에도 나어너어를 추가로 보냈지만 반응이 없었다. 몇 차례의 나어너어를 보내면서 투쟁형이던 내담자가 진짜로 변했다는 생각이 들자 상대가 만남에 응했고 만남 후에는 빠르게 재회한 경우이다.

도피형 대상 나어너어 예시	
1단계: 간단한 공감	오빠, 외로웠지?
2단계: 본격적인 공감	오빠는 우리가 부딪히는 게 힘들어서 생각할 시간이 필요했던 걸 텐데, 내가 내 생각을 받아들이라고 강요한 것 같아. 나는 알아주지 못하고 오빠는 혼자 감당하다보니 외로웠겠다는 생각이 들더라.
3단계: 변화와 대안	나는 서로 생각의 속도와 방향이 다를 수 있다는 걸 생각하지 못했던 거 같아. 오빠가 원한 건 큰게 아니었는데, 그저 우리 사이를 더 평화롭게 만들려고 생각할 시간을 갖자고 했던 것 뿐인데, 내가 조급했지. 솔직히 오빠가 날 피하기만 한다고 생각했어. 내가 기다리고 오빠의 말에 더 귀 기울이면 오빠가 생각을 정리하고 더 좋게 대화할 수 있을 거라는 걸 그때는 왜 몰랐을까? 얼마 전에 언니하고 2호점 내는 문제로 부딪힌 적이 있었어. 나는 또 문제를 빠르게 해결하고 싶어서 내 주장을 펼치고 언니보고 계속 이야기하라고 했는데, 그때 언니 표정이 딱 오빠가 생각할 때의 표정인 거야. 그래서 '여기서 더 보채면 안 되겠다.' 싶어서 기다렸더니, 한참 후에 언니가 자기 생각을 이야기 하는데, 나도 동의가 되더라고. 그리고 내 생각 중에서 언니가 동의하는 것도 수용해 주고. 이런 과정을 갖고 지금 2호점 준비 중인데, 오빠 생각이 많이 나더라. 언니도 친구들도 나보고 많이 침착해졌다면서 어떻게 변했냐고 하더라. 나는 이전의 나보다 변한 내가 더 좋아. 오빠 덕분이라고 생각해.

4단계: 대책과 넛지	오빠 대학원 갔다는 이야기 들었어. 회사 일로도 바쁠 텐데 대단하다. 정말 잘 결정했어. 우리가 헤어지지 않았다면 만나서 축하해주고 있겠지. 오빠 대학원 합격하면 같이 여행가기로 했었는데, 이젠 그렇게 할 수가 없네. 여행까지는 못 가더라도, 축하의 의미로 커피 한 잔 사고 싶은데 괜찮을까?

도피형은 모두 바로 응하지 않고 몇 차례의 제안 후에야 응하는 경향이 있다. 불안형이면서 도피형이거나 회피형이면서 도피형인 경우 모두 이러한 경향을 보인다. 불안형이면서 도피형인 경우보다 회피형이면서 도피형인 경우가 만남 제안을 거절하는 경우가 더 많다. 회피형은 관계에 대한 회피이고, 도피형은 갈등에 대한 도피라는 것이 다르지만 행동의 경향성이라는 측면에서는 비슷하기 때문에 더 강화된 도피가 나타난다.

3) 갈등해결 유형별 만남

〈투쟁 – 투쟁 유형〉

투쟁–투쟁 유형이 만나면, 갈등 현장에서 각자의 명확한 주장이 대립된다. 처음에는 명확한 논리의 대립이었으나, 투쟁 유형이 주로 언성을 높이고 분노를 표출하기 때문에 갈등 상황이 진행됨에 따라 명확한 논리의 대립보다 갈등 과정에서 나타난 상호 간의 거친 반응들이 문제가 되어서 갈등이 끝나기 어려워진다. 그러다가 분노가 모두 삭혀지고 아드레날린이 감소되면서 두뇌회전이 안정되면 조금씩 차분해진다. 차분해진 뒤에 다시 대화하면서 화해가 이루어지기도 하지만 이미 서로 올린 언성과 내비친 분노의 기억으로 인해 서로 상처를 받아 헤어지기도 한다. 투쟁–투쟁 유형이 갈등 상황을 잘 극복하는 경우, 계속 싸우더라도 관계의 만족도가 오히려 높아진다. 투쟁–투쟁 유형이 관계를 유지하기 위해서는, 갈등이 발생했을 때 해결하는 과정을 미리 약속 하에 정해 놓는 것이 좋다. 투쟁–투쟁 유형의 나어너어는 1단계와 2단계 연습을 강화할 필요가 있다. 문제 해결에 능숙한 사람들이기 때문에 공감적 언어를 놓치는 순간 강한 대립으로 흘러간다.

〈도피 – 도피 유형〉

도피 – 도피 유형이 만나면, 갈등이 생겼을 때 서로 대화가 없이 그 상황을 벗어나기 때문에 갈등이 해결되기보다 오히려 추측과 상상으로 갈등이 심화되어 헤어지곤 한다. 혹은 갈등으로 인한 작은 상처들이 조금씩 조금씩 쌓여서 어느 순간 애정이 식어버린 걸 발견하게 된다. 도피 – 도피 유형의 경우는 갈등 중재를 미루지 말고 힘들고 스트레스를 받아도 가능한 빠르게 직면하고 대화를 통해 해결하도록 약속하고 지킬 필요가 있다. 도피 – 도피 유형에서는 나어너어보다 우선 갈등 상황에서 대화의 자리로 나오는 것이 중요하다. 도피 – 도피 유형은 갈등이 생기면 서로 동굴로 들어갈 가능성이 높아서 말하지 않고 상상으로 채운 상처들이 높아질 수 있다. 일단 대화의 자리로 나오면 나어너어의 단계별 적용이 필요하다. 공감적 언어 사용이 없으면 다시 동굴로 들어갈 수 있다.

〈투쟁 – 도피 유형〉

투쟁 – 도피 유형이 만나면, 구조적으로 투쟁 유형이 도피 유형을 괴롭히는 것처럼 보인다. 그래서 투쟁 유형은 해결되지 않은 갈등의 원래적 이유 때문에, 도피 유형은 갈등을 해결하려고 하는 투쟁 유형의 거친 반응 때문에 상처를 입고 이별한다. 그러나 투쟁 – 투쟁 유형이나 도피 – 도피 유형보다 오히려 투쟁 – 도피 유형이 연애 만족도가 높은 경우가 많다. 성숙한 경우, 투쟁 유형은 거친 반응에 대한 사과를 하고, 도피 유형은 투쟁 유형이 요구하는 논리에 대해 수긍하면서 화해를 이룬다. 그러나 이러한 갈등이 반복되면 상처가 쌓이기 때문에 투쟁 유형은 공격적인 언성을 낮추기 위해 노력하고 도피 유형은 가능하면 현장에서 문제를 해결하기 위해 갈등 중재에 임하는 노력을 보여줄 필요가 있다. 투쟁 – 도피 유형에서의 나어너어는 반드시 1~4단계를 모두 활용해야 한다. 투쟁형은 3단계와 4단계가 필요하고 도피형은 1단계와 2단계가 필요하기 때문이다. 상호 간에 나어너어의 일상화가 가능하면 갈등으로 잘 가지 않을 뿐 아니라 갈등 상황에서도 서로의 필요를 잘 만족시킬 수 있다.

③ 조절초점 유형

조절초점 이론(regulatory focus theory)은 심리학자 토리 히긴스(Tory Higgins)가 목표 추구의 방향성에 대한 연구의 결과로 만든 이론으로, 목표를 추구할 때 어떤 동기로 자기를 조절하는지를 유형화한 것이다. 히긴스는 사람이 목표를 추구하는 데 있어서 2가지 접근방식(조절초점)을 갖는데 하나는 향상(promotion) 초점이고 다른 하나는 예방(prevention) 초점이라고 했다. 조절초점 유형을 결정하는 데는 성장과정이 영향을 미친다. 예를 들어 부모가 자녀의 성취를 격려하는 경향이 강하다면 향상초점이 될 가능성이 높고, 부모가 자녀의 보호를 중요하게 생각해서 위험으로부터 보호하는 양육을 했다면 예방초점이 될 가능성이 높다. 향상초점이 강한 개인은 예방초점이 강한 개인에 비해서 자신의 이상을 추구하기 위해 노력하며, 성취, 이득과 같은 긍정적인 결과에 대해 민감하게 반응한다.

사회화 과정에서 각 개인은 향상, 예방 두 가지 초점 중 어느 하나가 강할 수도 있으며 때로는 둘 다 강하게 나타날 수도 있다. 또한 특정 상황에 영향을 받아 일시적으로 변화할 수도 있다. 그러니까 한 번 향상초점의 경향이 있다고 해서 늘 향상초점을 유지하는 것은 아니고 관계하는 대상이 누구냐 혹은 어떤 상황이냐에 따라 달라질 수도 있다는 의미이다. 조절초점은 비율상 많이 행동하는 방향으로 유형을 나누는 것이고 상황에 따라 두 동기를 모두 가질 수도 있다. 조절초점은 내재적인 성격으로 형성될 뿐만 아니라 외부적인 상황에 따라서 일시적으로 반응하도록 만들어질 수도 있다. 외부적인 상황만 잘 갖춰지면 향상조절 유형이 예방조절 유형처럼 반응할 수도 있고 예방조절 유형이 향상조절 유형처럼 반응할 수도 있다. 토리 히긴스가 실험한 결과 조절초점이 일시적으로 외부 환경에 의해 바뀔 수 있는 방법은 세 가지로 나눌 수 있다.

첫째, 목표를 '열망하는 환경'으로 만드느냐, 목표에 달성하기 위해 '의무적으로 하는 환경'을 만드느냐에 따라 달라진다. 목표를 열망하는 환경을 만들면 향상초점이 되는 경향이 있고 의무적으로 하는 환경을 만들면 예방초점이 되는 경향이 있다. 둘째, 실험 참가자들로 하여금 주어진 행동에 대해 '적극적인 태도'를 취하게 만드느냐 '신중한 태도'를 취하게 만드느냐에 따라 달라진다. 적극적인 태도를 취하게 분위기를 조성하면 향상초점이 되고 신중한 태도를 취하게 분위기를 조성하면 예방초점이 된다. 셋째, 실험에서 제시된 과제를 실험 참가자들이 '획득'하게 만드느냐 '손실'하지 않게 만드느냐에 따라 달라진다. 획득하게 만드는 환경을 조성하면 향상초점이 되고 손실을 피하는 환경을 조성하면 예방초점이 된다. 이처럼 환경을 바꾸면 조절초점도 바뀌지만 환경을 의도적으로 조성할 정도로 강력한 환경조성이 아니라면, 경향성과 강한 반응을 보이는 유형은 분명히 존재한다. 향상초점과 예방초점은 자신의 목표를 이루기 위한 욕구 상태를 조절하는 방법이 서로 다르며, 선호, 메시지 수용도, 호감도 판단, 평가, 동기부여에도 다르게 반응한다. 그리고 조절초점 유형에 따라 발생할 수 있는 결과는 성취, 실패, 손실, 예방으로 나뉠 수 있다. 향상초점자는 성취와 실패를 중심으로 예방초점자는 손실과 예방을 중심으로 사고하고 행동한다. 향상초점과 예방초점의 구성 비율은 반반 정도이며, 향상초점자는 성취형이라고 부르기도 하고 예방초점자는 안정형이라고 부르기도 한다. 조절초점 유형에서의 안정형은 애착유형에서의 안정형과 명칭이 같아서 사용 시 유의할 필요가 있다.

1) 예방 초점 유형(안정형)을 위한 나어너어

〈안정형의 특징〉

예방 초점자는 안정을 가장 중요한 가치로 추구하기 때문에 안정형이라고 불리기도 한다. 안정형이 목표를 이루기 위해 갖는 동기를 '예방동기'라고 한다. 예방동기란 그 행동을 통하여 현재 처해 있거나 앞으로 처할 가능성이 있는 부정적 상황에서 벗어나기를 원하는 경우이다. 안정형이 예방하고자 하는 것은 위험과 손실이다. 안정형에게 가장 중요한 기준은 위험회피이고, 위험은 곧 손실을 의미하기 때문에 손실을 싫어하는 안정형의 사람들은 위험을 피하고 안전한 선택을 한다. 안정형의 사람들은 손실, 즉 위험을 크게 지각하고 이득을 낮게 지각할 수 있다. 더불어 부정적 사고의 유무에 민감하므로 자신의 안전과 위험 회피를 약속해 줄 수 있는 부정적 사상 또는 실패를 예방하는 것에 의해 동기부여가 된다. 위험회피 성향이 강하기 때문에 목표 추구에 있어 안정에 초점을 두고 부정적 결과 막고자 한다.

안정형의 사람은 안정을 위해 지속·유지하는 상황을 추구한다. 그래서 이성적으로 평가를 내리는 경향이 강하다. 이성적이라는 것은 성격적 성향이라기보다 위험에 대한 반응을 의미한다. 안전에 대한 욕구를 바탕으로 하고 당위적 상황을 추구하며 부정적인 결과의 유무에 민감하다. 또한 예방적 목표를 성취하기 위해서는 손실이나 실패를 '회피'하려는 전략을 사용하며, 성공했을 경우에는 평안함을, 실패했을 때에는 초조함을 느끼게 된다. 그래서 안정형은 신중하게 행동함으로써 성취와 실패보다는 손실과 예방에 관심을 두게 되고, 손실의 가능성을 확실하게 줄임으로써 예방의 가능성을 높이려는 경향을 보인다.

〈안정형이 나어너어 쓸 때 조심할 점〉

안정형은 위험회피가 가장 중요한 목적이 된다. 그래서 상대에게 무엇인가 손실이 있거나 자신이 잘못한 게 있어서 이별했다고 생각하는 경향이 있다. 그래서 나어너어를 쓸 때도 반성문으로 도배하거나 상대가 본 손해를 복구하기 위한 내용으로 이야기를 전개할 가능성이 높다. 즉, 더이상 마이너스(-)가 없도록 방어 혹은 예방하는 내용을 중심으로 전개한다. 그러나 상대가 어떤 사람이냐에 따라 나어너어의 흐름을 달리해야 한다. 유형별 나어너어에서 계속 반복되는 것이 바로 상대의 소구점이다. 만약에 상대도 같은 안정형이라면 자신이 잘못한 것을 더이상 반복하지 않고 상대가 본 손해를 복구하는 내용이 통할 수 있다. 그러나 상대가 성취형이라면 방어나 예방보다 중요한 게 미래에 대한 그림과 새로운 것의 생성이다. 즉 플러스(+)의 요소들이 있어야 설득력이 생긴다. 안정형은 나어너어를 쓰며 지나치게 방어적이거나 예방적이지 않은지 살펴보고 대화할 상대가 어떤 유형인지 살펴볼 필요가 있다.

〈안정형에게 나어너어 쓰는 법〉

안정형은 문제와 손실을 '예방'하기 위해 감정적·심리적 역동이 생긴다. 그래서 안정형에게 나어너어를 보내기 위해서는 상대에게 어떤 손실이 발생했는지 확인해 보는 것이 좋다. 그래서 그 손실로 인해서 발생한 힘들었던 마음을 공감해주고, 그 손실을 만회할 수 있는 방법들을 제시하거나, 내가 그 손실을 만회할 준비가 되어 있다는 것을 알려주는 것이 좋다. 안정형은 손실과 고통의 반복을 두려워하기 때문에 더 이상 같은 고통과 손실이 반복되지 않을 구체적인 이야기를 담아내는 것이 중요하다. 또한 이별이나 갈등의 악화가 서로에게 가져올 피해와 손실에 대해서 말해주는 것이 갈등에 대해서 더 진지하게 고민하고 갈등을 해결하고자 하는 의욕을 만드는 방법이다.

다음은 안정형 대상 나어너어의 예시이다.

커플 프로필

남자

31살 / IT 계열 회사원 / 부모님이 이혼하시고 현재 어머니하고만 같이 사는 중, 어머니와는 친한 사이 / 인생 만족도는 높음 / 서운한 게 있어도 참는 편 / 싸우는 걸 굉장히 싫어함 / 돈을 많이 벌고 싶어함 / 먹는 것에 관심이 없음 / 몸에 안 좋은 음식 먹지 않음 / 예민한 편 / 건강염려증이 있음 / 우유부단함 / 결정장애가 있어서 갈등으로부터 도망가는 편

여자

27살 / 부모님 이혼 / 부모님과 소통 없음 / 겉으로는 밝고 쾌활하나 속으로는 고민도 많은 편 / 친구는 많이 없음 / 부모님이 이혼한 가정이라는 것을 부끄러워함 / 다른 사람 배려를 잘하고 분위기를 잘 띄움 / 인생의 목표가 평화로운 가정임 / 문제에 휘말리는 걸 싫어함 / 그래서 문제를 유연하게 잘 풀어가는 성격 / 서운한 게 있어도 참는 편 / 싸움을 잘 안 하는데 한번 화내면 정말 무섭게 화냄 / 손해보는 걸 싫어함 / 감정적으로 무감각한 편

(상담 내용)

위의 사례는 시어머니가 며느리를 통해 가계의 재정을 빼가고, 남편이 그 책임을 여자에게 돌리면서 갈등이 심화 돼 여자가 이혼 통보한 사례이다. 이혼 숙려 기간에 남편이 재회를 위해 상담을 신청했다. 상담과정에서 재정 문제는 촉발 사건일 뿐이고 사실상 시어머니가 여자에게 자기가 원하는 대로 장을 보게 하는 등 다른 여러 가지 가정 문제에도 지속적으로 관여하며 상대방을 힘들게 했음을 확인했다. 여자는 시어머니가 가계 재정에 손을 못 대게 하려고 용돈도 드리고 재정 상태가 썩 좋지 않다는 것도 알렸으나 시어머니는 마치 자기 돈처럼 사용했다. 그 때마다 남자는 문제 자

체가 발생하지 않도록 방어하기보다 해당 문제를 덮거나 방관했다.

안정형 대상 사례 나어너어 예시	
1단계: 간단한 공감	돌이켜 생각할수록 당신의 상처가 얼마나 컸을지 알겠어. 서럽고 억울했겠어. 내가 그 마음 알아주지 못해서 미안해.
2단계: 본격적인 공감	당신은 어머니와 잘 지내보려고 우리 재정 상태도 알려주고 용돈도 드렸지. 어머니 부탁을 거절하기도 어려웠을 거고. 내가 중간에서 당신 마음 알아주면서 어머니를 내가 막았어야 했는데, 내가 당신을 보호했어야 했는데, 오히려 당신에게 책임을 돌렸으니 얼마나 억울했겠어. 그렇게까지 싸웠는데 다시 관계와 감정을 돌이키기 어렵겠다는 생각도 들었을 거야. 솔직히 당신이 이혼서류 내밀었을 때만 해도 이해하기 어려웠어. 이게 이렇게까지 할 문제인가. 이런 생각이 들었어. 그런데 당신 입장에서 하나하나 돌이켜 생각해보니 충분히 그럴만 하더라. 나와 부부인 이상 어머니를 안 보고 살기도 어렵겠다는 생각이 들었을 거고.
3단계: 변화와 대안	어머니는 더이상 우리 재정 상황에 관여하지 않을 거고, 당신과 나의 문제에 등장하지 않을 거야. 진작 이렇게 처리했어야 했는데, 내가 너무 늦었네. 위자료 등의 문제도 모두 우리 둘이서만 결정할 거야. 이제 내가 관리해야겠지만, 그동안 당신이 관리하던 재정들이니까 당신이 가장 잘 알겠지. 사실 난, 당신과 헤어져도 재혼할 자신이 없어. 당신에 대해서 내가 알아간 시간과 맞춰간 시간만큼 새로운 사람에게 투자하고 새롭게 알아갈 자신이 없어. 당신에 대한 기억을 지워가는 것도 힘들 것 같고.
4단계: 대책과 넛지	요즘, 이런 저런 생각들이 계속 드는데, 당신 생각은 어떤지 모르겠어. 당신과 생각을 조율하면서 당신 생각을 더 잘 알면 나도 좀더 잘 결정할 수 있을 거 같아. 우리 만나서 이야기해 보는 건 어때? 우리 자주 갔던 OO레스토랑에서 오랜만에 밥 먹고, 현실적인 문제들 어떻게 정리해 나갈지, 혹시 다른 대안은 없는지 이야기 나눠보면 어떨까?

상대는 안정형이기 때문에 이런 문제가 더이상 발생하지 않을 것이라는 보장이 필요한 사람이다. 그래서 어머니의 가정 문제 개입이 더이상 없을 것이라는 처리 내용을 확인시켰다. 더불어 손실에 민감하기 때문에 현재 남편의 경제력이 다른 사람에게 갈 수도 있다는 손실을 생각할 수 있도록 넌지시 재혼의 가능성과 그 후의 재정 흐름에 대해서 언급하되 상대에 대해 소중히 여기는 마음과 재회의 의사를 함께 전달

했다. 그리고 새로운 사람을 만나고 알아가는 데 들어갈 시간적, 감정적 비용을 생각할 수 있도록 정보를 제공했다.

대화 자리에 나온 상대방은 이미 나어너어를 통해서 어느 정도의 재회의 마음을 갖고 있는 상태였고, 대화자리에서 바로 이혼서류를 철회하기로 했다.

2) 향상초점 유형(성취형)을 위한 나어너어

〈성취형의 특징〉

향상 초점자는 성취지향적이기 때문에 성취형이라고 불리기도 한다. 목표 추구에 있어 성취에 초점을 두고 기대하고 열망한다. 그래서 감지되는 위험이나 위기가 있더라도 이를 감수하고 목적한 바를 성취하고자 한다. 위험행동 측면에서 살펴보면, 위험을 감수한다는 것은 이득을 얻을 가능성을 증가시키는 것이기 때문에 성취형의 사람들이 안정형의 사람들에 비해 이득을 추구하여 위험감수 선택을 더 많이 할 수 있다. 동일한 위험과 이득이 존재할지라도 성취형의 사람들은 이득을 크게 지각하고 위험을 낮게 지각할 수 있으며, 긍정적 사고를 바탕으로 자신의 성공과 이익을 약속해 줄 수 있는 것에 의해 동기부여가 된다.

성취형은 성취를 위해 변화·성장하는 상황을 추구하고 성장과 양육의 욕구를 출발점으로 하여 이상적인 자아를 추구하기 때문에 긍정적인 결과의 유무에 민감하다. 그리고 향상적 목표를 성취하기 위한 전략으로는 성공과 획득에 대한 '접근'을 사용하게 되는데, 성공했을 경우에는 즐거움을, 실패했을 경우에는 우울감을 느끼게 된다. 성취형이 목표를 이루기 위해 갖는 동기를 '향상동기'라고 한다. 향상동기란 그 행동을 통하여 내담자가 긍정적 결과를 얻기 원하는 것을 의미한다.

낙관주의는 성취형과 밀접한 관련이 있다. 낙관주의가 상황의 긍정적 가능성에 초점을 맞추고 긍정적인 결과를 기대하는 것이라는 점을 고려할 때, 성취형이 안정형보다 상황의 이득을 더 크게 볼 수 있다. 성취형은 도전적으로 행동하기 때문에 행동의 결과와 관련하여 손실과 예방보다는 성취와 실패에 관심을 두는 경향이 많고, 그 행동으로 인해 최대한 많은 성취를 이룸으로써 실패의 가능성을 줄이려고 한다. 그래서 감성적으로 평가를 내리는 경향이 강하지만, 이는 성격적 차원이 아니라 성취를 위해 열정을 갖는다는 의미에서 감성적인 평가를 내리는 경향을 보인다. 성취에 있어서 감성적 요소에 더 민감하게 반응하기 때문에 긍정적 느낌이 더 쉽게 발생한다. 그래서 성취형의 내담자들의 데이트를 추적해 본 결과, 안정형의 사람들에 비해서 새로운 데이트 장소를 더 많이 찾는 것으로 밝혀졌다. 새로운 데이트 장소에 대해서 실패 경험이 있어도 새로운 장소의 데이트를 더 많이 제안한다.

〈성취형이 나어너어 쓸 때 조심할 점〉

성취형이 나어너어를 쓸 때는 상대에게 새로운 감정과 상황을 만들어주는 내용을 담기 쉽다. 성취형인 자신이 새로운 감정과 상황에 매료되기 때문이다. 같은 성취형의 경우 이런 접근이 이로울 수 있다. 그러나 갈등을 해결해야 할 상대가 안정형이라면, 과거에 반복되던 문제로부터 안전해질 수 있다는 보장이 없이 새로운 상황에 대한 제시는 이해할 수 없는 무례함으로 다가온다. 그래서 성취형이 안정형에게 나어너어를 쓸 때에는 과거에 있었던 문제가 반복되지 않을 것이라는 변화에 대한 신뢰를 줘야 한다. 그 변화는 '앞으로 변할 것'에 대한 약속이 아니라 '이미 변한 것'에 대한 증거여야 한다.

〈성취형에게 나어너어 쓰는 법〉

성취형은 특정 문제가 발생해서 갈등을 겪기도 하지만 아무런 변화나 이득이 없어서 갈등을 만들기도 한다. 성취형은 이득과 변화에 민감하기 때문에 이득과 변화가 없는 관계나 업무 자체가 갈등이다. 반대로 이득과 변화가 있다면 그 이득 자체가 소구점이 될 수 있다. 그래서 성취형에게 나어너어를 쓰기 위해서는 갈등을 극복했을 때, 상대가 얻는 이득이 무엇인가를 보여주는 것이 좋다. 과거에 있었던 문제를 해결하기 위한 내용들보다 새로운 이득에 대한 제시가 오히려 갈등을 더 빠르게 해결하는 열쇠가 될 수 있다.

다음은 성취형 대상 나어너어의 예시이다.

남자

36살 / 냉동공조 기술자 / 이전 직업은 배달 / 컴퓨터 공학과를 졸업했지만 회사 생활 적응 못하고 배달일 시작함 / 배달일이 가장 적성에 맞음 / 결혼생활 3년, 이혼한 지 1년 / 부모님과의 관계 평범함 / 친구가 별로 없음 / 솔직 무뚝뚝한 대화방식 / 배려가 있고 표현을 잘 못함 / 잘하는 것은 헬스와 수영 / 자기인생 만족도는 보통 / 미래계획은 건강하고 좋은 체력으로 더 열심히 사는 것

여자

31살 / 아빠는 일찍 돌아가셨고 엄마 혼자서 키움 / 인테리어 회사 다니다가 임신 후 그만 두고 이혼 후 현재 인테리어 관련된 알바를 하고 있음 / 바로 바로 표현함 / 잘하는 것은 청소 / 깔끔한 것을 좋아하고 약간 결벽증이 있음 / 이혼 후에 아이는 엄마에게 맡기고 혼자 벌고 있는데 경력 단절로 힘들어 하는 것 같음 / 결혼을 후회하는 느낌 / 친구 없음 / 미래 계획은 인테리어 쪽에서 성공해서 잘 되는 것

(상담 내용)

해당 사례는 남편이 퇴사를 반복해서 미래가 안 보이자 아내의 요구로 이혼한 사례이다. 이혼 후에 남편이 재회를 하고 싶어서 상담을 신청했다.

아내는 아이를 낳기 전에 사회적인 커리어를 잘 쌓아가며 가정의 경제를 유지해 왔고, 자기 커리어 관리와 성공을 위해 많은 에너지를 쏟던 여성이었다. 그런데 아이를 낳고 길러야 하는데 남편이 퇴사를 반복했다. 아내는 남편에게 컴퓨터 공학과 전공을 살려서 취업을 하든지, 새로 기술이라도 배워서 취업을 하라고 했지만 남편은 배달하는 일이 가장 적성에 맞는다고 배달만 했다. 배달 조차도 한 회사에 고정적으로 있지 못하고 여러 회사를 옮겨다녔다. 배달 일도 완전히 그만두고 몇 개월째 수입이 없자 더이상 미래가 보이지 않는다고 이혼했다. 아내는 이혼 후 아이를 친정 어머니에게 맡기고 다시 자기 일을 시작한 상황이었다. 남편은 이혼 후 1년 동안 상담을 통해 화법을 바꾸고 상대방이 요구했던 자격증을 땄다. 중소기업에 정직원으로 취업에 성공한 후, 개발자로 성장하기 위해 공부를 이어갔다.

성취형 대상 사례 나어너어 예시	
1단계: 간단한 공감	OO아, 네가 답답했겠다.
2단계: 본격적인 공감	너는 너만이 아니라 우리 가정을 위해 내가 성장하고 성공하길 바란 걸 텐데, 나는 자존심 상한다고 내 생각만 했으니, 네가 날 보면서 정말 답답했겠어. 정말 한량에 가까웠던 나를 직장에서 이렇게 오래 버티게 해준 힘은 너야. 너는 네 커리어까지 포기하고 OO이 낳고, 이렇게 예쁘게 키우고 있었는데, 나는 일이 힘들다고 또 대책도 없이 포기했으니 얼마나 답답했을까.
3단계: 변화와 대안	지난 일 년은 정말 꿈을 꾼 것 같아. 영화를 본 것 같기도 하고. 집에 들어올 때 네가 없는 걸 보면 그제야 우리가 이혼했다는 게 현실로 다가와. 나는 그동안 냉동공조 자격증 따고 일을 시작했어. 배달보다 훨씬 안정적이야. 시간 활용도 그렇고, 정규직으로 회사에 들어가니까, 1년 후만이 아니라 10년 후를 그릴 수 있게 됐어. 네가 나에게 계속 이야기 했던 안정적인 생활이 이런 거였겠지. 사귈 때부터 자격증이라도 따라고 계속 말해줬는데, 내가 너무 늦게 이걸 했네. 퇴근하면 컴퓨터도 공부하고 있어. 지난 달에는 컴활 따고 이제 컴퓨터 언어 배우고 있는데, 이게 은근히 재밌어. 이제야 전공을 살리고 있네. 학생 때는 몰랐는데 내가 개발자에도 은근 재능이 있는 것 아닌가 생각하고 있어. 이제 우리 OO이 곧 유치원 갈 텐데, 열심히 벌어서 유치원 보내야지.
4단계: 대책과 넛지	OO이 계속 만나게 해줘서 고마워. 내가 이런 장문 톡 잘 안 하는데 이렇게 구구절절 쓴 건, 이번에는 OO이만 보내지 말고 너도 같이 만나면 어떨까 싶어서야. 그래도 우리가 함께 보낸 시간들이 있고 사랑했던 시간들이 있는데, 나는 OO이도 보고 싶지만, 너도 궁금하고 보고 싶어. 1년 전처럼 매달리지 않을 거야. 이번 만남은 너 좋아하는 OOO에서 보는 거 어때?

해당 내담자는 1년 동안 상담을 이어가며 이혼한 아내가 원하는 대로 자기 삶을 변화시키고 그 내용을 나어너어에 담았다. 상대는 성취형이기 때문에 재결합이 어떤 이익을 줄 수 있는지 생각해 볼 것을 고려해서 내담자의 미래 계획을 제시했다. 만남을 통해 미래 계획이 얼마나 구체적이고 가능성 있는지를 보여주었고, 이전과 달라진 모습을 보여주고 다시 결혼하는 데 성공했다.

3) 조절초점 유형별 만남

〈성취 - 성취 유형〉

성취형과 성취형의 만남은 만남 자체가 이익을 추구하기 때문에 처음에는 새롭고 자극적이다. 감정적으로 새로운 경험들도 이익이고, 사소한 선물이나 초기에 스킨십을 발전시켜 나가는 것도 이익이다. 갈등이 생겨도 관계에 새로운 이익이 있으면 갈등을 간과할 정도로 흥미롭다. 과거의 문제를 해결하고 가기보다 새로운 만남에 대한 기대로 관계가 유지된다. 그러다 보니 갈등이 해결되지 않고 쌓인다. 성취형들 자체가 이득과 새로움의 생성을 추구하기 때문에 시간이 지나면 관계 자체가 지루해지고 식상해진다. 그래서 성취-성취 유형이 관계를 오래 유지하기 위해서는 둘이서 함께 이득을 얻을 수 있는 일을 함께 하는 것이 좋다. 성취형과 성취형의 나어너어는 갈등의 원인을 파고 들어서 조목조목 설명하거나 변명하기보다 함께 했을 때 만들어질 이득에 대한 내용과 갈등이 손해가 아니라 오히려 새로운 이득을 가져다 준다는 것을 깨닫게 해주는 것이 좋다.

〈안정 - 안정 유형〉

안정형과 안정형의 만남은 쉽게 이루어지지 않는다. 친구로서는 좋은 관계가 되지만 연인이나 배우자로서 만나기는 어렵다. 신중하기 때문에 어느 한쪽이 선뜻 관계를 진전시키지 않기 때문이다. 함께 했을 때 손실이 될 만한 일들을 떠올리며 서로 점검한다. 그러나 이 관계가 일단 시작되면 관계 속에서 서로에게 피해나 손실이 없는 한 지속 가능성이 높다. 만약에 관계 도중에 서로에게 피해를 주거나 손실이 생기면 갈등이 깊어진다. 안정형과 안정형의 나어너어는 둘이 헤어져서 발생하는 손실이 만났을 때 발생하는 손실보다 크다는 것을 보여주는 것이 중요하다. 갈등을 유지하는 데 드는 비용이 화해하는 데 드는 비용보다 크다는 것을 알게 되면 갈등을 빨리 종결시키려고 한다.

〈성취 - 안정 유형〉

성취형과 안정형이 만날 확률이 비율상 같은 유형끼리 만날 확률보다 높다. 서로에게 결핍된 부분을 채워주기 때문이다. 그러나 또 서로에게 결핍된 부분 때문에 갈등이 생긴다. 초반에 서로 다른 점들을 잘 확인하고 알아가며 상대의 언어와 행동 방식을 잘 적응해두지 않으면 갈등은 자주 일어날 수밖에 없다. 성취형은 새로운 이득을 만들기 위해 관계에 새로운 역동을 끌고 들어올 것이고 안정형은 위험을 회피하기 위해 안전한 과거만을 반복한다. 성취형은 새로운 식당을 가고 싶어 할 것이고 안정형은 같이 먹고 만족스러웠던 인증된 장소를 선호할 것이다. 이 간격은 좁히기 어렵다. 그래서 의도적으로 상대에 대한 마음과 욕구를 이해하고 스스로 내재화하는 연습을 해야 한다. 이것을 연습하기 좋은 것이 나어너어이다. 나어너어는 상대의 욕구와 감정을 관찰하는 데서 시작하기 때문에 나어너어를 자주 활용하면 내가 자동적으로 생각하지 않는 것을 의도적으로 생각하고 느낄 수 있게 된다. 그러면서 상호성과 타자성이 생기고 서로에 대한 이해가 깊어진다. 성취형과 안정형의 나어너어는 이런 깊은 고려가 없으면 서로 외국어를 하는 것처럼 소통이 안되는 경험을 할 수 있다.

〈연애와 일에서의 성취와 안정〉

히긴스의 조절초점 이론은 성취와 안정 형으로만 나눴다. 그러나 조절초점이론에 근거해서 오랜 기간 상담을 진행하다보니 사람에 따라 조절초점이 연애에서의 영역과 일에서의 영역이 다르게 나타난다는 것을 발견했다. 연애의 영역에서는 새로운 일들과 이득을 추구하지만 일의 영역에서는 안정을 추구하는 경우, 직업적으로 성취하기보다 직업을 안정적으로 유지하고 최대한의 에너지를 연애나 가정을 위해 사용한다. 반대로 일의 영역에서는 성취형이지만 연애에서는 안정형인 경우, 연애나 가정은 손실을 만들지 않는 상황을 유지하면서 일의 영역에서 성취를 내기 위해 에너지를 사용한다. 어느 쪽이든 한쪽에서의 에너지를 바탕으로 다른 한쪽을 유지하는 순환구조를 만든다. 서로 같은 경우들도 있는데, 일과 연애가 모두 안정형인 경우, 손실을 방어하며 어느 영역에서도 새로운 도전을 하지 않는다. 일상이 깨지지 않게 유지하는

데 에너지를 사용한다. 반대로 일과 연애가 모두 성취형인 경우, 모두 만족스러운 성장과 결과를 만들어 내지만 어느 지점에서 탈진할 수 있다.

나어너어를 사용할 때에도 상대를 단지 성취형과 안정형으로만 구분해도 충분히 활용 가능하지만 일과 연애를 구분하고 어떤 영역에서 성취이고, 어떤 영역에서 안정인지를 확인할 수 있으면 상대의 소구점을 분석해서 나어너어를 사용하기 훨씬 유리해진다. 예를 들어, 상대가 일 성취이면서 연애 안정인 경우에는 연애 부분에서는 손실이 없는 상황을 그려주고, 일의 부분에서는 이득을 줄 수 있는 그림을 그려주면, 상대가 갈등 해결에 더욱 적극적으로 임할 수 있게 된다.

④ 나어너어의 종류

나어너어는 일상에서 사용하는 화법이기도 하고, 톡이나 문자 혹은 이메일로 보내는 편지글이기도 하다. 나어너어는 다양하게 사용할 수 있다. 그러나 갈등이 심화되어 관계가 완전히 끝날 때 나어너어를 배우러 오는 사람들이 많다보니 나어너어를 주로 처음에 사용하는 건 톡이나 문자, 편지의 형식일 때가 많다. 그리고 일상에서 나어너어를 사용하려면 상대의 반응에 따라 자유롭게 활용해야 하기 때문에 더 많은 훈련이 필요하다. 그래서 처음에 나어너어를 배울 때는 편지 형식 혹은 문자 형식으로 사용하는 게 더 쉽기도 하다.

지금까지 살펴본 나어너어는 1단계부터 4단계까지의 기본형 나어너어와 애착 유형의 나어너어, 갈등해결 유형의 나어너어, 조절초점 유형의 나어너어 총 4종류의 나어너어이고 각 나어너어의 두 유형씩을 구분하여 총 8개의 나어너어 사례를 보았다. 그러나 이건 아주 기본적인 나어너어에 대한 소개이다. 사실상 나어너어는 종류를 구분할 수도 없다. 내담자들이 들고 오는 사례는 매우 다양하고 위에서 살펴본 8개의 나어너어를 일괄적으로 각 사례에 동일하게 적용할 수도 없다. 갈등을 빚는 상대에 따라, 내담자에 따라, 상황에 따라, 나이에 따라, 성별에 따라, 나어너어는 무궁무진하게 변용된다. 그래서 명료하게 종류를 구분할 수는 없고, 대체적인 방향성만 잡으려고 정리한 것이 위의 8개 사례이다. 위의 사례는 말 그대로 사례인 것이기 때문에 자기 상황에 위의 사례를 그대로 활용하는 것은 큰 의미가 없다. 위의 유형에 따른 방식으로 상대를 분석해서 그 사람에 맞춘, 새로운 나어너어를 구성해야 한다.

예를 들어, 환승한 상대에게 나어너어를 사용한다고 가정해 보자. 위의 유형 중 어떤 유형으로 분류해서 나어너어를 사용해야 하는가? 환승한 상대에게는 위에 기술한 유형별 나어너어가 큰 의미가 없다. 미비한 영향은 있으나 환승한 상대에 대한 핵심은 "그 사람이 왜 환승했는가?"를 분석하는 것이다. 상대의 입장에서 환승한 시점과 과정, 그리고 그 사람이 품었던 욕구를 그대로 따라가보는 것이다. 즉 타자－되기를 해보는 것이다. 럽디의 상담사들과 상담한 내담자들 중에는 나어너어를 배워서 환승한 상대에게 나어너어를 사용하고 재회한 비율이 35%에 달한다. 적은 비율이 아니다. 상대의 욕구를 정확하게 분석하고 나에게 어떤 문제가 있었는지를 알고 나면 환승이 이해가 되기도 한다. "환승한 상대까지 이해해야 하는가?" 하고 반문할 수 있을지 모르겠지만 사람이란 저마다의 이유가 있고 환승에도 불구하고 다시 사랑하길 원하는 사람들은 얼마든지 있다. 상대를 잘 살펴보면 환승이 목적이 아니었던 경우도 많고, 자기 스스로도 어떻게 해야할지 몰라서 흘러가는 대로 흘러간 사람들도 많다. 잘 만들어진 나어너어는 이때 환승한 상대방의 길을 잡아주고 상대방에게 방향을 제시하며 내가 안전기지의 역할을 해내도록 돕는다. 이런 나어너어는 유형으로 나누기 어렵다. 누가 사용하고 누구에게 사용할지에 따라 다르다.

나어너어라고 해서 늘 상대의 마음을 공감해주기만 하는 건 아니다. 어떤 경우, 상대에게 시비 걸듯이 투덜거리고 내담자가 자기 욕구만 즐비하게 늘어놓아야만 하는 경우도 있다. 연구 동의를 했던 한 내담자는 연애하는 내내 상대의 요구를 들어주기만 하고 자기 의견은 한 번도 제시한 적이 없었다. 상대가 이 내담자를 떠나며 한 말은 "널 알 수가 없어."였다. 그 내담자는 자기 감정과 욕구를 보이지 않고 무조건 맞춰주기만 하는 것이 잘하는 사랑이라고 생각했다. 어린 시절부터 부모님의 요구를 들어주고 맞춰주면서 자라서 자기가 뭘 원하는지 알지 못했다. 이런 경우, 내담자 스스로 뭘 원했는지 잘 관찰하고 상대에게 자기가 원했던 것을 말하고, 심지어 상대에게 그동안 하지 못했던 속마음을 시비 걸듯이 다 털어놓았다. 그제야 상대가 만나서 이야기 해보자고 연락이 왔다. 사람이란 이렇게 원하는 바가 서로 달라서 무조건 상대의 마음을 알아주고 공감해 준다고 다 되는 것이 아니다.

이 외에도 무수한 나어너어의 사례들이 있다. 위에 언급한 유형별 나어너어로는 도저히 적용할 수 없는 개별적인 사례들도 있다. 그래서 나어너어의 종류는 한정할 수 없다. 상담사들의 연구와 공부를 위해서 나름대로 분류해서 구성해 놓은 것이 있는데, 최대로 펼치면 200개가 되고 종류별로 구성하면 48개이다. 그러나 이것도 그저 유형화 해 놓은 것뿐이지, 정확하게 말하면 그동안 나어너어를 적용한 내담자가 10만 명이 넘었으니 10만 개의 나어너어가 있다고 보는 것이 맞다. 앞으로 나어너어를 100만 명이 사용한다면 나어너어는 100만 개가 된다고 보는 것이 맞다. 그렇다고 위에서 배운 유형별 나어너어가 무의미하다는 것이 아니다. 나어너어가 무궁무진하게 분화될 수는 있으나 위에 기술한 유형별 나어너어가 기본이 되어야 하는 것은 틀림없는 사실이다.

그렇다면 나어너어는 몇 번 보내야 하는 것일까? 이것도 단정하기는 어렵다. 갈등의 크기가 작은 경우는 따로 편지 형식의 나어너어를 보낼 필요도 없이 일상 언어나 일상 톡으로 낮은 수준의 나어너어를 적절히 활용하기만 해도 갈등이 해결 되는 경우도 있다. 혹은 갈등이 커져서 이미 관계가 단절된 경우에도 한 번의 나어너어 편지나 톡을 보내서 관계가 풀어진 경우도 있다. 이런 경우는 그동안 쌓인 것이 크지 않고 최근의 큰 사건이나 문제로 헤어진 경우이다. 혹은 7차 혹은 8차 나어너어까지 가는 경우도 있다. 그래야 겨우 반응이 오고 그 이후에도 십여 차의 나어너어를 보내서 갈등이 정말로 해결되었음을 확인시켜야 하는 경우도 있다.

나어너어는 이렇듯 상황에 따라 다르고 정해진 횟수는 없다. 일반적으로 갈등이 심화 되어 관계가 완전히 깨지고 온 경우, 그동안 수많은 문제들이 쌓였던 것이고 마지막 싸움은 촉발 사건일 뿐이다. 사람은 마지막 감정이 그 이전 기억들을 구성하는 경향이 있어서 먼저 마지막 감정을 풀어주고 서로가 "대화 가능한 사람"이라는 것을 인식하게 하는 것이 1차 나어너어의 목적이다.

그렇게 상대의 마지막 감정을 풀어주고 내가 "대화 가능한 사람"이라는 것을 보여주고 나면 그 이후의 나어너어는 상대의 소구점과 나의 소구점을 이어서 어떻게 갈등을 넘어 함께 할 수 있을지를 그려나간다. 이것을 시나리오라고 한다. 나어너어는 단지 한번 보내는 하나의 편지나 한 번의 화법이 아니라 이렇게 소구점을 중심으로 나와 너의 이야기를 길게 이어서 써가는 시나리오이다. 그래서 나어너어는 지금의 욕구에만 맞춰서 빠르게 욕구를 읽고 급하게 쓰면 안 된다. 소구점을 깊이 있게 분석하고 전체 시나리오를 그리고 대본을 만들듯이 나어너어를 만들어가야 한다. 이것은 갈등을 중재하는 과정에서뿐 아니라 사람이 관계를 하고 사랑을 하는 모든 과정에 필요하다. 그래서 나어너어는 화법을 넘어 시나리오의 단계에 까지 가야 진짜 힘을 발휘한다.

거절은 무조건 나온다

① 관계 단절 후 고통의 단계

갈등이 반복되고 개선의 여지가 없어 보이면 그 끝에는 이별의 단계가 온다. 이별 후에는 일정 수준의 고통을 경험하기 마련이다. 관계를 지속해 온 기간이나 애정의 정도에 따라 다를 수 있다 할지라도 대부분의 사람들은 이별 후 공통되는 고통의 단계를 겪는다. 이에 대한 이해가 있다면 나를 관찰하고 나의 심리적 변화를 예측할 수도 있고, 상대방이 이별을 수용하는 단계에 이르기 전에 적절한 개입이 가능할 수도 있다. 다음의 단계는 내담자들의 심층 인터뷰 및 상담 과정을 통해 공통 분모를 찾아 정리하였다.

이별 후 고통의 단계 중 첫 번째 단계는 충격 상태이다. 이별했다는 현실 자체를 받아들이지 못하는 단계이기 때문에 당사자는 오히려 별다른 고통 없이 일상을 보내는 경우가 많다. 이렇게 이별을 부정하는 모습은 관계에 미련이 남은 사람들에게서 더욱 잘 나타난다. 관계를 끝내기로 결정한 사람은 이미 이별에 대한 여러 가지 변수와 준비를 한 뒤에 통보를 하는 경우가 많기 때문이다.

두 번째 단계는 부정이다. 이 단계에서 이별을 부정하는 행동들이 특히 강하게 나타난다. 이별했다는 사실을 알고는 있지만 받아들이기는 싫어하는 상태로 다양한 가정들을 앞세우며 사실 진짜 이별한 건 아니라는 믿음을 확인하고 싶어 한다.

세 번째 단계는 깊은 슬픔을 느끼는 과정이다. 당사자는 이별이 스스로에게 어떤 의미가 있는지를 받아들이고 실감하기 시작한다. 이별 뒤 달라진 상황들을 체감하면서 이별로 인한 결과에 대해서 깊은 상실감과 고통을 느끼게 된다.

네 번째 단계는 비난인데, 이별 후에 맞이하는 고통의 단계 중에서 비난이 가장 강하고 두드러지게 나타나는 경우가 많다. 특히 이 단계에서 상대방과의 관계에서 본인이 가지고 있던 문제들이 뭐였는지 성찰하고 또 자책하게 된다. 이 과정에서 심리적으로 상당한 스트레스와 불안감을 느낄 수 있다.

다섯 번째는 분노의 단계이다. 이 단계에서는 이별하게 된 상대방을 비난하며 탓하게 된다. 이전까지는 이별의 원인을 본인에게서 찾았다면 분노 단계에서는 상대방에게서 그 원인을 찾고, 내가 생각했던 것처럼 좋은 사람이 아니었다는 결론을 내기 위해 상대방의 단점들을 찾는데 열중하는 모습을 보이기도 한다.

마지막 단계는 비로소 이별을 인정하고 수용하는 단계이다. 이 상태에 이르면, 헤어진 상대에 대한 미련보다도 새로운 관계에 대한 기대가 커진다. 모든 과정을 겪고 나서야 이별을 수용하고 새로운 관계에 대한 기대를 갖는 게 일반적이다. 하지만 이 과정을 다 겪고나서 재회를 위해 움직이면 재회할 가능성은 낮아진다. 처음부터 이별을 인정하고 수용하는 마음 가짐으로 갈등을 대하면 오히려 갈등을 해결할 가능성이 높아진다. 갈등을 해결하면 재회할 가능성도 높아진다.

위에 기술한 이별 후의 단계는 통계상 대부분의 경우이지만 개인의 성향과 사례마다 차이가 있으며, 각 단계 역시 늘 순서대로 나타나는 것은 아니다. 누군가에게는 분노가 먼저 오고 슬픔이 나중에 오기도 하고, 또 누군가에게는 처음에는 수용하며 덤덤했다가 나중에 슬픔이 몰려오기도 한다. 따라서 화해와 관계 재개를 위해 갈등 상대에게 연락을 해볼 타이밍을 판단하기 위해서는 상대방이 어떤 이별 단계에 속해 있는지 뿐만 아니라 상대의 성향, 이별 원인, 처한 상황, 애착 유형, 과거 연애 패턴 등을 바탕으로 통합적이고 치밀한 분석과 적절한 개입이 필요하다.

② 나어너어를 받았을 때 상대와 나의 심리

나어너어를 보낸 뒤에 상대가 보일 수 있는 반응은 크게 3가지로 나눠진다. 하나는 소통이 이어지는 상황과 소통이 안 되는 상황, 그리고 답장은 왔는데, 내가 제안한 대책이나 넛지에 거절하는 상황이다.

1) 소통이 이어지는 상황

원활하든 원활하지 않든 소통이 이어지는 상황에서는 촉이나 상상으로 상대의 심리를 추측하고 망상적인 행동으로 대응하기보다 나의 욕구와 감정을 관찰하고 표현하고, 상대의 욕구와 감정을 관찰하고 물어보며 공감적 언어로 충분하고 명료한 소통을 적절히 이어가는 게 좋다.

갈등 중재 상담에서 가장 많이 받는 질문 중 하나가 나어너어를 보낸 뒤, '어떤 마음으로 기다려야 하는가'이다. 특히 첫 연락을 보내고 답변을 기다리는 시간 동안 많은 내담자들이 힘들어한다. 그러면서 상대방은 무슨 생각인지 몹시 궁금해진다. 그래서 상대방의 작은 변화에 대해서도 의미 부여하고 스스로를 더 괴롭히기 시작한다. 때로는 아무런 근거가 없는데도 나어너어를 보낸 내담자의 머리 속에서는 상상의 나래를 펼쳐서 이미 난장판이 되어 있다. 이런 생각이 꼬리에 꼬리를 물면서 점점 더 자라나서 결국 불안에 사로잡힌다. 이때 많은 내담자들이 하는 말 중에 이 말이 가장 위험하다.

"제가 평소에 촉이 좋아요."

나는 사람들의 형용할 수 없는 감각과 육감을 이해하고 존중한다. 육감은 오감이 감각기관을 통해 뇌로 전달되고 지각으로 변환된 후 전두엽에서 각 지각이 종합되며 만들어지는 통각의 형태이다. 실재하는 뇌작용이고 없는 것도 아니다. 그러나 뇌작용으로 실재한다는 것이지 그 육감이 옳거나 맞다는 것은 아니다. 만약 그 촉이 늘 맞아들어갔다면 왜 갈등이 시작될 때는 그 촉이 작동하지 않은 걸까?

통각 작용이 정확해지려면, 즉 육감이 정확하려면 정확한 정보들을 기준으로 구성되어야 한다. 정보가 편중되면 육감은 틀릴 확률이 높아진다. 정보가 편중되는 이유는 민감도 때문이다. 갈등 상황에서는 상대의 신경에 예민하게 반응한다. 이때 정서적인 민감도가 상대에게 집중된다. 그러면서 정신에너지가 상대의 작은 단서에 과도하게 투여된다. 동시에 자기 감정에 매몰된다. 상대의 작은 단서에 정신에너지를 투여하며 자기 감정에 매몰되니까 상대의 단서를 자기 감정으로 해석한다. 이게 지나친 정서적 민감성이 가져오는 결과이다. 그래서 호감 스위치를 눌러야 하는데, 정신에너지의 과도한 투여로 오히려 상대의 감정을 왜곡하거나 못 보게 된다. 그 사람의 행동에 따라 내 감정에 몰입돼서 상대의 감정을 못 보는 것이다. 상대의 부정적인 감정에는 민감도가 높아지지만 긍정적인 감정에는 민감도가 낮아진다. 그래서 호감스위치를 잘못 누른다. 갈등 상황이 아닐 때는 상대의 감정을 읽을 수 있었으나, 갈등 상황에 돌입하면서 자기 감정에 몰입해서 못 읽게 됐는데, 스스로는 평소에 감정을 잘 읽었던 자기만 기억하고 옳은 판단이라고 생각한다.

그런데 스스로도 과도하다는 것을 어느 정도 인지하기 때문에 오히려 불안을 없애기 위해 자기 판단이 옳다는 것을 확인하려고 스스로의 마음에 부정적 해석과 결정으로 일종의 예언을 한다. "앞으로 갈등이 더 심화될 거야.", "저 사람이 나에게 화낼 거야. 날 떠날 거야." 등등의 부정적인 예언을 하고 그걸 계속 확인하며 상대에게 묻는다. 그러면 상대는 진짜로 화를 내거나 떠난다. 그래 놓고 "그것 봐, 내 촉이 맞잖아."라고 생각하는 것이다. 이걸 자기 충족적 예언 혹은 행동 확증이라고 한다. 촉이 맞을 수도 있다. 그러나 대부분의 촉은 확인 불가능한 상황에서 끝나기 때문에 자기 스스로 맞다고 생각하고 끝날 가능성이 높고 스스로 확신하는 경향성이 강하다.

반대의 경우도 있다. "나어너어를 보내면 상대가 돌아올 거 같아요." 이렇게 최대한 긍정적으로 말하면서 상담사에게 동의를 구하기도 하고, 상담사가 확신을 주길 바라기도 한다. 그러다가 만약 자신의 깊은 믿음에서 멀어지는 상황이 발생하는 순간 굉장히 불안해지고 공격적인 자세가 된다. 그러면서 누군가에게 그 공격성을 표출하고 싶어지고, 그게 때로는 상담사가 되기도 한다. 내담자들은 종종 상담사가 모든 것을 다 알고 있는 신이거나 점쟁이이길 바라곤 하는데, 상담사는 그저 심리학적 지식을 토대로 내담자의 결정을 돕는 사람일 뿐이다. 나어너어를 받은 상대에 대해서 확신할 수 있는 건, "그 사람이 무슨 생각을 하는지는 그 사람 밖에 알 수가 없다."는 것이다. 그리고 심지어 그 사람 스스로도 잘 모르는 경우도 있다. 갈등 상황에서, 그리고 그 갈등이 최대치로 확장되어 발생한 이별이라는 극도의 스트레스 상황에서는 이성적이고 합리적인 선택을 하는 건 매우 드문 일이다. 갈등 상황에서는 서로 무슨 생각을 하는지, 어떤 행동을 할지 알기 어렵다. 그게 자연스럽고 솔직한 고백이다. 그래서 자기의 감정과 욕구뿐 아니라 상대의 감정과 욕구까지 더 관찰하고 경청하고 확인할 필요가 있다.

내담자들이 가장 많이 하는 추측의 끝판왕은 상대 SNS 프로필에 대한 추측이다. 깊은 갈등을 겪고 이별하고 나면, 주로 상대방과 대화나 카톡을 하기도 껄끄러운 상황이 되기 때문에 소통을 하기보다 상대방에 대한 상황이나 마음 상태 등을 추측하는 경향이 강하다. 그래서 더 궁금하고 답답하고 화가 나고 불안하고 짜증도 난다. 그러다보니 상대방의 카톡 프로필 사진이나 SNS를 기웃거리게 된다. 매일, 매시간 확인하면서 스스로를 갉아먹기 시작한다. 결국 자신이 사라지는 걸 느끼지만, 멈출 수는 없다. 그렇게 작은 것 하나하나 의미 부여 하기 시작하면서 그전까지 보이지 않던 새로운 팔로우도 신경 쓰이고 나에 대해서 누구에게 어떤 말을 하지는 않는지, 누구의 게시물이나 스토리에 좋아요를 눌렀는지, 혹시 나와 싸우고 다른 사람과 어울리고 다니는 건 아닌지 찾아다니기 시작한다. 그러면서 실수로 흔적을 남기기라도 하는 날에는 자신의 멍청함에 치를 떨면서 자존감은 바닥을 뚫고 들어간다. 이런 상황에서 상담에서 상대방의 프로필에 대한 의미를 물어본다.

"상대방의 카톡 프로필은 어떤 심리인가요?"
"상대방이 프로필을 내렸어요. 무슨 뜻일까요?"
"아직 저와 찍은 프로필을 내리지 않았어요. 어떤 의미인가요?"
"상대방이 프로필을 예전에 제가 찍어준 사진으로 바꿨어요. 의미가 있는 걸까요?"

뭔가 이상하다. 프로필을 바꿔도 불안하고 안 바꿔도 불안하다. 마치 불안하고 싶어서 불안을 만들어 내는 것 같다. 상대방 프로필에 내가 선물하거나 나와 관련 있는 물건이 조금만 나와도 질문 폭격이 쏟아진다.

그러나 정확하게 말하자면 정답은 아무도 모른다. 아쉽지만 상담사도 인간일 뿐이지 신이 아니다. 그래서 최선의 답변은 "통계상 이러저러한 정도의 가능성은 있고, 이전 상담 사례를 통해 볼 때 이런저런 경우가 있었다. 그러나 사실 이것만으로는 근거가 부족하기 때문에 확답을 드리기는 어렵다." 정도이다.

상대방은 이미 "더이상 갈등 상황을 이어가고 싶지 않다." 혹은 "지쳤다. 그만하자." 등의 '언어적 표현'을 확실하게 했지만, 이런 상대방의 언어적 표현을 부정하고 싶기 때문에 '비언어적 표현'에서라도 의미를 찾으려고 한다. 이건 불안 때문이다. 불안은 결국 혼자만의 생각을 만들어 낸다. 상대방의 비언어적 표현에 집착해서 의미 부여 하기보다 상대방이 나에게 직접 전달하는 언어적 표현과 내가 상대에게 전달할 언어적 표현이 더 중요하다. 그래서 나어너어를 보내서 상대방의 마음을 직접 들어주고, 그에 대해 상대가 보이는 반응에 대응하면서 풀어가는 게 맞는 방향이다. 상대방이 보여주지 않는 비밀스러운 마음을 추측하는 건 갈등을 해결하는 데 큰 도움을 주지 않는다. 가끔 이런 '촉'이 맞아서 결정적으로 관계를 개선하는 데 큰 역할을 할 때가 있지만 그건 확률이 낮다. 우연히 터지는 경우가 대부분이다. 이렇게 촉에 기대는 건, 상대가 했던 언어적 표현을 받아들일 용기가 없고, 나의 변화에 대한 자신과 용기가 없어서 나오는 반응이다.

소통이 가능한 상황에서는 갈등의 연속이기 때문에 껄끄럽다 할지라도 추측보다는 소통을 하는 것이 좋다. 그리고 그 소통은 집착이나 자기 주장, 자책, 자기 비하, 상대 비하, 서운함이나 불안의 표현은 자제하고 상대의 욕구와 감정을 잘 읽어주는 공감적 소통을 중심으로 필요와 용건이 있을 때 하는 것이 좋다. 공감적 소통은 상대의 가치를 높여주는 가치부여나 자기 가치를 보여주는 가치어필을 중심으로 한다.

2) 소통이 안 되는 상황

"나어너어를 받은 상대의 심리는 단정할 수 없기 때문에 최대한 소통해야 한다."는 것이 가장 정확한 말이겠지만, 소통 자체가 어려운 상황들이 있다. 이럴 때는 분석을 하되 데이터에 기반해서 가능한 선 안에서만 분석해야 한다. 소통이 안 되는 상황은 나어너어를 보내도 응답하지 않는 상황과 차단하는 상황이 있다.

① 나어너어에 대해 응답하지 않는 상대의 심리

내가 상대의 마음을 움직일만한 정보와 공감의 글로 나어너어를 보냈는데, 상대가 응답하지 않으면 상대의 마음을 확인할 길이 없어진다. 이렇게 '읽씹' 당했다고 불안해질 필요는 없다. 여기서 불안해지면 오히려 더 극단적인 상상으로 생각을 정리할 가능성이 높아진다.

아예 읽지 않으면 차라리 상대 마음에 변화가 없다는 것을 확인하는 셈이 되는데, 읽고도 응답하지 않으면 내가 보낸 나어너어로 인해 상대의 마음이 어느 정도라도 움직였는지, 오히려 역효과가 난 건지, 긍정적으로 전환되어서 고민하고 있는 건지 등 알 수 있는 방법이 없다. 이렇게 읽고도 응답하지 않는 상대의 4가지의 심리를 정리하자면 다음과 같다. 다음의 심리 형태들은 내담자들의 상담일지 및 심층 인터뷰를 통해 나타난 내용들을 클러스터링(clustering)을 통해 정리하였다.

첫 번째, 그냥 어쩔 수 없는 상대의 상황 때문에 답변할 수 없는 경우가 있다. 일이 바쁘다든가 아니면 가정사가 터졌다든가 하는 상황으로 답변할 마음의 여력이 없는 경우들이다. 한 내담자의 경우 상대의 다리가 부러져서 답변 못 받은 경우도 있었다. 그럴 땐 읽고 답을 못 할 수도 있다. 나어너어를 보낸 입장에서는 상대의 마음이 궁금해서 기다려지고 답장할 5분도 없느냐면서 속상해할 수도 있지만, 정말 마음의 여력이 없는 상황이 발생할 수 있다. 언제나 내가 원하는 대로만 환경이 맞춰줄 수는 없고 내가 그 상황에 맞춰야 할 때가 있다. 실제 사례에서 한참 뒤에 연락이 와서 확인해보면, 가족 전부 다 이민을 가야 되는 경우도 있었고, 프로젝트에 문제가 생겼다거나 상대가 사장인데 직원들 월급을 못 주게 생긴 상황에서 도저히 마음을 쓸 여력이 안 생긴 경우들이 있었다. 이런 경우 시간이 많이 흐르거나 다시 나어너어를 보냈을 때 오히려 사과와 함께 답장이 오기도 했다.

두 번째는 두려워서 답장을 안 하는 경우들이 있었다. 오랜 갈등으로 이미 상처가 깊어졌고, 그 상처를 다시 꺼내고 싶지 않은 경우이다. 누구나 다 상처와 고통을 싫어한 상대가 나와의 관계로 인해 상처를 받았다면, 자기한테 상처를 준 사람과 연락을 하는 게 고민이 되는 건 자연스러운 반응이다. 사람이 고통을 피하고 싶은 건 당연한 반응이다. 톡을 보내도 힘들었던 관계만 생각이 나고 "내가 답장하면 또 다시 갈등이 시작되겠구나."라는 생각이 든다. 상대가 이런 상황이라고 판단이 되면 두려움을 제거할 만한 글을 이어서 보내는 것이 좋다. 읽고 답장을 안한다는 건 어쨌든 상대가 내 글을 읽고 있다는 것이고, 상대가 내 글을 읽고 있다면, 감정과 마음은 정보에 의해 바뀌기 때문에 두려움을 없앨만한 새로운 정보들을 보낼 수 있다는 의미이다.

세 번째는 어떻게 해야 될지 몰라서 회피하는 반응이다. 두려워서 답장을 안 하는 것과 회피 반응의 가장 큰 차이는 감정을 갖느냐이다. 두려워서 안 하는 경우는 답장하는 것에 대한 두려움이라는 감정이 있지만 회피 반응은 두렵다는 감정이 없이 앞으로 대처해야 할 상황이 귀찮거나 방법을 몰라서 피하고 싶은 것이다. 마음 깊은 곳에서의 심리적 역동을 보면 두려움이 있을 수 있으나 상대방은 그 두려움을 인식하기보다 대처 방법을 몰라서 피한다고 생각한다. 시험 볼 때 안 풀리는 문제가 있으면 그냥 넘어가는 것과 같다. "당장 풀 수 있는 문제가 아니니까 나중에 풀지 뭐." 하다 보면 시험 시간 다 돼서 못 적게 되는 것이다. 이런 경우, 상대가 선택하기 쉽게 답장하기 쉬운 선택지들을 제시해 주는 것이 좋다.

네 번째는 마음이 없어진 상태이다. 작은 에너지라도 사용할 가치를 느끼지 못하는 상태이다. 나를 힘들게 해서 퇴사한 전 회사로부터 연락이 오면 받고 싶지 않는 원리와 같다. 이럴 때는 갈등 상대에게 득이 될 만한 연락으로 하면 이야기가 이어진다. 퇴사한 전 회사에서 어떤 연락이 오면 답을 하고 싶어질까? 안 받아간 월급이 있다거나 퇴직금 수령을 추가로 해야 한다거나 하는 등의 연락이라면 당연히 답을 한다. 갈등 대상이 내 편지나 문자에 답을 안한다면 답을 하고 싶은 내용으로 구성을 하면 된다.

내담자들이 갈등을 해결하고 상대와 다시 좋은 관계를 맺은 후 인터뷰한 결과, 보편적인 심리가 이렇다는 것이지, 위의 네 가지가 아니더라도 소수의 다른 이유들이 있을 수 있다. 상대의 심리를 알 수 있는 가장 좋은 방법은 타자-되기를 통해 입장 바꿔 생각해 봤을 때 "나는 언제 갈등 대상의 연락을 의식하는가?"를 생각해 보면 된다. 타자-되기를 통해 상대방이 읽고 답장하지 않는 이유를 어느 정도는 알 수 있다.

상대가 답장을 하지 않는 건, 어떤 이유이든 상대의 마음이 떠났다는 걸 의미한다. 최소한 이전과 같은 마음은 아닌 것이다. 상대가 마음이 없어진 이유는 내가 한 행동과 내가 보여준 인식 때문이다. 그렇다면 그동안 보여준 행동과 반대 행동을 보여주고 반대의 인식을 보여주며 변화 가능성과 대화 가능성을 신뢰하게 해주는 것이 중요하다. 상대가 내 연락에 반응하지 않는다고 불안해지셔서 상대방에 더 집착하거나 분노를 표출하는 등의 반응을 보이면 상대는 더 숨어버린다. 대화가 불가능하다고 생각하면 연락을 안 하는 게 자연스럽다.

힘들게 준비하고 고생한 만큼 나어너어를 받은 상대방에게 생각할 수 있는 시간을 존중해 주면서 차분히 기다리는 것이 가장 좋다. 상대가 내가 보낸 문자나 톡에 답장하지 않았다면 아직은 마음에 여유나 힘이 없는 경우일 수도 있다. 내가 힘들게 고생해서 작성한 나어너어에 상대가 답장은 하지 않으면서 인스타그램에 게시글을 올리는 등의 다른 일상생활을 할 수도 있다. 갈등 상대의 행동이 무조건적으로 하나의 패턴으로 나와야 한다고 생각하는 것 자체가 자기 감정에만 매몰된 현상이다. 상대가 내가 원하는 대로 반응하지 않는다고 공격적인 모습을 보이거나 매달리는 행동을 하면 상황을 더 어렵게 만든다. 상대방의 변화에 의미부여하지 말고 오히려 상대방이 나의 변화에 의미 부여 하게 만들어야 한다. 변하지 않은 예전과 같은 모습은 아무런 기대가 없다. 일희일비하지 않고 단순히 기다리는 시간이 아니라 준비하는 태도로 긴 흐름을 타야 그동안 쌓인 갈등을 해결할 수 있다.

"읽고도 답장하지 않는 게 오히려 무례하고 예의 없는 것 아닌가?" 하는 질문을 하는 내담자 분들이 많다. 맞다. 현재 상황 자체만 보면 읽고도 답장하지 않는 건 무례하고 예의 없는 것이다. 그러나 인간은 서사적 존재이고, 지금 상황만 갖고 판단하기는 어렵다. 이렇게 되기 까지의 두 사람의 서사와 상대방의 어린 시절부터의 서사가 있을 것이다. 갈등을 중재하고 갈등을 넘어서 관계를 전환시킨다는 건 이런 서사들을 재정립하는 과정이다. 상대가 답장하지 않는 것에는 그동안 나의 문제가 영향을 준 때문일 수도 있고, 상대의 과거사로 인해서 답장하지 않는 사람이 된 것일 수도 있다. 그러나 분명한 건, 이유가 어떤 것이든, 지금의 상황만 보고 무례와 예의를 따져서는 현재 닥친 갈등을 해결하기 어렵다. 대화 가능한 사람, 대화 가능한 관계라는 인식, 대화할 만한 가치가 있는 관계, 대화할 만한 가치가 있는 사람이라는 것을 보여주면 반응은 오게 마련이다.

② 나어너어를 읽고 차단하는, 단호한 상대의 심리

나어너어에 응답을 안 하는 건, 답답하기는 해도 아직 내가 보내는 글을 읽고 있는 것이기 때문에 내가 변하고 있다는 정보를 계속 보낼 수 있다는 여지가 있다. 그러나 전화와 문자, 심지어 SNS까지 모두 차단할 경우에는 일반적인 방법으로는 어찌해 볼 도리가 없다. 물론, 차단한다고 대화를 시도할 방법이 아예 없는 건 아니지만, 아무래도 접근 가능성이 낮기 때문에 상대의 상황이 궁금해지는 건 어쩔 도리가 없다. 차단하는 상대의 심리를 이해한다면 갈등을 해결하고자 하는 입장에서 마음이 안정이 되기도 하고 어떻게 반응할지 방도가 서기도 한다.

차단하는 심리 첫 번째는 자기 마음이 정리가 안 되었기 때문이다. 즉 나어너어를 받고 마음이 흔들려서이다. 실제 사례 중에 이혼 후 짐 정리 차원에서 만나서 데이트 하듯이 즐거운 시간을 보내며 이혼을 해도 앞으로 계속 연락은 하자고 약속 했는데 막상 만남 직후에 차단을 하는 사례가 있었다. 흔들리는 사람은 이별 혹은 단절이라는 목표를 세웠는데, 만남이나 나어너어가 그 목표를 방해하는 것 같으니까 방해물을 처리하기 위해 차단하는 방법을 선택한다. 이 경우에는 행동이 일관 되지 않는 특징이 있다. 이럴 때 내담자들은 상대가 자기를 싫어서 차단한 건지 아니면 다른 이유가 있는지 헷갈릴 수밖에 없다. 이렇게 차단하고 일관되지 않은 행동으로 헷갈리게 한다면 이중 모션일 가능성이 있다. 특히 같은 학교, 같은 직장에서 자주 마주치는 사이인데 의도적으로 과하게 나를 피한다거나, 예쁘거나 멋있게 꾸몄을 때 관심을 보이고 나어너어에 나쁜 말이 없이 상대를 칭찬하고 배려하는 말만 가득한데도, 갑자기 차단했다는 건 흔들리고 있을 가능성이 아주 높다. 이 케이스에는 상대가 종종 반발심에 공격성도 보이기도 한다. 그러면 당황하지 말고 오히려 적극적으로 대화를 하기 위해 호기심을 불러일으킬 만한 신호를 보내야 한다. 호기심이 사람의 관계를 깊어지게 만드는 경우가 많다. 호기심이 생긴다면 호기심을 해결하기 위해서라도 대화 의지를 참기 어렵다. 이런 순간에는 당황하지 말고 여유롭게 지속적으로 방법을 만들어 접촉해서 나에게 더 흔들리도록 계속 친절하게 공감어를 사용해 주면 된다. 만약에 여기서 화가 나서 찾아가 분노를 표현한다거나 불안해져서 집착하면 갈등은 점점 더 심화되고, '차단하길 잘했다.'는 생각을 하게 된다. 차단을 당해서 톡이나 전화로는 어렵기 때문에 이메일이나 편지의 방법을 쓰기도 하고, 같은 직장이나 학교인 경우, 정중하게 대화를 직접 요청할 수도 있다. 집으로 찾아가는 등의 행위는 조심하는 게 좋다. 집착으로 보일 수 있고, 자칫 반복되면 스토킹 신고가 가능하기 때문에 횟수나 수위를 조절할 필요가 있다.

차단하는 심리 두 번째는 그동안 갈등이 있으면 그냥 차단하는 방식으로 관계를 가져온 경우이다. 연인의 경우, 헤어졌으니까 연락 오는 게 싫어서 차단하는 게 맞다고 생각하는 경우이다. 의외로 이렇게 인간관계를 모 아니면 도로 해야 한다고 생각하는 사람들이 많다. 갈등이 있는데 관계가 이어지면 귀찮아 지기도 하고 연락이 와도 할 말이 없으니까 차단이 더 낫다고 생각하는 사람들이다. 이런 종류의 차단은 무의미하게 느껴져서이기 때문에 만나야 할 이유가 있다면 오히려 순순히 응해주는 경우가 많다. 그래서 "내가 왜 너를 다시 만나야 돼?"라는 질문에 대답할 준비가 필요하다. 단순히 "내 진심을 보여주고 싶어서, 갈등을 풀고 싶어서"와 같은 이유로는 차단한 사람의 마음을 대화의 장소로 끌어내기 어렵다. 이미 한 번 실패한 관계를 왜 이어가야 하는지 그 사람이 납득할 수 있어야 한다. 이런 종류의 사람이라면 애초에 나어너어를 쓸 때 만날 이유에 대해 꼭 충분한 대답을 만들어야 한다.

차단하는 심리 세 번째는 연락 자체가 스트레스이기 때문이다. 갈등을 중재하는 과정에서 혹은 갈등이 발생했을 때, 감정적으로 호소하거나 매달리거나 혹은 반복적으로 연락해서 상대를 질리게 만들었다면 이미 갈등을 해결할 가능성이 없다고 생각하고 해당 관계에 부정적인 이미지가 각인되어 있다. 이런 분들은 항의행동으로 차단하기도 한다. "나는 너한테 상처를 너무 많이 받았기 때문에 내 SNS를 보는 것 자체가 소름이 돋아. 너도 좀 힘들어 봐."라는 마음을 갖는다. 종종 멀티 프로필로 딱 그 상대한테만 하고 싶은 말을 써 놓고 차단하는 경우도 있다. 이런 항의행동을 하는 경우, 차단 뒤에 숨은 상대방의 욕구를 파악해야 한다. 상대방이 차단을 하는 이유와 상대방이 차단할 때의 감정이 뭔지를 알아야 한다. 진짜 감정이 뭔지를 분석해야 대처가 가능하다. 그래야 오기로 당해보라고 차단한 건지 내 접근 자체가 스트레스여서인지 확인하고 그에 따라서 접근할 수 있다.

마지막으로 차단하는 가장 많은 이유는 '귀찮아서'이다. 애초에 상대는 관계를 완전히 끝냈다고 생각하기 때문에 대화를 이어가는 걸 무의미하게 느끼는 게 자연스럽다. 그런데 자꾸 대화를 하자면서 나어너어를 보내면 같은 말을 반복하게 되니까 귀찮아서 차단을 하게 된다. 심지어 귀찮을 게 예상이 되면 나어너어를 보내기 전에 미리 차단을 하기도 한다. 딱히 밉거나 막 너무 싫거나 감정적으로 격해서 차단을 하는 게 아니고 이별을 했으니까 앞으로 계혹 연락하는 게 귀찮아서 차단을 선택하는 것이다. 이런 사람들에게는 공감과 함께 가능한 짧고 명료하게 내용만 전달하는 게 좋다. 나는 길게 보내고 싶겠지만 상대 입장에서 조금이라도 뻔하다고 느껴질 이야기라면 아예 보지 않고 차단할 수 있다. 상대가 당장 확인하고 싶어지는 내용이어야 끝까지 읽을 텐데 뻔한 내용이다 싶으면 읽지도 않고 차단할 수 있다.

3) 상대가 나어너어에 거절하는 상황

실제 상담 과정에서는 나어너어를 보낸 뒤에 바로 관계가 호전되는 상황보다 거절하는 상황이 더 많다. 그래서 나어너어에 익숙해지지도 않고 거절에 대응하는 연습도 하지 않은 상황에서 급한 마음에 바로 나어너어를 보낼 경우, 내담자가 거절을 받고 대응하지 못해서 좌절하곤 한다. 그러나 거절 대응을 잘해서 관계가 호전되는 내담자들은 대체로 재회하거나 갈등 문제를 극복하고 오히려 관계가 긍정적으로 전환되기도 한다.

사람이 뭔가를 결정하기 위해서는 배외측전전두엽, 시상, 해마, 편도체가 복합적인 작용을 하고 그 작용 사이에서 많은 뉴런 집단들이 서로 억제하거나 선택하는 과정을 거친다. 작은 걸 결정하는 데도 뇌가 이렇게 많은 에너지를 쓰기 때문에 사람은 한번 결정한 걸 바꾸고 싶어하지 않는다. 하물며 오랜 기간 갈등을 겪고 이별을 고할 만큼의 중대한 결정을 하는 데 드는 에너지는 이만저만 큰 게 아니다. 당연히 이별을 결정하는 데 든 에너지를 바꾸는 건 쉬운 일이 아니다. 사람은 본인의 결정을 안 바꾸고 싶어 하는 게 자연스럽다. 그래서 나어너어에 담은 대책을 상대가 거절하는 게 수용하는 것보다 더 자연스러운 결과이다. 이별을 결정한 상대가 거절하는 이유는 본인이 내린 결정을 바꾸기 싫어하는 이런 사람의 일반적인 뇌작용 때문이고 한편으로는 이별이라는 것 자체가 종착역이어서 돌이킬 수 없다고 여기기 때문이다. 사람은 고쳐 쓰는 게 아니다 라고 일반화하는 말도 이유 없이 사람들에게 설득력을 갖고 있다. 그러나 상담을 하다 보면 사람은 정말 많이 성장하고 발전하고 변한다. 그래서 나어너어에 담은 대책이나 넛지를 받아들이게 하기 위해, 상대방에게 내가 변한 모습을 보여주는 게 중요하다. 이것이 나어너어의 그리고 거절 대응의 가장 중요한 부분이다.

그러면 어떻게 해야 상대가 나의 변화를 믿을까? 우선 내가 실제로 변해야 한다. 나만 변하고 상대가 변하지 않으면 억울하다는 생각을 하는 내담자들이 종종 있다. 물론 갈등은 한사람만의 문제로 발생하지 않고 상호 간에 일정 부분의 책임과 문제가 있어서 발생했을 것이다. 그러나 동시에 변하자는 제안은 불가능하다. 누군가는 먼저 혹은 더 많이 변해야 한다. 그것을 내가 먼저 하는 것이다. 관계란 역동이기 때문에 내가 변했는데 상대는 가만히 있는 게 쉽지 않다. 내가 변하면 관계의 역동으로 인해 상대도 변할 수밖에 없다. "네가 변해야 나도 변하겠다."는 건 "서로 변하지 말자."는 것과 같다. 그래서 내가 먼저 변한 모습을 보이는 것이 우선되면 내가 앞서가는 것이다. 그리고 오히려 내가 그 관계를 주도할 수 있다. 이전의 내 모습에 익숙한 상대는 내 변화에 따라서 역동할 수밖에 없다.

내가 변했다 해도 여태까지 본 게 있기 때문에 믿음이 쉽게 발생하지는 않는다. 그래서 상대에게 나의 변화를 믿게 만들려면 믿을 수 있을 때까지 일관적인 모습을 보여주고 믿을 만큼의 시간을 확보해 주는 게 중요하다. 믿을만한 근거점들을 많이 제시해 줘야 한다. 상대방은 내가 변화하지 않을 거란 근거를 정말 많이 가지고 있다. 그래서 내가 변했다는 것을 확인시키기 어려운 게 아니라 오히려 상대가 갖고 있는 근거들을 하나하나 깨준다면 내가 변했다는 것을 확인시킬 수 있다.

그렇다면 변했다는 것을 어떻게 보여줄까? 변화는 마음에서 시작할 수는 있어도 결국 밖으로 표현이 되어야 타자가 확인할 수 있다. 그래서 내가 하는 말이나 내 행동들을 통해 보여줘야 한다. SNS 게시물이나 스토리, 프사 등을 통해서 내 변화를 보여주는 것도 상당히 괜찮은 방법이다. 겹지인이 있다면 겹지인의 말을 통해 전달되는 것도 매우 효과적이다. 이렇게 여러 방면에서 지속적으로 '변했구나!'라고 새로운 근거점들을 제시해 주면 상대방의 마음이 열리게 마련이다. 이런 과정을 통해 확신을 가지기 전에는 거절할 수밖에 없다.

나어너어는 공감적 표현이기 때문에 상대가 나어너어에 거절하는 게 심적으로 쉽지는 않다. 싸우면서 대립 구도를 만들면 거절하기도 쉬워지는데 상대의 마음을 읽어주며 제안하는데 거절하려고 마음을 먹으면 자기가 나쁜 사람이 되는 것 같아서 쉽지 않은 마음으로 거절한다. 거절한다 해도 심한 말로 거절하기는 어렵다. 종종 나어너어를 잘 써서 보냈는데도 불구하고 심한 말로 거절하는 경우들이 있다. 그렇다고 해도 상대 스스로 심하게 하는 것에 대해서 다시 한번 자기를 돌아보고 스스로가 인식한다. 나중에 관계가 좋아진 후에는 이때 거절했던 것에 대한 미안함이 오히려 더 잘해주는 계기가 되기도 한다. 그래서 나어너어에 대해서 상대가 거절했다고 해도 서운해하기보다 오히려 공감적 언어로 거절대응을 잘 진행하면서 일관성있고 충분히 긍정적인 인식을 주면 나에 대한 상대의 신뢰가 더 쌓인다. 거절에 대한 대응을 제대로 못하는 건 결국 내가 다시 만나면 안 되는 이유를 제공하는 것과 다름없다.

그러면 나어너어를 받은 사람은 어떻게 거절하고 나는 어떻게 대응하면 좋을까? 럽디는 그동안 쌓인 데이터를 근거로 상대가 거절한 방식을 분류해 보았다. 가장 일반적으로 나타나는 반응이 4가지였고, 소수이긴 하지만 일반적인 거절이 아니라 혐호 혹은 공포 반응을 보이는 경우가 있었다. 혐오 반응이나 공포 반응 등 특별한 경우를 제외하고 가장 일반적으로 나타나는 4개의 반응을 의문 4문이라고 부른다. 의문 4문에 나타나는 반응들은 대표적인 표현을 쓴 것이고 정확하게 이렇게만 말하는 것은 아니다. 예를 들어 "하고 싶은 말이 뭐야?"에 해당하는 다른 표현은 "왜 그러는데?" 혹은 "진짜 의도가 뭐야?" 등이 있다. 나어너어의 핵심은 타자 – 되기를 통해 상대의 마음을 이해하는 것이다. 거절 대응에서도 이 원리는 변하지 않는다. 우리는 이 생각을 해봐야 한다. "상대가 거절하면서 하고 싶은 말을 물어보는 이유는 뭘까?"

의문 1문 – 하고 싶은 말 해봐! or 하고 싶은 말이 뭐야?

'하고 싶은 말이 뭐야?'라고 거절반응이 오는 것은 사실 완전한 거절이라고 보기는 어렵다. 아직은 여지가 조금 남아 있는 반응이다. 이렇게 말하는 가장 큰 이유는 의아하기 때문이다. 평소에 혹은 이별 이전에 내가 사용하지 않았던 말이기 때문에 다른 의도가 있다고 생각하는 것이다. 나어만 사용하던 내가 타자 – 되기를 통해 너어를 함께 사용하니까 상대 입장에서는 믿지 않고, 신기하기도 하고 놀랍기도 하다. 여기서 상대의 핵심적인 느낌은 의심일 것이다. 그렇기 때문에 나는 지속적으로 변한 모습을 보여줘야 한다. 그러면 변화한 모습을 어떻게 보여줘야 할까? 지속적으로 나어너어를 사용하며 상대의 마음을 공감하면 상대는 그 문장과 말을 나의 마음으로 인식한다.

하고 싶은 말을 해보라는 말은 가장 약한 거절 반응이다. 여기에서는 나어보다 너어를 더 강하게 쓰면서 상대방의 욕구를 찾아주고 그 사람이 듣고 싶은 말을 다시금 전달해 주면 상대가 조금은 더 신뢰감을 갖는다. 즉 먼저 보낸 나어너어 형식의 대화를 조금 더 집약적이고 단조롭게 공감 위주로 읽어준다. 그리고 마지막에 대책 부분에서 했던 넛지를 확인, 언급해준다. 그러면 상대는 나의 변화를 확인하고 싶은 마음도 들고, 넛지가 크게 무리가는 게 아니기 때문에 편한 마음으로 넛지에 응할 수 있다.

일반형 나어너어 예시에서 작성했던 덴티스테 치약 광고 30일간의 약속 편을 기준으로 작성한 나어너어에 의문 1문으로 거절반응이 왔다고 가정하고 거절대응을 한다면 다음과 같이 할 수 있다.

남편: 도대체 하고 싶은 말이 뭐야?

아내: 그래, 의아할 수 있겠다. 내가 생각해도 갑작스럽고 뜬금없는 제안일 거 같아. 오빠가 이혼이란 말까지 꺼내는 거 듣고 곰곰이 생각해 보니까, 내가 그동안 오빠가 생각했던 결혼생활을 못 만들어 줬구나 싶었어. 오빠는 매일매일 아기자기하고 다정다정한 결혼생활을 꿈꿨는데, 나는 오빠를 인정해 주고 격려해 주지 못했던 거 같아서. 오빠가 정말 어려운 마음이었겠다는 생각이 들었어. 오빠는 나한테 약속한 대로 매일 안아주고 뽀뽀해 주고 노력한 거 알아. 나는 오빠 늘 인정해 주고 격려해 주는 걸 잘 못한 거 같아. 오빠 입장에서 생각해 보니까 답답하고 힘들었겠더라. 다 잔소리로 들렸을 거고. 오빠 마음 충분히 이해해. 다른 마음을 갖고 제안한 건 아니야. 오빠가 결정한 대로 따라갈게. 다만, 오빠가 말했던 그런 결혼생활을 마지막으로 만들어보고 싶어. 나는 오빠 인정해 주고 격려해 주고 배웅해 주고 오빠는 하루 한 번 나 안아주고. 큰 시간 들어가는 것도 아니고, 나도 이혼 제안 수용해 주는 거니까, 오빠도 이 정도는 해줄 수 있지 않아?

의문 2문 - 잘 모르겠어.

두 번째는 '잘 모르겠어.'라는 반응이다. '잘 모르겠어.'라는 반응을 하는 상대방은 스스로 혼란스러운 상황일 가능성이 높다. '하고 싶은 말이 뭐야?' 반응에서는 상대가 나를 의심하는 거라면 '잘 모르겠어.' 반응은 상대 스스로에 대한 확신이 안 서는 것이다. 나어너어를 받고 기분이 나쁘지는 않지만 전과 같은 상황이 발생할까 봐, 또 다시 반복될 수 있는 상황들이 두려운데, 마음에 좋아하는 감정이 아직 남아 있을 때 이런 반응이 나타난다. 마치 다시 좋아지고 있는 걸 알고 의도적으로 단호한 반응을 보이거나 차단하는 사람들의 심리와 같다. '잘 모르겠어.'라고 말하는 경우가 가장 많지만 '내가 자신이 없어.' 혹은 '이제 와서 이러면 나는 어쩌라고.' 등 다양한 표현을 한다. 상대의 표현이 '잘 모르겠어.' 반응이라는 것을 확인하기 위한 핵심적인 느낌은 혼란스러움이다. 즉, 아직 호감이 남아있는 마음과 다시 만나봤자 행복하지 않을 거라는 마음, 두 가지를 동시에 가지고 있는 상황이다.

이런 반응이 나올 때 중요한 건, 그 사람에게 호감의 마음이 남아있는 것을 증폭시켜주고 '다시 만나봤자 행복하지 않을 것'이라는 마음을 '행복할 수 있다.'는 생각으로 바꿔 줘야 한다. 이를 위해서는 그 반응에 맞는 스토리텔링이 필요하다. 상대방을 공감한 후에 상대방이 확신을 가질 수 있게 내가 변화 되어 가고 있는 모습, 내가 깨달은 것, 그리고 그 사람을 위해 줄 수 있는 것들을 가지고 이야기를 펼쳐준다. 가능하다면 나의 변화된 모습을 하나의 캐릭터로서 스스로 구상하고 스토리텔링에 담아보는 것이 좋다. 나도 모르게 이전의 내 모습이 튀어나올 수 있기 때문에, 말을 다 하지는 않더라도 상황에 따라 이전의 나라면 어떻게 말하고 행동했을지, 변화된 지금의 나는 어떻게 말하고 행동할지를 구상하며 하나의 캐릭터를 만들어보는 것이 변화뿐 아니라 대화를 신뢰감 있게 끌고 나가는 데 도움이 된다. 스토리텔링과 캐릭터를 만든 후에, 상대가 내 제안대로 했을 때의 좋은 점을 강조하며 나어너어에 담은 넛지를 받아들이도록 한번 더 제안한다.

의문 1문에서와 같이 덴티스테 치약 광고 예시에 맞춰서 거절대응 예시문을 작성해 본다면 다음과 같다.

남편: 난 잘 모르겠다.

아내: 그래, 오빠가 지금 혼란스러운 거 충분히 이해가 가. 내가 오빠에게 이런
　　　말을 해 준적도 없고 오빠 입장에서 봤을 때는 충분히 납득이 안 갈 수도
　　　있을 거야. 어쩌면 내가 오빠와의 결혼생활이 영원하다고 생각하고 평생
　　　함께 할 거라고 생각해서 그 소중함을 놓쳤던 거 같아. 그래서 충분히 사
　　　랑하지 못한 거 같아. 그래서 이대로 이혼하면 정말 미련이 많이 남을 거
　　　같아. 어쩌면 이기적으로 보일 수도 있어. 내 욕심일 수도 있고. 하지만 이
　　　대로 30일의 숙려기간을 놓친다면 우린 평생 미련만 남긴 채로 헤어지는
　　　거잖아. 내가 이렇게 제안했는데도 거절하고 숙려 기간 내내 어색하게 지
　　　내다가 이혼하면 오빠도 찝찝한 부분이 남겠지. 30일 동안 서로 어색하게
　　　지내는 것보다 '최선을 다 해봤다'고 생각하는 게 이혼 후에 오빠 마음도
　　　편하지 않을까? 이렇게 충분히 해볼 걸 해보자는 생각으로 내 제안에 응
　　　해보는 건 어때? 시간이 많이 투자되는 것도 아니고 아주 간단한 제안이
　　　니까.

의문 3문 - 싫어.

　　세 번째는 '싫어.' 반응이다. '싫어.'뿐 아니라 '그만해.', '이젠 아닌 거 같아.' 등 굉
장히 단호해 보이는 언어들로 거절 반응이 나오는 상황들이다. '싫어.'라며 강한 감정
을 표현하는 경우는 긍정적이든 부정적이든 감정이 아직 있는 상황이다. 앞서 설명했
듯, 사람은 누구나 자기가 결정한 것에 대해서 바꾸고 싶어 하지 않는다. 이것은 뇌
반응이자 본능적인 부분이다. 그리고 그런 결정을 내려서 자신에게 확신이라는 암시
를 주기 위해 더 강한 부정 반응을 보여주기도 한다. 그래서 상대방이 내린 결정 자
체를 부정하기보다 공감하고 상대의 결정을 옹호해 주면서, "너의 결정이 맞다. 그리
고 내가 너의 입장이었어도 그런 결정을 내렸을 것 같고 네가 그럴만했더라." 라고
오히려 한층 더 인정을 보여주는 모습이 필요하다. 상대의 감정들부터 충분히 어루만
져주는 느낌으로 다독여주고 더불어 인정과 칭찬을 추가한다. 그 사람이 나에게 해줬
던 노력에 대한 스토리텔링이 필요하고 부정성을 전부 뺀 긍정성 있는 말들, 그 사람

이 들었을 때도 기분이 풀릴 만한 내용들을 많이 채워주는 게 좋다.

그리고 넛지는 의문 1문과 의문 2문에서 했던 것보다 강도를 좀 약화시켜서 하는 게 좋다. 의문 1문과 의문 2문에서는 넛지를 받아들이도록 "그러니 만나서 이야기해 보는 게 어때?" 정도로 한번 더 강조한다면 의문 3문에서는 "기다릴 테니 생각해보고 연락 줘." 정도로 약화시킨다.

그리고 마무리에 고맙고 감사하다라는 표현을 덧붙여 주는 게 좋다. 누구나 본능적으로 '고맙다. 감사하다.'라고 표현하는 사람에게 매몰차게 이야기하거나 나쁜 반응으로 이야기한다면 오히려 이상한 사람이 될 수도 있겠다는 생각을 하기 때문에, 고맙고 감사하다는 표현을 하는 게 매달리거나 대립하는 것보다 상대방이 오히려 거절하기 힘들도록 만든다.

의문 1문과 의문 2문에서와 같이 덴티스테 치약 광고 예시에 맞춰서 거절대응 예시문을 작성해 본다면 다음과 같다.

남편: 싫어. 이젠, 아닌 거 같아.

아내: 그래, 오빠가 충분히 그렇게 생각할 수 있다고 생각해. 아마 내가 오빠 입장이었어도 그랬을 거야. 사람은 쉽게 변하지 않으니까. 이제 와서 이렇게 해보는 게 무슨 의미가 있을 까 하는 생각도 들 거고. 오히려 30일 동안 부딪히다가 더 힘들어지지 않을까? 하는 걱정도 될 거야. 오빠는 그동안도 충분히 노력했으니까. 오빠는 회사 일도 바쁘면서 내 가정일까지 도와주려고 노력했었잖아. 기념일도 잊지 않고 챙겨주고. 처갓집도 가족이라면서 우리 엄마, 아빠에게도 잘하려고 했던 것도 알아. 충분히 할만큼 했기 때문에 아쉬움도 없고, 더 무언가를 하려는 게 버겁게 느껴질 거야. 내가 너무 오랫동안 그걸 알아주지 못해서, 늦었지만 헤어지는 마당에라도 챙겨주고 싶었던 거야. 우리 부부로서의 관계가 끝난다고 나쁜 감정으로 대하지 않고 정말 좋은 마무리를 하고 싶어. 나는 준비 됐으니, 오빠 마음이 혹시 내 제안에 응할 수 있다면 얘기해 줘. 그렇게 해주지 않는다고 해도 나는 오빠에게 늘 고마워하고 있으니까. 오빠 원망하거나 미워하지 않아. 오히려 오빠에 대해서 더 생각해 볼 수 있는 시간이 생겨서 고마워.

의문 4문 - 알겠는데 마음이 안 생겨.

이 반응이 가장 강한 거절 반응이다. 이 반응을 해석해 보자면 이건 "너의 말 다 알겠고 이해했는데, 내가 너한테 이제 감정이 남아있지 않아."라는 의미이다. 의문 3문은 부정적이라도 감정이 남아 있는 상태라면 의문 4문은 이제 감정이 남아 있지 않아서 굳이 에너지를 쓸 필요가 없는 상황이다. 이런 반응이 나오면 나어너어를 보낸 사람도 좌절하게 되고, 생각이 복잡해지기 마련인데, 복잡하게 생각할 필요는 없다. 오히려 감정이 없기 때문에 그저 그 사람이 나를 만났을 때 좋은 이유와 근거에 대해서 차근차근 요목조목 설명해 주면 된다.

도입부는 의문 3문과 동일한 구조로 상대의 거절에 공감하며 '그럴 만하다.'고 이야기해 주면 된다. 서운해하거나 대립각을 세우면 감정이 떠난 사람 입장에서는 피곤해진다. 충분히 인정과 공감부터 먼저 해주고, 상대방이 내 제안대로 했을 때, '손해 보지 않겠구나. 도움이 되겠구나.' 이런 느낌이 들어야 한다. 상대방의 욕구와 소구점을 하나하나 나열하고 내가 내 입장에서 상대방의 소구점을 말해주면서 내가 제안한 것이 상대방의 소구점들을 채우기 위해 필요하다는 것을 알려야 한다.

더불어 담아낼 수 있다면 '내가 상대의 소구점을 충분히 들어줄 수 있는 모습이 되었고 그렇게 해주고 싶었다.'는 내용도 들어가면 좋다. 그래서 상대가 내 제안을 거절하면 이렇게 상대의 소구점을 채워줄 수 있는 내 모습이 다른 데서 빛을 발휘할 수 있다는 상실감을 가질 수 있도록 해주는 것이 좋다. 이 부분은 잘못 담아내면 매달리는 것처럼 보일 수 있기 때문에 자연스럽게 담아지지 않으면 안 담는 게 좋다.

상대는 이미 감정이 없어졌기 때문에 절대 매달리는 것처럼 보이면 안 된다. 매달리는 모습은 의문 4문뿐만 아니라 특수한 상황을 제외하고는 대체로 부정적인 반응이다. 상대방이 바랐던 부분들을 제안하고 제시해 주면서 그것들을 이야기한 후에 내가 어떻게 할 수 있는지, 이제는 예전과 다르게 내가 어떤 걸 보여줄 수 있는지에 대해서 스토리텔링으로 이야기를 해주면 된다.

의문 1문과 의문 2문, 의문 3문에서와 같이 덴티스테 치약 광고 예시에 맞춰서 거절대응 예시문을 작성해 본다면 다음과 같다.

남편: 무슨 말인지 알겠는데, 마음이 안 생겨.

아내: 그래, 오빠. 충분히 이해해. 그동안 오빠가 참고 기다린 것을 생각하면 마음이 안 생길만하지. 더이상 오빠를 귀찮게 하는 일은 없을 거야. 오빠 말대로 이혼을 받아들일 거고. 오빠가 나를 좋아했던 모습들이 분명히 있었는데, 나는 그런 모습들을 보여주기보다 오빠가 싫어하는 모습들만 보여준 거 같아 너무 아쉬워. 헤어지더라도 오빠에게 좋은 기억을 남기고 싶었는데, 그마저도 어렵게 됐네. 오빠는 내가 예뻐서 좋아한다고 했지만, 그 외에도 나의 많은 걸 좋아해줬어. 내가 요리를 하거나 청소할 때도 살림이 처음이니까 분명히 부족할 텐데, 오빠는 나무라기보다 늘 요리도 잘한다, 청소도 잘한다 칭찬해 줬지. 시댁 부모님들도 잘 챙겨 준다고 늘 고마워해 줬어. 이런 사람 어디 가서 만나냐고 시댁 부모님들께 자랑하기도 했었는데. 나에게 늘 칭찬과 인정을 아끼지 않아줘서 고마워. 반면에 나는 그걸 잘 못했네. 오빠는 시간이 흐를수록 매력이 더해가고 나도 누구 칭찬 잘 못하는데 오빠에게 배워서 이제야 오빠의 좋은 점들을 하나씩 말하고 인정할 수 있는 성격이 되어 가고 있었는데, 충분히 못 해줘서 미안하고 아쉬워. 그래서 남은 시간 만이라도 그동안 오빠에게 보고 배운 것들을 잘 써먹으려고 했던 거야. 그럼, 이제 오빠 말대로 이혼 준비하도록 할게. 그래도 내 마지막 제안을 혹시라도 받아줄 생각이 있으면 말해줘. 난 언제든 좋아.

살펴본 바와 같이 기본적인 거절은 4가지 형태로 나타난다. 그리고 이 4가지의 거절 대응은 대면으로 만나서 하는 거절 대응과 편지나 문자, 톡으로 보내는 거절 대응으로 나뉜다. 편지나 문자, 톡으로 보낼 때는 나어너어에 대해서 배운 바를 고민하며 준비해서 보낼 수 있지만 대면해서 말을 하기 위해서는 그만큼 숙달하기 위한 연습이 필요하다. 나어너어를 처음에 편지나 문자, 톡으로 보냈다 해도 거절이 전화로 오거나 바로 답변해야 하는 톡으로 올 경우에는 대면 너어와 크게 다르지 않다. 이때를 대비해서 가장 많이 연습해야 하는 것은 상대의 반응이 몇 번째 반응인지를 파악하는 것이다. 상대의 반응을 파악하려면 상대의 욕구와 감정을 읽기 위한 관찰 연습도

선행되어야 하고, 그에 따른 거절 대응을 바로 꺼내서 말할 수 있을 만큼 연습해야 한다.

거절 반응은 한 번만 나오기도 하지만 대응을 어떻게 하느냐에 따라 여러 번 나올 수 있다. 처음에는 '하고 싶은 말이 뭐야?'라고 했다가 1번 대응을 하면, "그런 거면 난 싫어."라며 3번 반응을 보일 수 있다. 그 때마다 각 거절 대응에 대한 내용을 변경하며 대답할 수 있어야 한다. 내가 처음 나어너어를 프랑스로 유학 간 여자친구에게 사용했을 때, 그 여자친구는 처음에 "싫어."로 반응했다가 내가 거절대응을 하자 "잘 모르겠어."로 바뀌었다. 거기에 대해 다시 거절대응을 하며 이런 과정을 몇 번 순환하고 나서 재회하게 되었다. 이때는 거절대응이 데이터를 기반으로 연구되기 전이었지만 나중에 돌아보니 이미 그때 나는 거절대응을 하고 있었다. 그리고 연구 동의한 한 내담자는 나어너어를 보내고 카페에서 대면을 해서 3시간 동안 상대의 거절에 지속적으로 대응한 결과 재회에 성공했다. 재회에 성공한 후 상대의 고백에 의하면, 3시간 동안 의심의 눈빛을 보내면서 점검했지만 계속되는 공감 반응에 감동하는 시간이었다고 한다. 거절 대응은 용어상 대응이라고 표현했지만 대립 되는 방식의 대응이 아니라 공감·수용과 함께 나의 욕구과 감정을 전하는 것이기 때문에 상대는 감동할 수 있다. 이렇게 상대에게 거절 대응으로 감동을 주기 위해서는 나어너어와 거절대응을 바로바로 꺼내 쓸 수 있을 만큼 많은 연습이 있어야 한다.

그동안의 10만 명의 내담자의 거절 상황을 분석한 결과, 의문 4문 안에 사실상 대부분의 거절 반응이 들어가 있다. 의문 4문 외의 거절 반응들은 대체로 더 강한 거절 반응들이고, 부정 4문, 거절 4문, 혐오 4문 총 12문으로 나눈다. 이 안에 들어가는 거절 반응들은 감금, 폭력, 외도 등으로 인한 갈등 이후의 거절 반응이다. 이렇게 심각한 이유로 인한 거절이기 때문에 이 거절 반응들은 책 안에 담아내기는 어려운 부분이 있다. 유형화 했다 할지라도 워낙 심각한 수준의 갈등이었던 터라 대상에 따라 심도 있게 접근해야 하기 때문에 전문가의 도움을 받는 것이 좋다.

3부

기타편

관계를 바꾸는
치트키,
나어너어

나어너어의 활용 범위

① 일상 속 나어너어

나어너어는 처음에 완전히 깨진 관계를 회복시키기 위해 만들어졌다. 그래서 이혼과 재회를 비롯해서 커플갈등을 중재하는 데 사용해왔다. 그러나 갈등 중재 과정에서 이미 나어너어가 익숙해진 내담자들이 일상 속에서도 나어너어를 활용하면서 삶이 변해가는 것을 경험하고 나어너어를 가르쳐준 것에 대해서 지속적으로 감사를 표해온다. 나어너어를 일상 생활에서도 사용할 수 있는 단계로 발전한 건 사용자들의 인생을 생각해 볼 때 정말 좋은 신호이다.

갈등을 중재하거나 재회를 위해 사용한 나어너어는 완전히 깨진 관계를 다시 이어내기 위해 사용했기 때문에 한번에 많은 정보들을 보내야 했다. 대화할 수 있는 기회를 얻기가 어렵고 한번 만나거나 연락할 때 최대한 많은 정보를 전달해서 상대의 마음을 바꿔야 하기 때문이다. 그러나 갈등 중재가 완료되고 다시 좋은 관계로 들어간 후부터는 전달할 정보의 양보다 대화의 질에 집중하는 것이 좋다. 그리고 상대의 관심사도 섞어서 상대의 말이 많아질 만한 주제를 정해 이야기하는 것이 좋다. 나어너어는 전달하는 내용도 중요하지만 말하는 양도 공감적으로 다가간다. 상대가 말을 좋아하는 사람인지 말하기를 힘들어하는 사람인지, 개인적인 시간이 필요한 사람인지, 누군가와 늘 같이 있어야 하는 사람인지를 배려하는 것도 나어너어의 일부이다. 상대가 말을 좋아한다고 가정할 때, 상대가 한 마디 했는데 내가 세 마디씩 계속 하고 있다면 말하는 양을 조절하는 것도 일종의 나어너어이다.

나어너어와 거절대응을 갈등을 중재할 만큼 연습했다면 일상 속 나어너어는 어려운 일이 아니다. 그러나 일상 속 나어너어만 배우고자 한다면 공감적 표현 1, 2단계와 나와 상대의 욕구를 중심으로 대화하는 3, 4단계를 따로 연습하는 것이 좋다. 1, 2단계는 처음에는 감이 안 오지만 일주일만 신경 써도 생활에 익숙해질 수 있다. "상대의 감정은 뭘까? 내 감정은 뭐지? 상대의 감정을 어떻게 읽어줘야 기분 나빠하지 않을까? 상대의 감정을 어떻게 읽어줘야 공감 받았다고 느낄까? 내 감정을 어떻게 표현해야 정확하게 표현하는 걸까? 내 감정을 담고 있는 단어는 뭘까? 나는 이 말을 하기 전에 내 감정으로 인해 어떤 행동을 했지? 그리고 내 행동이나 말로 인해 상대는 어떤 감정이 됐지?" 이런 생각들을 계속 하면서 나와 상대를 '관찰'한다. 3, 4단계는 "나는 뭘 원하지? 내 욕구는 뭘까? 상대는 뭘 원하지? 상대의 욕구는 뭘까?" 하고 생각하며 나와 상대가 원하는 바를 찾기 위해 관찰하는 훈련을 한다. 1, 2단계에 비해 3, 4단계는 관찰할 요소들이 더 많다. 관찰이란 판단의 반대말이다. 판단을 중지하고 있는 그대로의 나와 상대를 살펴서 상대의 감정과 욕구를 탐색해야 한다. 그리고 상대의 욕구를 위해 내가 무엇을 할 수 있는지, 내 욕구를 위해 상대에게 무엇을 요구할 수 있는지 결정하고 나어너어의 형식에 맞춰서 말한다.

재회 과정에서 이런 연습을 시키면, 이런 연습을 안 해본 사람은 어떻게 사람이 살아가면서 이렇게까지 감정에 신경 쓰고 사냐고 항의하기도 한다. 그러나 비폭력 대화나 감정코칭에서도 이와 비슷한 훈련을 위해 수백만 원의 돈을 내고 자격 과정을 밟는다. 그리고 자격 과정을 밟는 사람끼리 서로의 감정과 욕구를 관찰하기 위해 대화를 연습하고 정기적으로 연습모임을 가지면서 감정과 욕구를 읽는 감각을 유지한다. 훈련이 없이는 어려운 일이다. 럽디에서는 상담 과정에서 내담자에게 30개의 일상 상황에 나어너어를 어떻게 적용할 수 있는지 상황별로 정리한 후에, 자기가 상황에 따라 나어너어를 사용한 것을 녹음해서 들어 보도록 한다. 내담자 중에는 "대학 갈 때도 이렇게까지 훈련하지는 않았어요."라며 토로한 사람도 있다. 그러나 그 훈련을 다 마치고 난 후에는 연인뿐 아니라 주변 사람들의 반응도 달라졌고 이 훈련을 위해 쏟아부은 시간들이 아깝지 않다고 뿌듯해 한다.

② 연애 밖에서의 나어너어

나어너어는 연인 간의 갈등 중재, 이별한 커플이나 이혼한 부부의 재회를 위해 주로 사용되어 왔다. 그러나 내가 나어너어를 처음에 구상했던 건 어린 시절 아버지 덕분이었다. 물론 이때는 나어너어라는 개념도 없었고, 심리학적 이해도 없었지만 본능적으로 설득의 언어를 구사했던 것 같다.

아버지는 소통하는 사람이 아니었다. 내 말을 듣는 데는 큰 관심이 없어 보였고, 내게 자기 의사를 전달하는 게 목적이었다. 아버지는 가르치는 사람이었다. 임용고시 준비생들에게 수학을 가르쳤다. 삶의 지표가 정확하고 예외를 두지 않는 강직한 분이었다. 강의를 하루종일 했을 텐데도 집에 오면 내 침대로 오셔서 또 말을 하기 시작하셨다. 틀리거나 무의미한 말은 없었다. 오히려 인생에 도움이 되고 교훈적인 내용들이었지만 주로 어린 내가 듣기에는 귀찮기도 하고 짜증나기도 하는 말들이었다. 아버지는 쉴 새 없이 말했다. 이대로는 안 되겠다고 생각했다. 아버지의 말을 끊으려고 시도하면 말은 더 길어졌다. 어떤 날은 밤에 말하기 시작해서 다음 날 아침 7시까지 말씀하신 적도 있었다.

나어너어의 실마리를 발견한 날, 그날도 아버지는 어김없이 내게 긴 말을 걸기 시작했다. 그러나 그날 만큼은 평소의 내 대화 패턴, 내 의견을 말하고, 내 감정에 따라 아버지의 말을 끊으려고 시도하는 패턴을 멈췄다. 그리고 아버지의 말을 듣기 시작했다. 그렇게 경청하며 듣다보니 일정부분 맞는 말도 공감가는 말도 있었다. 물론, 다 공감이 가거나 동의 되는 건 아니었다. 평소였으면 공감이 안 되거나 동의가 안 되는 지점들을 중심으로 말을 했을 텐데, 그날은 공감이 가고 동의되는 부분을 먼저 발견하고 아버지의 말을 받아주었다.

"그렇군요. 아버지 말씀은 (이러저러)하다는 거죠? 이해했어요."

내가 아버지 말씀을 이해하고 정리해서 받아들이자 아버지의 긴 말이 멈췄다.

"어? 오늘은 짧네?"

그날, 아버지의 말이 짧아진 이유를 고민해보고 내린 결론이 공감의 힘이었다. 가만히 그동안의 대화가 스쳐 지나갔다. 아버지가 말씀하실 때마다 나는 아버지와 반대되는 내 의견을 말했고, 그게 대화라고 생각했던 것 같다. 그러나 이날 이후로 공감대화를 시작했다. 공감 대화를 시작하자 그 이후에 나오는 내 말이 아버지의 의견과 달라도 수용 빈도가 높아졌다. 대화가 바뀌자 아버지와의 관계가 바뀌었다.

내담자 중에 영업직종에서 종사하는 사람이 있었다. 그 내담자는 재회에 성공하고 상담을 종료한 지 한 참후에 선물을 보내왔다. 영업 일에 나어너어를 사용하고 있는데 영업 실적이 말도 안되기 올랐다는 것이다. 이렇듯 나어너어는 연인이나 부부와의 관계뿐 아니라 부모와 자녀 관계는 물론이고, 친구들과의 관계, 회사에서 직장 동료나 상사, 후임들과의 관계, 심지어 고객들과의 관계까지 영향을 준다.

③ 진짜 감정 찾기, 욕구에 직면하기

나어너어의 가장 강력한 힘은 상대와 나의 욕구를 드러내는 힘이다. 사실, 연애 중혹은 결혼생활 중에 늘 나어너어를 사용해 왔다면, 큰 갈등이 없이 살았을 수 있다. 사소한 감정이 상하는 일들을 있을 수 있어도 나어너어가 익숙하다면 해결하는 게 어렵지 않을 것이다. 대부분의 갈등은 외부적 요소보다 감정과 욕구를 숨기거나 우회해서 드러내려 하다 보니, 그러면서 상대가 알아서 내 감정과 욕구를 알아채 주길 바라다보니 발생한다. 나어너어는 감정보다는 욕구에 더 집중하는 화법이다. 감정은 욕구에 근접하기 위한 과정이다. 그러나 결과적으로 진짜 감정에 접근하게 도와준다. 욕구는 감정과 연결고리를 갖는다. 욕구가 충족되면 긍정적인 감정이 흐르고 욕구가 좌절되면 부정적인 감정이 흐른다. 그래서 욕구를 알기 어려울 때는 감정을 분석하면 되고 감정을 알기 어려울 때는 욕구를 분석하면 된다. 나어너어는 욕구를 드러냄으로써 감정에 전환을 가져온다. 욕구에 접근하지 못하면 감정도 가짜가 된다.

우리는 진짜 감정을 만나기 어렵다. 그 진짜 감정을 다른 사람에게 보여주기도 어렵지만 내가 진짜 감정을 만나기도 어렵다. 왜냐하면 어린 시절부터 감정이나 어떤 생각이나 삶의 패턴들을 억압 당해왔기 때문이다. 이렇게 감정과 욕구가 억압당하는 것을 '디스카운트'라고 한다. 이를테면 남자가 슬플 때 슬퍼해야 되는데 아버지가 "무슨 남자가 슬퍼해? 남자는 태어나서 세 번 우는 거야. 눈물 뚝."이라고 말하면 그 슬픔이란 감정은 디스카운트된다. 어떤 생각의 단위도 마찬가지고 행동의 단위도 마찬가지이다. 어떤 행동을 하든 어떤 생각을 하든 그게 디스카운트되면 그걸 표현하거나 활용할 수 없다. 그래서 나에게서 그 디스카운트된 감정이나 욕구가 나오려고 하면 그걸 대신하는 대체 감정이나 대체 욕구가 나온다. 이렇게 대체욕구로 인해 나오는 감정이나 감정 자체가 대체되어 나오면 상황에 맞는, 적응적인 감정이 아니다. 그래서 이렇게 우회하거나 대체적으로 나오는 감정들을 부적응적 감정이라고 부른다.

모든 감정의 원형이 되는 감정 네 가지가 분노, 두려움, 슬픔, 기쁨이다. 마치 원색 3가지 빨강, 초록, 파랑에서 다른 모든 색깔들이 출발하듯이, 분노, 두려움, 슬픔, 기쁨이 서로 섞이고 역동하고 우회하며 다른 감정들이 만들어진다. 분노는 내 욕구가 부당하게 차단당했을 때, 두려움은 욕구를 드러낼 엄두를 못 낼 만한 대상에 대해서, 슬픔은 애착대상의 좌절로 인해, 기쁨은 욕구의 성취로 인해 발생한다. 그러나 욕구와 이 기본 감정들이 억압당하거나 차단되면 다른 감정들로 우회하며 나타나고, 이렇게 우회한 감정들은 석연찮은 느낌을 남긴다. 그리고 이 석연찮은 느낌의 원인을 타자나 자기에게서 찾으려 하고 이런 심리가 관계를 어그러트리는 심리게임으로 발전한다.

예를 들어, 내 욕구를 실현하기 위해 많은 공을 들였는데, 다른 사람으로 인해 그 욕구가 좌절됐다면 화가 나는 건 자연스럽다. 그런데 주변 사람들의 눈치를 보면서 혹은 화를 내면 안 된다는 생각에 그 화를 낼 수 없도록 억압한다. 그러면 그 화를 허용된 다른 감정으로 표현하려고 한다. 화가 억압이 됐기 때문에 교묘하게 다른 감정을 드러내면서 정작 풀고자 하는 건 '화'이다. 그래서 그 화는 덜 드러나는 미움이나 시기나 질투와 같은 것들로 튀어나온다. 시기와 질투는 심리게임을 직접적으로 유발하는 감정이다. 두려움은 욕구를 아예 드러낼 수도 없게 만드는 감정이다. 그리고 두려움 마저 억압되면 두려움은 불안으로 전환된다. 두려움은 정확한 대상이 있어서 통제하거나 관리할 수 있지만 불안은 대상이 없어서 불안을 위해 불안한 상황을 반복한다. 불안은 주로 어떤 대상을 두려워한다는 것을 숨기고 싶어서 두려움을 억압하는 대신 발생한다. 불안은 있지 않은 대상에 대해서 발생하기 때문에 미래를 무리하게 예측하는 방식으로 심리게임을 만든다. 긍정감정인 기쁨조차도 우회한다. 분위기와 상관없이 자기 기쁨을 표현했더니 아버지가 "어디서 교양 없이 그렇게 웃어!"와 같은 지적이나 표현들을 많이 했다면 내재된 정서적 습관으로 인해 기쁨과 환희를 양껏 표현할 수 없기 때문에 자연스럽게 그 기쁨과 환희를 감추기 위해서 조숙해 보이는 감정을 취하게 된다. 그러면 다른 곳에서 이 기쁨을 해소하고자 하고 이것은 심리게임을 구성한다. 슬픔은 특히 남자들에게서 자주 억압되는데 주로 죄책감과 수치심으로 전환되며 심리게임을 유도한다.

물론, 상황에 따라 기본 감정들도 부적응적 감정이 되지만, 기본 감정들은 대체로 직면 가능하고 해소가 어렵지 않다. 그러나 기본감정들이나 이와 관련한 욕구의 디스카운트로 발생한 수치심, 죄책감, 시기, 질투, 경멸, 격노, 동정, 지루함, 망설임, 혼란, 불안, 우울, 후회, 절망 등은 직면하기도, 해소하기도 어렵다. 이런 것들이 다 적응적인 진짜 감정을 숨기고 나타나는 부적응적 감정이다. 물론 이러한 감정들도 각각의 역할이 있고 상황에 따라 긍정적인 역할을 하기도 한다. 그래서 부적응적 감정이 전혀 없이 늘 적응적 감정만을 갖고 살아가는 사람은 없다. 대체로 겉으로 드러난 감정들을 가지고 살아간다. 게다가 이런 부적응적 감정을 유지하는 것이 내 정서를 안정적으로 만드는 행동들이라고 생각한다. 그러나 이런 부적응적 감정들은 소통을 이중적으로 하게 만들고, 이중적으로 진행하는 소통은 결국 두 사람의 차이를 갈등으로 심화시킨다.

사람이 이렇게 부적응적 감정으로 살아가는 이유는 타자로부터 인정을 받기 위해서이다. 인정자극을 얻기 위해서 인간은 자연스럽게 부적응적 감정을 보이면서 스스로도 이 감정이 자기 진짜 감정이라고 여긴다. 예를 들어, 화가 나는데 화를 낼 수 없으니까 다른 데 가서 "야, 걔 정말 재수 없지 않니?"라고 욕한다. 그 후에 사람들이 "맞아, 맞아, 나도 걔 재수 없었어."라고 공감을 해준다. 이렇게 인정자극을 얻으면서 진짜 적응적 감정인 화는 '시기' 혹은 '질투'로 해소된다. 이렇게 다른 사람들이 내 말을 인정해 주는 자극을 받으면서 짜릿해진다. 그러면 다음에도 다시 한번 공감을 얻기 위해서 학습된 방식으로 누군가를 욕하고 다시 인정을 받으며 이 행동을 반복한다. 인정자극을 다시 획득하고 싶을 때마다, 인정자극으로 인한 만족감을 맛보고 싶을 때마다 또 누군가를 욕한다. 그런데 만약에 남자 친구나 여자 친구가 이런 인정자극을 주지 않으면 억압되었던 분노가 그 사람을 향하게 된다.

적응적 감정과 부적응적 감정의 고리가 드러나는 다른 방식도 있다. 마음에 기쁨이 생기면 좋아하는 표현을 하면서 신나게 자기 감정을 표출하면 되는데 기쁨을 표현하는 게 적응적이지 못하면, 누군가에게 선물을 주고 그 사람이 고마워하는 인정자극을 통해 만족감을 얻는다. 기쁨이 만족감으로 전환하는 것이다. 진짜 자기 감정 대신 이런 대체 감정들을 획득하는 구조로 우리 행동 패턴들이 구성된다. 그래서 진짜 자기 감정들을 숨기면서 대체되는 감정들을 보이고 또 그 대체감정을 획득하기 위해서 나는 어떤 행동을 하고 그 행동을 통해서 또 그 대체감정을 획득하고 이런 방식으로 인간관계를 반복한다. 그러니까 전반적으로 진짜 감정은 점점 없어지고 다 대체감정으로만 살아간다. 그러니까 내가 정말 원하는 게 뭔지도 잊고 나의 자아나 나의 정신, 나의 주체성은 늘 공허함을 경험한다. 면밀히 살펴보면 대체로 부적응적 감정으로 살아간다. 특히 한국은 부적응적 감정으로 살아가지 않으면 존재하기 어려운 문화 속에 있다. 그러나 그것은 우리의 정서에 결과적으로는 좋지 않은 영향을 준다.

그러면 이런 부적응적 감정을 어떻게 다뤄야 할까? 당연히 진짜 자기 감정을 찾고 진짜 자기 감정 속에 직면해야 한다. 이때 가장 많이 하는 실수가 상대에 대해 갖고 있는 불만을 진짜 자기 감정이라고 착각하는 것이다. 그래서 상대에게 자기 감정을 다 쏟아놓고 자기 감정을 표현했다고 생각한다. 그러나 이런 방식으로 부적응적 감정을 다루기 위해 감정에 몰입하면 점점더 다양한 부적응적 감정만 등장하고 정작 해소해야 하는 적응적 감정에 접근하는 길을 잃는다. 적응적 감정을 찾는 가장 좋은 방법은 욕구를 찾는 것이다. 그리고 상대의 욕구를 읽고 내 욕구를 표현하기 시작하는 것이다. 감정은 욕구의 만족과 실패로 인해 발생하는 것이기 때문에 나의 진짜 감정, 적응적 감정을 찾기 위해서는 욕구에 접근해야 한다.

나어너어는 1, 2단계에서 상대의 감정을 읽어주는 공감하기를 하는 과정이 있지만 1, 2단계는 결국 3, 4단계를 위한 과정이지 목적이 아니다. 공감은 마음을 열고 수용성을 만들어주는 과정이지 공감 자체가 나어너어의 목적은 아니다. 물론, 공감하는 과정만으로도 긍정적인 결과물을 만든다. 공감어의 장점은 감정코칭과 공감화법에서 이미 충분히 설명했다. 그러나 나어너어는 심화된 갈등을 중재하기 위한 화법이기 때문에 공감을 넘어 욕구에 직면하는 것을 목적으로 한다. 그래서 상대의 감정을 읽어주는 것에 비해 나의 감정을 드러내는 적업은 약하다. 그러나 감정이 결국 욕구의 성취와 좌절로 인해 발생한다는 것을 감안할 때 나어너어를 통해 욕구를 표현하고 그 욕구가 성취됨으로 감정은 적응적으로 드러난다. 그래서 나어너어를 배우는 과정에서 감정을 관찰하는 과정보다 나와 상대의 욕구와 소구점을 관찰하는 데 훨씬 더 많은 시간을 소비한다. 그래서 내담자들 중에는 나어너어를 꼭 보내지 않더라도, 그리고 갈등 중재나 재회를 포기하더라도 나어너어를 배우는 과정을 통해 자기 욕구와 상대의 욕구를 발견한 것이 큰 수확이라고 말하는 분들이 있다. 오히려 자기 욕구와 소구점에 직면하면서 재회를 포기하는 사례도 있다. 자기 소구점에 직면하고 보니 오히려 연애 과정이 자기 소구점을 좌절시켰다는 것을 확인했기 때문이다. 그런 의미에서 나어너어는 갈등 중재를 위해 만들어졌지만 자기를 찾는 여정이기도 하다.

가스라이팅

가스라이팅은 상호성이 깨진 관계에서 발생한다. 나어너어 가치관 중 "나어너어는 상호성이다." 부분에서 정리했듯이 상호주체성이 세워지지 않으면 연애와 부부관계 즉 사랑은 출발하기 어렵다. 사랑이라는 단어에 이미 상호주체성이 들어가 있다고 봐야 한다. 그런데 이것을 간과하고 서로 자기주체성을 더 많이 주장하기 위해 여러 가지 진실하지 않은 수를 쓴다. 이러한 수를 쓰는 작업을 통해 진짜 감정은 숨겨지고 부적응적 감정으로 관계를 유지하려고 한다. 그러면 관계는 점점 더 난관으로 빠져 들어간다. 더 많은 자기 주체성을 세우려고 진짜 감정과 소구점을 숨긴 관계를 만들어내면 한쪽은 가스라이팅을 하게 되고 또 다른 쪽은 희생양이 되고 만다. 서로 자기 주체성을 더 많이 세우려 하는 관계에서는 묘한 심리게임으로 관계가 살얼음처럼 유지된다.

① 가스라이팅과 그루밍으로부터 나를 지키기

가스라이팅은 사실상 학문적인 용어는 아니다. 가스등이라는 연극에서 시작된 용어이다. 연극 가스등에서 남편 그레고리는 아내 폴라의 재산을 노리고 폴라를 정신이

상자로 몰아가려고 한다. 그레고리가 가스등을 줄여놓자 어둡다고 말하는 폴라에게 그레고리가 어둡지 않다며 폴라의 정신이 이상하다고 세뇌해간다. 이런 과정에서 그 레고리가 폴라에게 한 행동들을 그 연극 이후에 가스라이팅이라고 부른다. 가스라이팅은 상대가 무능하다고 강조하며 자기에게 의지하도록 만드는 방식을 취한다. 그리고 상대가 무능한 증거들을 하나둘씩 제시한다.

그루밍은 결과적으로 상대가 나에게 철저히 의지하게 만드는 목적은 가스라이팅과 같지만 가스라이팅이 상대를 깎아내려서 나에게 의지하게 만드는 방식이라면 그루밍은 상대를 칭찬하고 인정하며 나에게 의지하게 만드는 방법이다. "상대를 칭찬하고 인정하는 방법이라면 좋은 것 아닌가?" 하고 생각할 수 있다. 그러나 그루밍의 악랄함은 칭찬과 인정을 주다가 자기가 원하는 대로 상대가 움직여주지 않으면 칭찬과 인정을 멈춤으로 상대가 칭찬과 인정을 더 받기 위해 내 말을 잘 듣게 만드는 데 있다. 가스라이팅도 그루밍도 결국 자기 주체성을 상대의 주체성보다 더 많이 확보하고자 상대가 내 말을 잘 듣게 만들려고 시도하는 데 있다.

그루밍과 비슷해 보이지만 확연히 다른 방법 중에 라벨링이라는 방법이 있다. 라벨링은 특정 부분에서 상대를 칭찬함으로 상대가 스스로 칭찬 받은 부분에 대해 자존감을 세우는 방식이다. 라벨링과 그루밍이 비슷해 보이는 지점이 있으나 목적 자체가 다르다. 그루밍은 상대가 내 말을 잘 듣게 하는 데 목적이 있고, 라벨링은 정말로 상대가 칭찬 받은 부분에 있어서 자존감을 갖고 잘하게 만드는 데 목적이 있다. 그루밍은 잘못된 심리 기술이고 라벨링은 효과가 좋은 긍정적인 심리 기술이다. 차이가 있다면 그루밍은 내 필요에 따라 줬다 빼는 방법을 취한다면 라벨링은 상대를 위해 진실하게 꾸준히 한다.

가스라이팅과 그루밍과 같이 잘못된 심리 기술들은 욕구와 감정을 왜곡시킨다. 그렇기 때문에 욕구와 감정에 직면하게 하는 나어너어가 가스라이팅과 그루밍에 효과적일 수밖에 없는 것이다. 가스라이팅과 그루밍은 사실상 유행어에 가깝고 정확한 심리학적 용어는 아니다. 정확한 심리학적 용어는 디스카운팅이라고 한다. 디스카운팅은 말 그대로 깎는다는 의미이다. 디스카운트는 외부로부터 들어오는 어떤 정보, 생각, 감정, 욕구 등을 억압하거나 생략하는 것이다. 디스카운트가 실행이 되면 누군가가 나에게 칭찬과 인정을 줘도 안 받은 것과 같은 결과를 초래한다. 그 사람의 어떤 특정한 감정과 어떤 특정한 정보를 디스카운트하는지는 그 사람의 과거와 현재 생활 습관들을 탐색해봐야 확인을 할 수 있다. 어떤 감정과 욕구를 디스카운트 하는지는 사람마다 다르기 때문에 개개인별로 분석을 해봐야 한다.

디스카운팅을 하는 사람을 디스카운터(discounter)라고 하고 디스카운팅을 당하는 사람을 디스카운티(discountee)라고 한다. 디스카운터(가해자)가 디스카운티(희생자)에게 디스카운팅하는 종류는 자기, 타자, 중요성, 가능성, 능력 등이 있다.

먼저, 자기를 디스카운트 하면 타자만 있고 나는 없다. 이런 경우 심각해지면 우울로 빠질 가능성이 높다. 자기 욕구나 자기 감정에는 관심이 없고 상대의 감정과 욕구만 챙긴다. 이런 사람은 소위 호구의 연애를 한다. 상대가 자기 중심적으로 관계를 계속 끌고 가면 둘 사이에서는 자기가 디스카운트 돼야 관계가 유지된다. 이런 사람들은 나어너어를 작성할 때 자기 욕구를 찾기 힘들어한다. 나어너어는 1~3단계까지는 상대의 감정과 욕구를 중심으로 구성하기 때문에 1~3단계까지 작성하는 동안은 자기가 디스카운트 됐다는 걸 잘 인식하지 못한다. 그런데 마지막 대책 부분에서 자기 욕구를 찾아서 자기가 뭘 하고 싶은지를 고민해야 할 때 결정하지 못한다. 상대를 만나고 싶은지, 재회하고 싶은지 계속 헤깔린다. "그냥 상대가 잘 됐으면 좋겠어요. 재회는 안 해도 돼요."라고 했다가 어느날 갑자기 "아니에요. 재회하고 싶어요."라고 했다가 매 상담 때마다 주 호소문제가 바뀐다. 자기가 디스카운트 된 대표적인 반응이다. 이런 사람들은 "네가 그렇지 뭐."라든가 "네가 태어나지 말았어야 했는데." 혹은 "네가 남자였으면"과 같이 자기를 부정하는 말을 많이 듣고 살아온 사람이다.

타자를 디스카운트하면 심각한 경우 자기애성 성격장애로 흐른다. '타자를 디스카운트 하는 건 가스라이팅을 하는 디스카운터의 행동 아닐까?'하고 생각하겠지만 타자를 디스카운팅 하는 것도 다른 디스카운터로부터 디스카운팅 당한 결과이다. 예를 들어, "너나 잘해. 너만 잘하면 돼."와 같은 말을 많이 듣고 자랐거나, "다른 사람한테 신경 쓸 겨를이 어딨어?"와 같은 말을 자주 듣고 살았다면 타자가 디스카운팅 됐을 수 있다. 이런 경우 다른 사람의 감정과 욕구를 관찰하는 게 매우 어려우며 나어너어를 시작조차 하기 힘들다.

자기와 타자의 디스카운트 외에도 중요성, 가능성, 능력의 디스카운트가 있다. 중요성의 수준을 디스카운트하기도 한다. 중요성의 수준을 디스카운트한다는 건 우선순위를 잘 모르는 결과를 초래한다. 굉장히 중요한 역할을 하고 있는데도 불구하고 "별거 없어."라고 표현을 한다거나 중요한 게 뭔지를 알 수 있는 능력을 상실한 경우이다. 이런 경우 '나'이든 '타자'이든 적절한 욕구를 발견하기 어렵다. 가능성의 디스카운트는 "난 안돼."라거나. "어차피 안 될 거야."와 같은 말을 많이 한다. 재회 과정에서 "될까요?"와 같은 부정적인 표현을 많이 쓰는 사람들이다. 더 좋아질 가능성은 인간 누구에게나 있지만 그것들을 없애 버린다. 변화 가능성에 대한 신뢰는 갈등 중재에 있어서 가장 중요한 요소이다. 그런데 이 변화 가능성에 대한 디스카운트가 있으면 "나는 늘 그래요."라고 말하면서 나어너어에 담을 나의 변화를 시도하지 않는다. 이미 10년 전과 지금의 나를 비교해 보면 나는 많이 발전했는데도 불구하고 "나는 늘 그래." 혹은 "걔는 안 변해요."라며 자기에 대한 혹은 타자에 대한 생각을 고정시킨다. 나어너어 가치관에서 살펴봤듯이 변화 가능성은 나어너어를 쓰고 갈등을 중재해 가는 과정에 매우 중요하다. 그러나 가능성이 디스카운트 된 사람들은 나어너어 3단계에서 늘 막혀서 진전이 안 된다. 능력에 대한 디스카운트는 정말 잘 해놓고도 "난 이만큼밖에 못했어."라고 생각하는 경우이다. 혹은 상대가 정말 잘했는데 "너 고작 이거밖에 못했어?"라며 그 능력을 폄훼한다.

각 영역에서 디스카운트가 되는 과정은 가스라이팅의 방식일 수도 있고 그루밍의 방식일 수도 있다. "네가 그렇지 뭐. 너는 나 없이 어떻게 살려고 그러냐?"가 가스라이팅 방식의 디스카운팅이라면 "아빠 말 들어야 착한 아이지."는 그루밍 방식의 디스카운팅이다. 어떤 방식으로 디스카운팅이 되었든 나어너어는 디스카운팅된 영역을 분석하기에도 좋으며 나어너어를 연습하고 훈련하는 과정을 통해 가스라이팅과 그루밍으로부터 벗어날 수도 있다. 그러면 나어너어가 어떻게 가스라이팅과 그루밍으로부터 벗어나게 도와줄까? 먼저, 나어너어를 작성하는 과정에서 내담자가 무엇이 디스카운팅됐는지 분석할 수 있다.

디스카운팅	나어너어
자기	4단계 대책과 넛지에 자기가 뭘 담고 싶은지 선택하기 어려움
타자	1~3단계에서 상대가 무슨 감정이고 뭘 원하는지 분석하기 어려움

중요성	3단계에서 상대 소구점의 중요 순서를 파악하기 어려움
가능성	나어너어의 가능성이나 재회 가능성을 믿지 못해서 행동하지 않음
능력	많은 변화를 이루었지만 계속 스스로 폄훼해서 상대에게 다가가지 못함

디스카운팅된 영역에 따라 나어너어를 작성하는 과정에 부딪히는 난관이 다르다. 나어너어를 작성하며 자기에게 디스카운팅된 지점들을 발견할 수 있다. 그리고 가스라이팅이든 그루밍이든 결국 디스카운터(가해자)가 디스카운티(희생자)의 욕구와 감정을 제거하는 방식이기 때문에 감정과 욕구를 계속 탐색하고 그 욕구를 기반으로 나를 변화시켜야 하는 나어너어를 연습하고 훈련하는 과정에서 가스라이팅과 그루밍을 극복해갈 수 있다. 실제로 상담 과정에서 나어너어를 쓰면서야 비로소 상대가 자기를 가스라이팅하고 있었다는 걸 발견한 내담자도 있고, 상대가 누군가로부터 디스카운팅 당한 상태에 있다는 것을 발견한 내담자도 있다. 그리고 상대가 자기를 가스라이팅하고 있었다는 걸 발견한 내담자의 경우, 바로 재회를 포기한 사례도 있고, 재회 후에 상대의 가스라이팅 행동에 대해 분노하며 이별을 통보한 사례도 있다. 그리고 상대가 다른 사람으로부터 심각한 디스카운팅을 경험하고 있다는 것을 알게 된 내담자는 정말 지극 정성으로 상대가 디스카운팅 당하는 문제를 함께 극복해 나갔다. 이 둘은 다른 외적인 문제로 인해 재회에 성공하지는 못했지만 상대가 자기의 문제를 분석하고 고칠 수 있도록 이끌어준 내담자에게 고마워하며 깊은 우정을 나누는 사이로 지금까지 잘 지내고 있다.

② 연애에서의 심리 게임

전형적인 가스라이팅이 상대를 대놓고 억압하고 상대의 능력과 자존심을 갉아먹는 것이라면 교묘하게 변형시키는 가스라이팅도 있다. 교류분석을 창안한 에릭 번은 이렇게 변형된 가스라이팅들, 즉 자기 인정자극을 위해 자기가 관계를 주도하려고 상호 주체성을 파괴하며 관계를 꼬이게 만드는 과정을 심리게임이라고 불렀다. 심리게임은 조직이나 친구 관계에서도 발생하지만 연애와 부부관계에서 가장 많이 발생한다. 이별한 커플이나 이혼한 부부들의 관계 패턴을 잘 살펴보면 이와 같은 심리게임에

빠졌던 흔적들을 발견한다. 나어너어는 욕구와 소구점에 고스란히 직면하게 도와주고 그 욕구와 소구점을 말과 글로 꺼내서 상호 요구하게 만들기 때문에 이런 심리게임을 끝낼 수 있도록 도와준다. 여기에서 소개하는 심리게임이 연애 및 부부관계에서 이루어지고 있다면 지금 바로 나어너어가 필요하다.

에릭번이 1만 명을 상담하며 분석하고 정리한 심리게임이 36가지였고 그 이후 현대까지 학자들이 분석하고 정리한 심리게임은 100개가 넘는다. 그중에서 대표적인 커플 및 부부 게임 4가지만 소개하고자 한다. 그리고 나어너어가 이 심리게임을 끝내는 데 어떤 영향을 주는지 살펴보자. 중요한 것은 심리게임의 종류나 방법이 아니라 나어너어의 적절한 활용이 심리게임을 끝내는 원리를 확인하는 것이기 때문에 나머지 심리게임들을 모두 소개할 필요는 없다. 어떤 심리게임이든 욕구와 감정에 직면하면 벗어날 수 있다.

심리게임은 기본적으로 이면 교류를 전제로 한다. 이면 교류는 진짜 자기 마음을 숨기고 자기의 의도와 마음을 우회적으로 말하거나 반대로 말하는 교류다. 심리게임을 하는 사람들은 자기 진짜 목적을 그대로 말하면 손해볼 거라는 생각을 하거나 상대가 알아서 목적을 파악해 주기를 바라는 마음을 갖기도 한다. "사랑하면 그 정도는 자연스럽게 알 수 있는 거 아냐?"라거나 혹은 "역시 난 사랑받지 못하는 거였어." 등의 확인되지 않는 생각들이 심리게임을 만든다. "야, 너 짜장면 좋아하지? 짜장면 먹을까?"라고 말해 놓고, 상대가 "그래, 짜장면 먹자."라고 하면 속으로 "하, 내가 분명히 예전에 짜장면 싫어한다고 했는데, 나를 배려하지 않네?"라고 생각하는 것도 일종의 이면 교류이다. 짜장면 싫어한다고 다시 말하면 되는데 내가 뭘 좋아하고 뭘 싫어하는지 상대가 알고 있는지를 확인하고 싶은 것이다. 이런 사소하고 작아 보이는 이면 교류에서 시작해서 심리게임이 시작된다. 그러다가 나중에는 큰 오해들을 만들어 낼 수도 있다.

이런 이면 교류는 잘 살펴보면 속임수이다. 내 진짜 마음을 말하거나 내 진짜 의도를 말하지 않고 뭔가를 속이는 데서 심리게임이 시작된다. 이 속임수가 심리게임이 되려면 상대방의 약점에 맞물리는 속임수를 던진다. 속임수를 던지는 사람에게 맞는 대상 유형이 있다. 이 속임수를 아무에게나 던지지 않는다. 심리게임을 걸었을 때 그게 통하는 사람이 있고, 심리게임을 거는 사람은 그게 통하는 사람을 기가 막히게 알아 본다. 예를 들어, 내가 던지고자 하는 심리게임이 온순한 사람에게 던져야 되는 심리게임이라면, 매몰찬 사람에게는 속임수를 던지지 않는다. 심리게임도 궁합이 잘 맞는 사람을 만나야 작동한다. 아무에게나 다 작동하지 않는다. 그래서 사람마다 자주 사용하는 속임수가 있다. 그리고 그 속임수에 맞는 사람을 찾는다. 즉, 그 속임수가 잘 통하는 약점을 가진 사람이어야 한다. 그래서 그 약점이 잘 보이는 사람이면 심리게임을 시작한다.

예를 들어, '주고받기 게임'이라는 게 있다. 주고받기 게임의 경우는 내가 뭔가를 계속 줘서 그 사람으로부터 인정을 습득하는 방식의 간단한 게임이다. 먼저 작은 선물을 계속 줘 준다. '부담스럽다'며 거절하면 "순수하게 마음에서 우러나와서 주는 것이니 아무것도 돌려주지 않아도 된다."라고 하며 그냥 받으라고 한다. 이게 속임수다. 그럼, 이 사람이 나한테 고맙다고 말하는 동시에 부담이 생길 수밖에 없다. 부담이 생기는 데도 불구하고 거절하지 못하고 주는 걸 자꾸 받는다. 그러다가 나중에 큰 부탁을 하면 거절하지 못하고 그 부탁을 들어줄 수밖에 없다. 이 게임은 사기꾼들이 가장 많이 사용하는 간단한 심리게임이다. 이런 종류의 심리게임으로 들어가기 위해서는 '내가 주는 행위가 순수하지 않지만 저 사람이 그것을 알든 모르든 거절하지 못하고 받을 수밖에 없고 그걸 받은 것에 대해서 나에게 부담을 갖고 있기 때문에 내 부탁을 들어줄 수밖에 없는 유형의 사람'이 있어야 한다. 심리게임을 하는 사람은 기가 막히게 그런 사람을 알아본다. 의식적으로 알고 접근하기도 하지만 자기도 모르게 무의식적으로 게임을 하기도 한다. 그다음에 속임수와 이면 교류와 약점이 만나면 상대에게 어떤 반응이 나타나는데, 심리게임을 하는 사람은 그 반응을 즐긴다. 이렇게 심리게임이 통하기 시작하면 그때부터 관계가 전환 된다. 받는 쪽이 쩔쩔매고 주는 쪽이 당당해진다. 그러면서 이 관계에 혼란이 생기고 그 혼란을 주도하는 건 주기 시작한 쪽이 된다. 그래서 그 혼란은 이 심리게임을 걸었던 사람이 원하는 방향으로 끝난다. 주로 받는 쪽은 당혹감과 불편함이라는 감정을 갖게 되고 주는 쪽은 통제감을 얻는다. 당혹감이든 통제감이든 모두 부적응적인 가짜 감정들이다. 이런 불편한 결말이 났다고 해서 이 관계가 끝난다는 건 아니다. 관계가 악화 될 때까지 이 게임은 계속 지속된다. 심리게임의 과정은 이렇게 속임수와 약점이 만나서 서로 반응을 하고 그 반응이 관계의 전환을 가져오고 그다음에 그 관계에 혼란을 야기하고 갈등이 심화되면서 결국 파국으로 치닫는 결말을 맞이한다. 이 심리게임의 과정을 공식으로 정리하면 다음과 같다.

속임수 + 약점 파고들기 = 상대의 반응 → 전환 → 혼란 → 결말

심리게임에도 급수가 있다. 1급이 낮은 급수이고 3급이 높은 급수이다. 1급은 일반적인 관계에서도 빈번하게 일어날 수 있는 수준으로 속임수를 쓴 것이 드러나면 관계가 깨질 정도로 심각하지는 않지만 그렇다고 썩 좋지만은 않은 정도이다. 심리게임 2급은 속임수를 들키면 상황을 악화시켜서 관계를 깨는 수준이다. 소위 심리게임이라고 부르는 것들은 2급 심리게임들이 대부분이다. 1급 심리게임도 학문적인 분류에서는 전문적으로 심리게임이라고 부르지만 모든 사람에게서 그냥 일반적으로 나타날 수도 있는 현상들이기 때문에 군이 전문가가 개입해야 되는 수준의 심리게임은 아니다. 그런데 2급 심리게임부터는 반복적으로 관계가 어그러지고 긴 시간 동안 관계를 맺기가 어려워지며 긴 시간 동안 관계를 맺는 사람들은 서로 다 힘들게 만드는 구조로 들어가기 때문에 전문가의 개입이 필요하다. 2급 심리게임을 의도적으로 하는 사람도 있지만 정말 자기도 모른 채 그냥 습관적으로 하게 되기도 한다. 상담을 깊이 들어가서 2급 심리게임이라는 걸 직면하고 연애 패턴을 바꾸려고 하면 다르게 관계 맺는 법을 모르는 경우가 많다. 3급 심리게임은 병원이나 좀 심각하게는 법정까지 가게 만들 수 있는 형태로, 소위 가스라이팅이나 리플리 증후군이라고 불리는 수준이 3급에 속한다. '안나'라고 하는 드라마에서 수지가 맡았던 배역이 리플리 증후군이었다. 자기가 되고 싶은 사람처럼 흉내 내다가 그 사람으로 오해를 받은 게 너무 좋아서 그 상태를 유지하기 위해 거짓말에 거짓말에 거짓말을 계속 만들어내는 증상이다.

이 심리게임의 핵심은 받는 쪽의 사람이 자기의 진짜 욕구와 상대의 진짜 욕구를 모른다는 데 있다. 심지어 주는 쪽도 서로의 진짜 욕구를 모를 수 있다. 그저 그동안 이렇게 살아왔기 때문에 반복적으로 이런 게임을 해왔을 수 있다. 나어너어는 이렇게 엇나간 욕구에 직면하고 진짜 감정을 찾아준다. 이제 실제 연애에서 발생하는 심리게임의 예를 통해 나어너어가 어떻게 심리게임으로부터 벗어나게 해주는지 살펴보자.

① 호구 게임, 희생자 게임

호구 게임 혹은 희생자 게임이라는 게 있다. 용어는 달라도 결국 같은 심리적 원리를 갖고 있다. 호구 게임이라고 하든 희생자 게임이라고 하든 상관 없다. 호구가 되고 싶은 사람이 어디 있을까? 그러나 자기가 원하든 원하지 않든, 호구로 지속적으로 전환하는 게임을 하는 사람들이 있다. 가해자가 되는 것보다 희생자가 되는 것이, 호구가 되는 것이 마음이 더 편한 사람들이다. 놀랍게도 늘 희생자, 호구가 되는 사람들은 호구 혹은 희생자가 속임수를 쓰는 사람들이다. 희생자가 속임수를 쓸 리가 없다고 생각하는 게 일반적이지만 희생자가 되기 위해 속임수를 쓰는 사람들이 있다. 의도적으로 그러는 것은 아니겠으나 무의식 가운데 그런 반응들이 나온다. 실제로 희생자 게임을 하는 내담자의 사례이다. 내담자였던 아내는 늘 착하다는 말을 듣는 사람이었다. 아내는 늘 희생자가 되었는데 하루는 이런 일이 있었다. 식탁 위에 물이 차 있는 컵이 있었다. 남편이 지나가다가 조심성 없이 옆으로 돌면서 물컵을 쳤다. 그리고 물컵이 떨어지면서 깨졌다. 이때 아내가 달려와 깨진 물컵을 줍고 물을 닦으며 말했다. "여보, 미안해. 내가 괜히 물컵을 식탁에 놔서." 남편은 혼날 줄 알았는데 아내가 자기 잘못이라고 하니 마음이 편해졌다. 그리고 아내는 서둘러 바닥을 닦고 청소기를 돌렸다. 남편의 제안으로 깨진 컵조각이 혹시라도 남아 있을까 봐 한동안은 남편과 아내가 함께 슬리퍼를 신고 다니기로 했다. 그러자 아내가 또 자기 탓을 한다. "미안, 나 때문에 불편해졌네." 아내는 남편의 마음이 불편한 것보다 차라리 자기가 호구가 되고 마는 게 마음이 편했다. 여기서 아내는 착한 걸까? 이건 속임수이다. 처음에는 아내가 착해서 다행이라고 생각했던 남편은 서서히 실수나 잘못에 대해서 둔감해지기 시작했다. 처음에는 "아니야, 이거 내 실수야."라고 말했지만 시간이 흐르면서 그냥 아내의 잘못으로 처리했다. 그리고 시간이 더 흐르면서 아내에 대해 약간의 폭력성도 나타나기 시작했다. 아내는 남편의 괴롭힘이 괴로웠고, 주변 사람들에게 남편의 폭력성에 대해서 토로하기 시작했다. 사람들은 희생자가 된 아내를 위로해 줬고, 아내는 그렇게 받는 위로가 삶의 동력이 되었다. 아내는 자기 스스로 착한 사람이라는 자존감과 사람들로부터 위로를 받는 인정자극을 채웠다. 그리고 아내는 평생 이렇게 호구의 삶을 살았다. 연애 과정에서 이런 일은 적지 않게 일어난다.

희생자 게임을 하는 사람은 어린 시절의 부모와의 관계 역동으로 인해 나를 인도

해 주고 가르치고 끌고 갈 사람이 필요하다. 그래서 자기의 인도자를 찾는 방법으로 자기가 호구가 되는 것을 결정한다. 그런데 마침 가르칠 사람이 필요한 남자를 만난 것이다. 아니, 정확하게 말하면 가르치는 역할을 잘 하는 사람에게 끌린다. 이렇게 서로의 필요가 딱 맞으면서 이 둘은 심리게임의 관계 속으로 들어간다. 이렇게 둘은 공생 관계가 된다. 이런 두 사람이 만나면 심리게임이 점점 더 강화되고 역동하고 성 장한다. 그러다가 갈등이 심화 되면 결국 이별로 치닫게 된다.

이렇게 희생자 게임 즉 호구 게임을 하는 사람들은 무조건적으로 배려해야 된다고 생각한다. 그러나 상대 입장만 맹목적으로 챙기는 사람, 눈치 보는 사람은 매력이 없 다. 상대 입장에서 생각해 보면 자기 의견이 없는 사람, 맞춰주기만 하는 사람, 호구 인 사람에게서 어떤 매력을 느낄까? 상대가 말도 안 되는 요구를 한다거나 내가 철저 하게 배려를 해줬음에도 불구하고 적반하장으로 나오는데 그걸 그냥 받아주면 내 가 치가 점점 떨어진다. 나는 내 가치가 떨어지는 걸 견딜 수 없어서 가치를 높이기 위 해 계속 다른 사람들에게 이 상황의 어려움을 토로할 것이고 이렇게 심리게임은 깊 어지며 갈등이 점점 심화 될 수밖에 없다.

자, 그러면 이런 관계를 어떻게 풀어가야 할까? 나어너어를 어떻게 활용할 수 있을 까? 남편이 컵을 쳐서 떨어트린 장면으로 돌아가 보자. 여기서 아내의 목표는 두 가 지다. 첫째, 남편이 당황하지 않게 하는 것, 둘째, 자기의 착함을 인정 받는 것. 그래 서 아내는 자기가 잘못을 덮어 쓴다. 그러나 자기가 잘못을 덮어 쓰는 건 사실 상 속 임수이기 때문에, 목적대로 착함을 인정받을 수 없다. 가치가 떨어질 뿐이다. 이때, "괜찮아. 당신이 당황했겠네."라고 말해주면 남편은 당황하고 있는 마음을 읽어주었 기 때문에 감정은 해소가 된다. 그리고 아내가 괜찮다고 인정해주기 때문에 아내가 너그럽고 착한 사람이라고 인식하게 된다. 여기에서 아내가 남편의 욕구를 읽어주며 아내의 욕구를 말하면 나어너어가 완성된다. "내가 당신 불편하지 않게 치워 놓을게. 당신이 하는 것보다 내가 하는 게 깔끔하니까. 욕실에 들어가고 있던 거지? 가서 할 일 마저 해. 그리고 한동안 슬리퍼 신어야 할 거 같은데, 이거 다 닦고 슬리퍼 사러 같이 가줄래?" 심리게임은 대체로 가짜 욕구 혹은 가짜 감정을 통해 나타나기 때문에 이렇게 진짜 감정을 관찰해서 읽고 진짜 욕구를 드러내는 나어너어를 활용하면 긍정 적인 관계로 전환할 수 있다.

② 우유부단 게임

호구 게임과 비슷한 게임 중에 우유부단 게임이 있다. 자기 마음이 정확하지 않으면서도 여지를 남기는 사람에게 끌려다니는 심리게임의 일종이다. 우유부단 게임을 시작하는 사람은 여지를 주는 사람이다. 우유부단 게임을 하는 사람은 여지는 주면서도 갈등 자체에 대한 해결은 피한다. 실제 내담자 중에 갈등이 해결된 것처럼 보이는데, 정작 관계 자체는 이전처럼 돌아가지 못하고 여지를 주는 상대에게 계속 끌려다닌 사례가 있었다. 상대는 내담자와의 관계에 아쉬움을 두고 있는 것처럼 보이면서도 갈등으로 인해 멀어진 관계를 좁힐 생각을 안 한다. 희망 고문이 계속 되자 차라리 차단이 나을 것 같다는 생각이 들기도 한다. 갈등을 해결할 생각도, 다시 관계를 이전처럼 좋은 관계로 돌릴 생각도 없으면서 아쉬워하면서 여지를 남기는 상대의 심리는 뭘까?

상대는 눈물을 펑펑 흘리면서, "이별을 결정하면서 많이 힘들었다. 좋아하는데 더 이상은 안 된다. 나중에 자신이 후회할 수도 있겠지만, 지금은 헤어지는 게 맞다. 너처럼 좋은 사람은 앞으로 만나기는 어려울 것 같다. 우리가 헤어졌지만 종종 소식을 주고받고 지내자. 힘들다면 지금처럼 연락해도 좋다. 나중에 밥 한번 먹자." 이렇게 여지를 남기기만 하고 관계는 좁혀지지 않는다. 그러나 행동으로 나오지 않고 여지만 주는 이런 종류의 말은 심리게임을 시작하는 속임수이다. 내담자는 "상대가 아직 나에게 마음이 남아있구나." 하는 생각이 들기 때문에 붙잡아 보려고 노력을 하지만 관계는 좁혀지지 않고 상대는 헤어지게 만든 갈등에 대한 이야기를 계속 피한다. 오히려 내가 상대를 붙잡으면 붙잡을수록 사람은 점점 더 단호해지면서 "다시 만나는 건 아닌 것 같다. 헤어지는 것이 맞다."라며 강경하게 이야기하기만 반복한다. 그래서 더이상 연락을 안 하고 이별하기로 마음을 먹으면 상대방의 태도는 다시 미련이 크게 있는 것처럼, "많이 아쉽다.", "우리가 타이밍이 잘 안 맞았던 것 같다."라는 등 무척 아쉬운 사람처럼 행동을 한다. 그러면 다시 혼란스러운 상태가 된다. 상대방이 나에게 마음이 있는 것 같은데, 내가 다시 잘해보자고 이야기를 하면 왜 거절을 하는 건지, 아직 사람의 마음이 덜 풀려서 그런 건지, 계속 혼란스럽다.

헤어질 때 여지를 남기는 심리는 완전히 끝났다는 생각이 드니까 아련함과 아쉬운 감정이 들기 때문이다. 그러나 원래의 관계로 돌아가자니 과거에 힘들었던 기억들이 떠올라서 망설여진다. 그러다가 내가 붙잡으면 언제든지 다시 돌아갈 수 있다는 생각이 들기 때문에 다시 거리를 둔다. 다시 만나기는 애매하고, 그렇다고 남 주기에는 아깝다. 이런 경우에는 상대가 나에게 미련이 남아 있는 것은 맞지만, 다시 만날 정도의 마음은 아닌 경우들이다. 상대의 입장에서는 나의 행동들에 익숙해서 자신의 마음을 편하게 해주지만 반복되었던 갈등을 극복할 거라는 믿음이 없기 때문에 적극적으로 나와 다시 만날 생각은 하지 못한다. 그래서 종종 연락을 하거나 여지를 주면서 관찰만 할 뿐 신뢰를 갖고 관계를 완전히 재개하지는 못하는 것이다. 아련한 감정이 될 때마다 본인도 자신의 마음이 헷갈리다 보니까, 혹시나 하는 마음에서 확인을 해보고 그러다가도 문제는 해결이 안 되었는데 정 때문에 발목이 잡히게 될까 봐 발을 다시 빼는 것이다. 그동안 상대가 나를 만나면서 많이 맞춰주고, 노력하면서 힘든 연애를 했다면, 그 사람 입장에서는 다시 그때로 돌아가는 게 지긋지긋하다는 생각을 할 수 있다.

상대가 헤어질 때 미련이 가득한 것 같고, 나중에 자신이 후회할 수 있을 것 같다고 이야기 하는 것에 너무 크게 의미 부여를 하지 않는 게 좋다. 말로써 아무리 미련이 있는 것처럼 감정과 상황을 분리하며 쇼를 한다고 해도 결국 적극적인 의지를 가지고 갈등의 핵심문제에 직면해서 갈등을 해결하지 않으면 의미가 없다. 내가 상대의 말에 희망 고문을 받게 될 것을 상대도 뻔히 알면서 여지를 주고 있는 말을 하는 건 나를 배려하는 행동이 아니다. 헤어지고 난 이후에 종종 연락이 오고 희망 고문을 하게 만드는 사람이라면 나에게 더이상 좋은 사람은 아이다. 오히려 헤어질 때 냉정하고 매정하다는 생각이 들게 만드는 사람이 어떻게 보면 나에게 배려심이 있고 좋은 사람이었을 수도 있다. 한 번만 아프면 될 일을 갖고 이 사람은 나에게 희망 고문을 하게 만들면서 계속 아프게 하고 있는 것이다.

이럴 때는 오히려 내가 상대방의 여지 주는 말에 대해서 반응하지 않고 어설픈 상대의 행동에 끌려다니지 않으면서, 성숙하게 이 관계를 먼저 종료시켜 줘야 상대방에게 아쉬움과 미련을 더 크게 심어주고 나의 가치까지 지킬 수가 있다. 그렇게 되었을 때 오히려 상대가 내 심리를 궁금해하기 시작하면서 시간이 지날수록 미련과 아쉬움이 점점 커진다. 아쉬운 감정이란, 다시 그때로 돌아갈 수 없을 때 드는 감정이기 때문에, 다시 돌아가자고 얘기하는 순간, 아쉬운 감정을 느낄 이유는 없다. 이때 내가 해야 될 몫은 상대방이 하는 말에 의미 부여를 하면서 끌려다닐 것이 아니라 내 가치를 지키면서 성숙하게 행동하고 관계를 어렵게 만들었던 갈등의 핵심에 직면하여 원래 내가 갈등을 만들었던 내 문제를 완전히 극복하고 건강하게 관계를 재정립해야 한다. 그럼에도 사람이 나와 다시 만날 생각이 없다고 한다면, 이별에 대한 선택을 상대에게 온전히 지게 만든 이후에 상대가 적극적인 의지를 가질 수 있도록 서로 충분한 시간을 갖는 것이 더 중요하다. 여기서 정말 중요한 건, 충분한 시간을 갖자고 거리두기를 할 때, 관계가 지지 부지해 지는 시점에서 이런 시간을 갖는 건 좋지 않다. 그러면 정말 '그 정도밖에 안 되는 관계'로 인식한 상황에서 시간을 갖기 때문에 그대로 끝날 가능성이 높다. 거리두기를 할 때에는 충분히 나의 변화와 나의 가치를 보여주고 즐거운 시간을 갖은 후에 거리두기를 하는 것이 서로의 좋은 점들을 중심으로 숙고해 볼 시간을 갖게 한다.

성숙한 이별 방식을 모르는 사람이라면 내가 성숙하게 내 가치를 지키면서 상대에게 알려줘야 한다. 그리고 나서 다시 나의 변화를 보여주고 진지하게 갈등의 핵심을 다시 다루고 명료하게 갈등 중재와 재회의 의지를 보여주는 것이 애매한 상황에 끌려다니는 것보다 좋다. 상대방의 여지 주는 말에 끌려다니면서 미성숙한 행동들을 기준 없이 다 받아주다 보면, 상대의 버릇만 나쁘게 만들고 있는 것은 아닌지를 점검해 볼 필요가 있다. 그렇게 하면 이 관계가 완전히 끝나게 될까 봐 겁이 나기 때문에 계속 끌려다니는 것일 테지만 그렇게 끌려다니는 자세가 오히려 자기 가치를 떨어트린다.

이런 상황에서 나어너어가 어떻게 활용될까? 먼저, "네가 혼란스럽구나. 네가 말한 대로 너는 나하고 헤어지는 게 아쉬울 텐데, 내가 아직 너에게 집착하는 문제를 해결했다는 신뢰를 못 줘서 네가 혼란스러운 거 같아."라고 상대의 감정을 이야기와 연결시켜서 읽어준다. 이렇게 읽어주면 상대는 스스로 느끼고 있는 양가 감정을 정리할 수 있고, 자기가 왔다 갔다 한다는 것을 스스로 인식함과 동시에 내담자가 그것을 이미 알고 있다는 정보도 흘릴 수 있다. 공감은 상대의 마음을 편하게 해줌과 동시에 이렇게 직면하는 효과도 있다. 그리고 상대의 욕구를 내가 채워주며 내 욕구를 정확하게 전달한다. "네가 왜 나와의 재회를 망설이는지 충분히 이해가 돼. 우리가 사귈 때는 내 눈에 너밖에 안 보여서 네 행동만 보였지 내 행동은 안 보였거든. 그러다보니 너에게 더 집착했던 거 같아. 그런데 네 말대로 내가 직장 동료와 가족들과 내 시간을 만들어 보내보니까, 얼마나 내 일상이 깨져 있었는지 알겠더라. 요즘은 여러 관계들을 통해서 내 생활이 편안해졌어. 네가 아니었으면 나는 사랑이란 모든 관계를 다 단절하고 둘만의 시간만 갖는 거라고 생각했을 거야. 네 덕분에 사랑한다는 이유로 서로의 일상을 깨서는 안 된다는 걸 알게 됐어. 그만큼 우리 사귀는 동안 너의 시간들을 존중해주지 못해서 미안하고 네가 얼마나 힘들었을지 이해가 돼. 너는 이런 일상을 누리던 걸 나 때문에 누리지 못했던 거잖아. 친구들에게도 얼마나 욕 먹었겠어? 이제야 나는 네가 원하던 모습을 갖췄는데, 왜 이걸 너와 사귈 때 몰랐나 싶어. 나는 진지하게 다시 우리 관계에 대해서 생각해 보면 어떨까 해. 그동안 너를 힘들게 했던 걸 갚아주고 싶어. 이번 주말에 만나서 이야기해 보는 시간을 가져보면 어떨까?" 이 나어너어의 경우에는 마지막 대책을 넛지로 가볍게 넣지 않고 관계 재정립을 위한 만남을 바로 제안했다. 4단계 대책은 이렇게 상대와 나의 거리와 상황에 따라 다르게 넣을 수 있다. 마음은 있으나 우유부단하며 여지만 두는 상대의 경우, 이미 만나고 연락하는 게 가능한 상황이어서 나어너어에 대책을 강하게 담았다. 해당 내담자의 경우, 만나서 수차례의 거절대응을 통해 재회했다. 수개월간 우유부단 게임으로 끌려다니던 걸 한번의 나어너어와 대면 거절대응으로 끝낸 모범 재회 사례였다.

③ 딱 걸렸어 게임

'딱 걸렸어 게임'은 호구 게임의 반대 형태로 돌아간다. 딱 걸렸어 게임을 하는 사람은 평소에는 굉장히 얌전하고 젠틀하다. 사리분별이 정확하고 별로 분노하지 않는다. 그런데 누군가가 어떤 잘못을 했을 때 그 잘못이 발견되면 그 잘못을 집요하게 파고들어서 그 사람이 잘못한 것보다 훨씬 더 많은 양의 지적과 분노를 돌린다. 이때의 분노는 소리를 지르는 형태의 분노일 수도 있고, 소리는 지르지 않지만 아주 집요하게 그 잘못이 얼마나 큰지를 꼬치꼬치 따져서 그 잘못이 굉장히 거대하다는 것을 증명해내는 방식으로 모든 분노와 에너지를 쏟아붓기도 한다.

이런 사람은 아주 사소한 잘못을 부풀려내는 재능이 있다. 물론 명백한 잘못을 했을 때도 딱걸렸어 게임을 하지만 명백한 잘못이 나올 때보다 오히려 다른 사람들이 발견하기 힘든 작은 잘못을 발견했을 때 딱 집어서 "너 딱 걸렸어."라고 잡아서 그것을 부풀려서 자기의 분노와 에너지를 쏟는 데서 더 큰 희열을 느낀다. 물론 그 잘못의 크기는 그 사람이 결정하는 것이기 때문에 객관적인 지표가 있는 것은 아니다. 다만 모든 사람들이 다 그 사람을 잘못했다고 할 만한 그런 잘못은 너 딱 걸렸어 게임을 하는 사람들에겐 별로 재미가 없다. 그 사람이 발견한 잘못을 다른 사람이 모를 때, 그것을 비집고 들어가서 드러내고 다 쏟아 부어내는 방식으로 에너지를 소모하는 데서 만족을 느낀다.

이 게임을 하는 사람한테 자주 걸리는 대상은 나를 이길 것 같이 강해 보이는 사람보다 자기 잘못을 잘 인정하고 수긍하는 사람이다. 그래서 평소에 젠틀하기 때문에 다른 데서 참아왔던 것들을 '너 딱 걸렸어 게임'을 할 때 비집고 들어가서 토해낸다. 잘못을 다 증명해 낸 다음에 그 사람의 사과를 받아내고 자기 분노에 대한 정당성을 확보한다. 이 게임을 하는 사람이 얻어가는 수확은 분노에 대한 정당성이다.

이 '딱 걸렸어 게임'을 하는 사람이 내담자로 들어온 적이 있다. 직업여성이었으나 결혼하고 나서 전업주부로 지냈고 아이는 없었다. 내담자는 스스로가 딱 걸렸어 게임을 하는지 몰랐다. 남편이 더이상 살기 힘들다고 이혼을 요구했다. 늘 남편이 잘못했었고, 사과를 받았기 때문에 자기의 분노는 정당했다. 그러나 상담을 통해 결혼생활을 돌아보면서 자기가 반복적으로 '딱 걸렸어 게임'을 하고 있었다는 것을 발견하고 이혼 숙려기간 동안 대면 나어너어를 통해 관계를 증진시켜서 이혼하지 않게 된 사례였다. 해당 사례의 내담자는 남편이 얼마나 억울했을지를 공감해 주고 상담 받는 내용을 남편에게 공개했다. 그리고 남편도 함께 상담을 받으며 나어너어를 배웠고 존중받기를 원하는 남편의 욕구를 채워줄 수 있는 아내로 변했다. 중요한 건 남편의 변화였다. 남편은 원래 말이 없고 아내에게 요구를 잘 못하는 사람이었으나 나어너어를 배우고 아내에게 요구하는 상황들을 의도적으로 많이 만들었다. 남편이 마지막 상담에서 했던 말이 인상깊었다. "어쩌면 아내는 나하고 대화하고 싶었던 거 같아요. 내가 말이 너무 없으니까 점점 더 집요해지지 않았나 하는 생각이 들어요. 저도 방법을 몰라서 말을 안 한 거지 말하기 싫었던 건 아닌데, 어쨌든 말하는 걸 배우고 나니까 말이 많아지네요." 나어너어는 이렇게 말을 잘 못하는 사람에게 말하는 방법을 알려주는 교육적 효과도 있다.

④ 나를 차(Kick me) 게임

연애를 오래하지 못하고 늘 차이면서 "나한텐 늘 왜 이런 일이 일어날까?"라고 생각하는 사람들이 있다. 매력이 없어서 그런 경우도 있지만 '나를 차' 게임을 하는 경우도 상당히 많다.

나를 차 게임을 하는 사람은 늘 자기가 무엇인가를 잘못하고 그걸 자기가 다 책임을 지는 습관을 갖고 있다. 호구 게임하고 비슷해보이지만 조금 다르다. 호구 게임은 헤어지는 것이 목적은 아니다. 그저 착한 사람이 되는 것이 목적이다. 그러나 나를 차 게임을 하는 사람은 무의식적으로 헤어지는 결과를 원한다. 이런 사람은 어릴 때부터 자존감을 높일 만한 대우를 받지 못하고 자주 문제를 일으킨 책임을 지고 혼나던 경험이 많다. 관계 속에서 사랑받고 인정받는 경험보다 버림받고 비난받고 책임을 전가 받는 경험들이 더 많은 사람들이다. 그렇게 책임을 전가 받거나 비난받는 자리가 아니라 인정받는 자리 속에 들어가면 오히려 불안해진다. "이럴 리가 없는데."라고 생각하면서 불안한 상태 속으로 들어가서 사람들이 자기를 인정해 주는 것들을 즐기지 못하고 "이래도 내가 안 차인다고?"라고 생각 하면서 상대가 찰 수밖에 없는 상황들을 자꾸 만들어낸다. 그리고 "난 사실은 이런 잘못을 했어. 이렇게까지 했는데도 괜찮아?" 하고 물어본다. 상대방이 "괜찮아."라며 받아주면 "왜 불안하지? 괜찮다고 했는데."라고 생각하며 더 불안해진다. 그래서 사랑을 확인하려고 더 큰 잘못을 이야기를 하거나 더 큰 잘못을 만들어 내기도 하면서 "이것도 괜찮아?"라며 사랑을 확인하는 게임을 한다. 나를 차 게임을 하는 사람은 버려질까 봐 두려워하는 것보다 자기가 차였을 때 오히려 안정감을 누린다.

나를 차 게임을 하는 사람들은 잘 차는 나쁜 남자 혹은 집요한 사람에게 더 끌리는 경향이 있다. 나를 차 게임을 하는 사람이 계속 인정해 주는 착한 사람을 만나면 매력을 못 느낀다. 혹, 외모에 끌려서 착한 사람과 사귀게 된다 할지라도 계속해서 지속적으로 자기의 잘못을 고백하고 드러내며 그래도 자기를 안 차는지 확인한다. 그럼에도 불구하고 계속 인정해주면 더 불안해지고 그래서 더 큰 잘못들을 밝히고 결국은 헤어지는 결말을 맞이하며 그 안에서 안정감을 누린다. 그러면서 "그래, 나는 원래 늘 이랬어. 나는 또 이러는 게 자연스러워."라고 생각하며 불안을 해소한다.

나를 차 게임을 하는 사람이 차이고 나서 획득하는 결과는 안정감이다. 나를 차 게임은 프로이드가 운명 신경증이라고 말했던 것과 유사한 경향을 보인다. 운명 신경증은 언제나 비련의 여인이 되는 결과를 만드는 신경증이다. 프로이드가 만났던 운명신경증 사례의 내담자도 아마 '나를 차 게임'을 했던 것으로 보인다.

나를 차 게임을 하는 사람이 의외로 많다. 특히 여성 내담자들 중에 많은데, 이런 사람들은 지속적으로 인정해 주고 지속적으로 사랑해 주는 것이 가장 좋은 해결 방법이다. 나어너어의 1단계와 2단계만 지속적으로 써 줘도 해결 가능한 게임이다. 다만 시간이 오래 걸려서 지칠 수 있다.

이 외에 100개가 넘는 심리게임이 있지만 나어너어는 거의 대부분의 심리게임을 중지시키는 효과를 발휘한다. 나어너어가 대단해서라기 보다 진짜 감정과 진짜 욕구에 직면하는 힘이 효과를 발휘하는 것이다. 나어너어는 진짜 감정과 진짜 욕구에 직면하도록 돕기 때문에 자연히 심리게임을 중지하는 효과가 있다. 인간관계 특히 남녀관계의 대부분의 문제는 심리게임에서 시작한다. 그렇다는 건 대부분의 남녀관계의 문제는 나어너어로 진전을 보일 수 있다는 의미이다. 실제로 그동안 럽디에서 상담한 10만 명이 넘는 내담자들의 사례에서 나어너어 사용률은 90%에 달한다. 나어너어가 갈등 중재 및 재회에 결정적인 역할을 했든지 보조적인 역할을 했든지 사용률만 보면 90%에 가깝다. 그만큼 연애와 부부관계 문제는 감정과 욕구의 문제가 대부분이다.

에필로그 1

If you would be loved,

love and be lovable.

사랑받고 싶다면 사랑하라.

그리고 사랑스럽게 행동하라.

- Benjamin Franklin

'사랑'에 관한 격언 중 내가 가장 좋아하는 문장이다. 충분히 사랑스러운 사람이 자기에게 맞는 또 하나의 사랑스러운 사람을 찾아내고, 그 사람을 충분히 사랑해 준다면, 세상에 화목하지 않을 부부가 있을까? '나어너어'는 사랑하는 데에도, 사랑스러운 말과 행동을 하는 데에도 너무나 중요한 기술이다.

화법 하나만 바꿔도 사람은 달라진다. 그래서 소설가 지망생들은 닮고 싶은 선배 소설가의 문장을 '필사'한다. 그 사람의 언어를 배우다 보면 그 사람의 사유를 훔칠 수 있고, 이게 소설가 지망생들의 빠른 성장 노하우이다. 말을 보면 그 사람이 보인다고 한다. 말을 예쁘게 할 줄 아는 사람은 진흙 속의 진주보다 빛난다. 그들의 화법을 내 것으로 만들어 누구나 돋보일 수 있도록! 이제 '나어너어'가 여러분 곁에 있다.

이 책이 나오기까지 정말 엄청난 역경들이 있었다. '나어너어'를 출간해 달라는 요청이 쇄도하기 시작한 건 연애 상담 R&D 브랜드 '연애의 자격'이 본격적으로 상담을 하기 시작한 2015년도였지만, 실제 책은 그때로부터 꼬박 10년이 지난 이제야 공개하게 되었다. 그동안 기다려 주시고 함께해 주시고 사랑해 주신 많은 분들에게 우선 죄송하다는 말씀과 또 감사하다는 인사를 진심으로 전하고 싶다.

사실 지난 10년간 출간에 대한 압박감이 컸다. 인생을 바꿀 만한 지식을 접하게 된 사람들은 당연히 그걸 더욱 더 빨리, 온전히 '내 것'으로 만들고 싶을 수밖에 없다. 특히, '삐끗'한 사랑은 때로 사람의 목숨까지 앗아가곤 하기에, 이별의 위기에서 발견한 '나어너어'는 더더욱 소중한 지식으로 다가왔을 것이다. 책이 도대체 언제 출간되는지 질문 주시던 마음들이 어떤 마음인지 알기에, 내 마음은 정말 너무나 급했다. 대표 상담사이자 CCO(Chief Content Officer)로서 나 또한 배우는 분들의 충분한 실력 향상을 위해 책 출간이 너무나 절실하다고 생각해 왔고, 잠을 더 줄여서라도 집필하고자 시도했던 적도 여러 번이었지만, 늘 번번이 더 다급한 상황과 간절한 마음으로 찾아오시는 내담자분들께 그 시간까지도 내어드리게 되곤 했다. 목숨을 거는 마음으로 우리 대표상담사 부부는 말그대로 상담에 우리를 갈아 넣었고, 수요가 점점 더 폭발하면서 2명으로 시작한 사세가 이제 50여 명의 임직원이 함께하는 법인 회사로까지 급성장하게 되었으며, 그 과정에서 집필이 계속 늦어져 이토록 오랜 기간이 걸리게 되었다. 대신 그 세월 동안 '나어너어'는 상식적으로는 절대 돌이킬 수 없을 것 같았던 이별 커플들을 수도 없이 '부부'로 재탄생시켜 드렸고, 그 과정에서 더욱 정교하게 디벨롭된 모습으로 공개할 수 있게 되었다.

이 책이 존재하기까지 럽디(주)를 잠시라도 거쳐가셨던 모든 임직원 여러분과 럽디(주)가 존재할 수 있도록 함께해 주시고 사랑해 주신 내담자분들과 구독자분들께 다시 한번 진심으로 감사 인사를 전한다. '나어너어'를 처음 창안해 낸 것은 남편 김나라이지만, '나어너어'가 여기까지 발전해 올 수 있었던 데에는 모든 분들의 눈물과 미소가 그 자양분이 되었다고 생각한다. 이제는 『관계를 바꾸는 치트키, 나어너어』가 독자분들의 인생을 더 풍요롭게 바꿀 수 있기를 소망한다. 잃어버린 사랑, 이혼 위기의 가정을 구하는 언어였던 '나어너어'가 이제는 부모와 자녀 간의 대화, 직장 등 사회생활 내에서 각종 갈등 중재에 널리 활용되길 바란다.

럽디(주) 대표상담사 김희원

에필로그 2

갈등 중재 분야에서 수학의 더하기만큼이나 당연하다고 여기는 공식이 하나 있는데, 이것은 바로 '갈등 중재는 두 사람이 같이 와야 풀린다'라는 것이다. 갈등 중재 화법은 두 사람이 서로의 감정과 욕구를 드러내고 해결점을 찾는 방식이므로 당연히 두 사람이 있어야 활용할 수 있다. 갈등 중재를 위해서는 두 사람이 함께 와야 한다는 것과 자녀의 심리 문제 해결을 위해서는 자녀와 부모가 같이 와야 한다는 것은 상담학계의 정론이다.

그런데 럽디(주)가 일을 냈다. 처음에 럽디(주)에서 개발한 여러 상담 기법과 솔루션들을 들었을 때, 여러모로 놀랐다. 그중에서 가장 놀라웠던 것 두 가지가 있는데, 한 가지는 갈등의 핵심에 '서운함'이 있다는 발견이고, 다른 한 가지는 '나어너어'의 개발이었다.

먼저 서운함이라는 감정은 그동안 학계에서 연구 가치가 없었다. 학계에서 활발하게 연구하는 감정은 불안, 우울, 공포, 두려움, 수치심 등 병리와 연결된 것들이다. 서운함은 관계에는 영향을 주지만 병리와 연결된 것은 아니기 때문에 연구에서 후순위로 밀린 듯하다. 서운함에 관한 논문은 럽디(주) 연구원들이 쓴 논문들뿐이다. 갈등의 중심에 서운함이 있다는 학문적인 증명들은 조만간 학계에 큰 이슈가 될 것이다. 서운함에 대해서는 럽디(주)에서 『관계를 바꾸는 치트키, 나어너어』 다음으로 출간을 준비하고 있으니 기대해도 좋다.

서운함이 갈등의 핵심이라는 발견과 더불어 정말 깜짝 놀란 건, '나어너어'라는 화법이었다. "둘 중의 한 사람만 잘 적용해도 갈등을 중재할 수 있는 화법을 만들었다고?" 처음에 접했을 때는 이해하기 어려웠다. 나는 교류분석 슈퍼바이저이기 때문에 갈등 상황에 직면한 수많은 사람들을 상담해 왔다. 이혼 서류를 제출하고 마지막 지푸라기라도 잡는 심정으로 찾아온 부부들, 재산 문제로 갈등에 직면한 형제들, 회사 운영 문제에 있어서의 갈등, 부모와 자녀의 갈등 등 온갖 갈등들을 다뤄봤지만 초기 상담 면접 시에 늘 하는 말은 "갈등 대상과 함께 오세요."였다. 심리상담이라면 혼자 와도 되지만 갈등 중재를 원한다면 당연히 두 사람이 같이 와야 한다. 그게 정석이다. 비폭력 대화이든, 적극적 의사소통이든, 갈등 중재는 이것을 전제로 한다. 그런데 '나어너어'는 갈등을 해결할 의지가 없는 갈등 상대에게 갈등을 해결할 의지가 있는 사람이 사용하여 갈등을 해결해 나가는 화법이다. 처음에 '나어너어'에 대한 이야기를 듣고 내가 생각한 것은 "이게 된다고?"라는 의심이었다. 그리고 '나어너어'의 원리를 보니 그럴듯했다. 이론 정리가 깔끔하게 잘 되어 있었고, 상담에 적용해 보고 싶은 생각이 들었다. 그리고 상담에 적용해 본 결과 매우 놀라웠다. '나어너어'는 생각보다 훨씬 더 큰 중재적 힘을 가지고 있었다. 사용 초반에는 '나어너어'만으로는 의심스러워서 다른 여러 방법들을 중심으로 활용하고 '나어너어'는 가능하면 보조 수단으로 사용했다. 그런데 사용할수록 '나어너어'를 통해 재회에 이르는 사람들이 많다는 것을 확인했고, 어떤 원리에서 재회가 가능한 것인지도 눈에 보이기 시작했다.

'나어너어'가 본격적으로 갈등 중재 혹은 재회에 활용된 지 8년이 지났다. 럽디(주) 설립 이전, 연구 단계까지 포함하면 10년이 넘는다. 그동안 럽디(주)의 고유 솔루션으로 '나어너어'가 활용되어 왔다면 이제 대중에게로 흘러가서 일반화, 일상화될 것이다. 이제 '나어너어'가 연인이나 부부의 갈등을 넘어서, 아니, 갈등 중재 화법을 넘어서 모든 사람들이 모든 일상에서 사용하는 언어로 활용될 날을 기대해 본다.

심리치료학 박사(Ph.D in humanuties theraphy) 권요셉

저자 소개

김나라

연애 IT 기업 럽디(주)의 창업자이자 대표로 '아이들이 행복하게 태어날 수 있는 세상'을 만드는 것을 비전으로 삼고 회사를 설립하였다. 현재는 커플 또는 부부의 갈등 중재, 이혼과 이별 문제, 부모와 자녀의 갈등, 회사 내 갈등 중재, 회사 간 갈등 중재를 연구하는 데 주력하고 있다. 갈등 중재뿐 아니라, AI를 활용한 상담, 저출산 및 인구 소멸 지역 등의 사회문제를 해결하는 데 관심이 많으며, 연구원들과 사회문제 해결을 위한 연구도 계획하고 있다.

김희원

2010년 공군 인트라넷에 연재한 인기 연애 웹툰 『17171771』을 통해 본인의 연애 비법을 담아내었다. 완결 후에도 독자들로부터 팬레터를 빙자한 연애 상담 메일이 쇄도하였고, 그들을 상담해 주면서 큰 충격을 받는다. 성숙한 사랑을 원하면서도 서투르고 잘못된 연애로 고통받을 수밖에 없는 일반인들이 너무나 많다는 사실, 심지어 서툴러서 깨지게 된 관계는 죽음까지 불러올 수 있다는 사실, 그리고 자신의 한마디에 사람의 인생이 바뀐다는 사실에 큰 사명감이 생겨나 버렸다. 모두의 만류에도 불구하고 다니던 직장까지 그만두고 지금의 남편 김나라와 연애 IT 기업 럽디(주)를 창업하였다. 현재 럽디(주)의 공동 대표이자 CCO이며, 유튜브, 블로그, VOD 등의 다양한 콘텐츠를 통해 갈등 없이 행복한 연애를 위한 지식을 전파하는 인플루언서로 활동하고 있다.

권요섭

인하대학교 대학원 인문융합치료학과에서 '라캉의 분석가 담화'로 박사 학위를 받고 교류분석 슈퍼바이저로 활동하고 있다. 현재 인하대학교에서 정신분석과 연극치료를 가르치며 럽디(주)의 연구원으로 사랑과 공존을 위한 인간 심리와 갈등 중재 연구에 집중하고 있다. 저서로는 『라캉을 둘러싼 인문학』, 『나는 왜 불안한 사랑을 하는가』, 『호모 내러티쿠스』, 『유목적 주체』가 있고, 정신분석과 이혼, 갈등 중재 관련 논문이 다수 있다.

관계를 바꾸는 치트키, 나어너어

초판발행   2025년 3월 14일

지은이   김나라·김희원·권요셉
펴낸이   노   현

편 집   이혜미
기획/마케팅   조정빈
표지디자인   BEN STORY
제 작   고철민·김원표

펴낸곳   ㈜피와이메이트
             서울특별시 금천구 가산디지털2로 53, 210호(가산동, 한라시그마밸리)
             등록 2014. 2. 12. 제2018-000080호
전 화   02)733-6771
f a x   02)736-4818
e-mail   pys@pybook.co.kr
homepage   www.pybook.co.kr
ISBN   979-11-7279-056-1   03590

정 가   18,000원

박영스토리는 박영사와 함께하는 브랜드입니다.